Betoninstandsetzung

Silvia Weber

Betoninstandsetzung

Baustoff – Schadensfeststellung – Instandsetzung

3. Auflage

Springer Vieweg

Silvia Weber
Fakultät Bauingenieurwesen, Bauphysik und Wirtschaft
Hochschule für Technik Stuttgart
Stuttgart, Baden-Württemberg, Deutschland

ISBN 978-3-658-33946-3 ISBN 978-3-658-33947-0 (eBook)
https://doi.org/10.1007/978-3-658-33947-0

Die Deutsche Nationalbibliothek verzeichnet diese Publikation in der Deutschen Nationalbiblio-grafie; detaillierte bibliografische Daten sind im Internet über http://dnb.d-nb.de abrufbar.

Planung/Lektorat: Frieder Kumm
Springer Vieweg ist ein Imprint der eingetragenen Gesellschaft Springer Fachmedien Wiesbaden GmbH und ist ein Teil von Springer Nature.
Die Anschrift der Gesellschaft ist: Abraham-Lincoln-Str. 46, 65189 Wiesbaden, Germany

Vorwort zur 3. Auflage

Betoninstandsetzung ist heutzutage aktueller denn je. Nachhaltiges Handeln und die Schonung natürlicher Ressourcen treffen auf eine breite gesellschaftliche Zustimmung. Der Baubereich ist in diesem Zusammenhang ein maßgeblicher Sektor. Abriss und Neubau als schnelle, vermeintlich kostengünstigste Lösung bei Gebäuden und Bauwerken der Infrastruktur werden zunehmend hinterfragt. Die öffentliche Hand steht in besonderer Wahrnehmung, denn in ihrer Obhut sind Bauwerke, die für die Daseinsvorsorge unverzichtbar sind. So hat sich die Erkenntnis durchgesetzt, dass unterlassene Investitionen zur regelmäßigen Instandhaltung und damit für den Werterhalt der Bauwerke zu deutlich höheren finanziellen Folgebelastungen in der Zukunft führen.

Sich um den Erhalt der Bausubstanz zu kümmern, heißt aber auch, sich mit der Entstehungszeit auseinanderzusetzen. Bekanntermaßen haben die Römer bereits vor rund 2000 Jahren mit dem „opus caementitium" einen betonähnlichen Werkstoff entwickelt. Die Erfolgsgeschichte moderner Betone begann aber erst Anfang des 19. Jahrhunderts mit dem Patent von Joseph Aspdin für den sogenannten Portlandzement. Heutzutage wird Beton zuweilen als Baustoff des 20. Jahrhunderts bezeichnet. Diese irreführende Charakterisierung entspringt der Tatsache, dass in den 1960er- bis in die Anfänge der 1970er-Jahre ein außergewöhnlicher Zuwachs der Bautätigkeit zu verzeichnen war. Die Architektur hat damals das Bauen mit Beton neu entdeckt. Ausgelöst durch den Architekten Le Corbusier hat sich Beton als sichtbares und kraftvolles Gestaltungselement bei Gebäuden einen Namen gemacht. Der Euphorie für die vielfältigen Gestaltungsmöglichkeiten mit dem Werkstoff Beton standen jedoch noch unzureichende Kenntnisse der Architekten und Bauingenieure zur Dauerhaftigkeit von Stahlbeton gegenüber. Der Erhalt vieler eindrucksvoller Gebäude aus dieser Zeit unter Berücksichtigung moderner Nutzungsanforderungen stellt die Bauschaffenden heutzutage vor große Herausforderungen.

Der sorgsame Umgang mit unserem Baubestand ist ein wichtiger Beitrag für mehr Nachhaltigkeit im Bauwesen. Die Betoninstandsetzung hat sich erfreulicherweise als Spezialdisziplin im Bauwesen etabliert. Moderne Produkte und Methoden eröffnen vielfältige Möglichkeiten, die Lebensdauer bestehender Betonbauwerke zu verlängern und Umnutzungen zu ermöglichen. Die technischen Regelwerke weisen aber zu Recht auf die Notwendigkeit und Wichtigkeit von sachkundigen Planerinnen und Planern bei Instandsetzungsmaßnahmen an standsicherheitsrelevanten Betonbauteilen hin. Im Rahmen der

Hochschulausbildung für das Bauwesen sollte daher ausführlich auf die Grundlagen der Betoninstandsetzung eingegangen werden. Regelmäßiger fachlicher Austausch und Fortbildungen sind entscheidend, um die unterschiedlichen Herausforderungen bei der Betoninstandsetzung erfolgreich meistern zu können. Frau Professor Weber hat neben ihrer Lehr- und Forschungstätigkeit über viele Jahre eine erfolgreiche Seminarreihe für alle Akteure aus dem Bereich der Betoninstandsetzung an der Hochschule für Technik organisiert und damit wesentlich zur Förderung des Themas beigetragen. An die stets konstruktive Vorbereitung vieler gemeinsamer Betoninstandsetzungsseminare denke ich gerne zurück!

Mit diesem Buch hat Frau Professor Weber einen weiteren wichtigen Beitrag für das notwendige Wissen zur professionellen Planung und Ausführung von Maßnahmen zur Betoninstandsetzung geleistet. Die dritte Auflage enthält aufbauend auf den bewährten Inhalten fortgeschriebene Erkenntnisse aus dem Bereich der Betoninstandsetzung und Neuerungen bei den einschlägigen technischen Baubestimmungen. Der Neuauflage wünsche ich weiterhin eine positive Resonanz und eine große Verbreitung bei Bauschaffenden, bei Studierenden und selbstverständlich bei allen, die an diesem spannenden Thema interessiert sind.

Stuttgart
im Juli 2021

Dr. Tilman Hörsch

Inhaltsverzeichnis

Normen, Richtlinien und Vorschriften 1

1.1 DIN EN 1504

DIN EN 1504 „Produkte und Systeme für den Schutz und die Instandsetzung von Betontragwerken" enthält normative Verweisung, definiert Begriffe und die Gebrauchstauglichkeitsmerkmale oder Leistungsmerkmale für vorgesehene Verwendungszwecke und beschreibt die Anforderungen an Verfahren oder/und Produkte. Die Norm regelt die Probeentnahme, Beurteilung der Konformität und die Kennzeichnung und Beschriftung von Produkten, deren Mindest- und Prüfhäufigkeit im Rahmen der werkseigenen Produktionskontrolle, stellt Anforderungen an die Prüfverfahren für Sonderanwendungen und begrenzt die Freisetzung von gefährlichen Stoffen und besteht aus den folgenden Teilen:

- Teil 1: Definitionen
- Teil 2: Oberflächenschutzsysteme für Beton
- Teil 3: Statisch relevante und nicht relevante Instandsetzung
- Teil 4: Kleber für Bauzwecke
- Teil 5: Injektion von Betonbauteilen
- Teil 6: Verankerungen von Bewehrungsstäben
- Teil 7: Korrosionsschutz der Bewehrung
- Teil 8: Qualitätsüberwachung und Beurteilung der Konformität
- Teil 9: Allgemeine Prinzipien für die Anwendung von Produkten und Systemen
- Teil 10: Anwendung von Stoffen und Systemen auf der Baustelle, Qualitätsüberwachung der Ausführung

DIN EN 1504 ist zum 01.01.2009 in Kraft getreten, bisher sind jedoch nur die harmonisierten Normenteile DIN EN 1504-2 bis 1504-7 bauaufsichtlich eingeführt.

S. Weber, *Betoninstandsetzung*,
https://doi.org/10.1007/978-3-658-33947-0_1

1.2 DAfStb: Schutz und Instandsetzung von Betonbauteilen (Instandsetzung-Richtlinie)

Die Instandsetzungsrichtlinie des Deutschen Ausschusses für Stahlbeton „Schutz und Instandsetzung von Betonbauteilen" (Instandsetzung-Richtlinie) Ausgabe Oktober 2001 (DAfStb RiLi-SIB) besteht aus vier Teilen. Sie regelt die Planung, Durchführung und Überwachung von Schutz- und Instandsetzungsmaßnahmen für Bauwerke und Bauteile aus Beton und Stahlbeton nach DIN EN 206 und DIN 1045 unabhängig davon, ob die Standsicherheit betroffen ist oder nicht. Für andere Bauwerke und Bauteile kann sie sinngemäß angewendet werden.

Eine Gefährdung der Standsicherheit liegt auch dann vor, wenn ein Schaden mit großer Wahrscheinlichkeit künftig zu erwarten ist.

Der **Teil 1** enthält die allgemeinen Regelungen und Planungsgrundsätze. Die Beurteilung des Istzustandes und des Sollzustandes, die Ermittlung der Ursachen von Mängeln oder Schäden und die Entwicklung eines Instandsetzungskonzeptes, aus dem ein Instandsetzungsplan resultiert, unter Berücksichtigung aller Maßnahmen, welche die Dauerhaftigkeit beeinflussen, sowie die Festlegung der Anforderungen an die Überwachung liegen gemäß Instandsetzungsrichtlinie in der Verantwortung des sachkundigen Planers.

Der **Teil 2** regelt die Bauprodukte und ihre Anwendungen und ist auf die Bauregelliste abgestimmt. Die Mörtelsysteme sind den Technischen Lieferbedingungen und Technischen Prüfvorschriften der ZTV-ING angeglichen. Das Füllen von Rissen und Hohlräumen wurde aus der überarbeiteten ZTV-RISS übernommen. Die ausführungsbezogenen Inhalte des Teils 2 gelten unverändert.

Im **Teil 3** werden die Anforderungen an die Betriebe und Überwachung der Ausführung formuliert. Ausführende Unternehmen müssen eine qualifizierte Führungskraft haben, deren Aufgaben die Prüfung der Leistungsbeschreibung im Sinne der Richtlinie ist sowie die Planung der Arbeitsabläufe auf der Grundlage der vom Planer erstellten Unterlagen, die Beurteilung der fachlichen Qualifikation des Baustellenpersonals und die Auswertung der Überwachung des ausführenden Unternehmens. Diese Regelung soll zu einer klaren Trennung zwischen Planung und Ausführung führen. Nur nach besonderer Vereinbarung können Planungsleistungen auf die qualifizierte Führungskraft übertragen werden. Entsprechend der Richtlinie ist die Aufbewahrungszeit der Überwachungsunterlagen in Abhängigkeit von der Gewährleistungszeit, mindestens jedoch fünf Jahre.

Bei Gefährdung der Standsicherheit ist eine Überwachung durch eine anerkannte Überwachungsstelle erforderlich. Bei Maßnahmen mit einer Fläche geringer als 50 m^2 oder Rissverfüllung geringer als 20 m kann, wenn diese nicht standsicherheitsrelevant sind, auf eine Überwachung durch eine anerkannte Überwachungsstelle verzichtet werden. Teil 3 gilt weiterhin.

Der **Teil 4** beschreibt die Prüfverfahren der Bauprodukte und ist eine wesentliche Grundlage für die Materialhersteller.

1.3 DIBt: Technische Regel „Instandhaltung von Betonbauwerken“ (TR Instandhaltung)

Die Technische Regel „Instandhaltung von Betonbauwerken“ (TR Instandhaltung) des Deutschen Instituts für Bautechnik in der Fassung Mai 2020 wurde im Januar 2021 veröffentlicht und in die aktuelle „Muster-Verwaltungsvorschrift Technische Baubestimmungen“ (MVV TB) aufgenommen und muss somit beachtet werden. Man kann mit deren zeitnahen Umsetzung in den Ländern rechnen.

Die Technische Regel besteht aus zwei Teilen.

Der **Teil 1** enthält den Anwendungsbereich und die Planung der Instandhaltung. Geregelt sind darin die grundsätzliche Vorgehensweise bei der Planung der Instandhaltung und bei der Ausführung von Instandhaltungsmaßnahmen unter der Berücksichtigung der Einwirkungen aus der Umgebung und aus dem Betonuntergrund, sowie die Prinzipien und Verfahren zur Instandsetzung von Schäden im Beton und die Sicherstellung der Beständigkeit des Instandsetzungssystems und der Dauerhaftigkeit des Verbundes. Die Einwirkung aus Umgebung und Betonuntergrund wird in Form von Klassen berücksichtigt, und es wurden die Altbetonklassen nach ZTV-W eingeführt. Anstatt der bisher vier Instandsetzungsprinzipien/Grundsatzlösungen der Instandsetzungsrichtlinie des Deutschen Ausschusses für Stahlbeton „Schutz und Instandsetzung von Betonbauteilen“ (Instandsetzung-Richtlinie) gelten die Instandsetzungsprinzipien und Verfahren auf Basis DIN EN 1504–9, und es wurden neue Prinzipien und Verfahren für die Instandsetzung von Schäden durch Betonkorrosion definiert.

Der **Teil 2** enthält die notwendigen Merkmale und Leistungen von Produkten oder Systemen für die Instandsetzung und Regelungen für deren Verwendung zum Erhalt oder zur Wiederherstellung der Tragfähigkeit und Gebrauchstauglichkeit von Betonbauteilen.

Die Technische Regel „Instandhaltung von Bauwerken“ gilt zwar „in Verbindung“ mit der bislang gültigen Richtlinie des Deutschen Ausschusses für Stahlbeton „Schutz und Instandsetzung von Betonbauteilen (Instandsetzungs-Richtlinie)“ Ausgabe 2001 (siehe 1.3), ihre Regelungen haben jedoch Vorrang, und der Teil 1 und Teil 2 ergänzen bzw. ersetzen explizit weite Abschnitte und Tabellen der Instandsetzungsrichtlinie.

Gegenüber der Instandsetzungs-Richtlinie des DAfStb wurden die grundsätzlichen Vorgehensweisen bei der Instandhaltung festgelegt und die Aufgaben und vor allem die erforderlichen Qualifikationen des Sachkundigen Planers detailliert präzisiert. Die Technische Regel geht davon aus, dass jede Instandhaltung von einem sachkundigen Planer geplant wird und die Ausführung von einem sachkundigen Planer begleitet wird und gemäß einem Instandhaltungsplan erfolgt. Schließt der Sachkundige Planer bei einer Maßnahme die Standsicherheitsrelevanz innerhalb der geplanten Nutzungsdauer nicht ausdrücklich aus, wird jede Instandhaltungsmaßnahme grundsätzlich als standsicherheitsrelevant betrachtet. Zur Konkretisierung der Planungsgrundlagen gehören die Festlegung im Instandhaltungsplan der Restnutzungsdauer und die Anpassung der Instandsetzungssysteme an diese Restnutzungsdauer.

1.4 BAST: Zusätzliche Technische Vertragsbedingungen und Richtlinien für Ingenieurbauten (ZTV-ING)

ZTV-ING fassen die bisherigen Richtlinien der Bundesanstalt für Straßenwesen zusammen. Im Teil 3 der ZTV-ING Ausgabe 2019 Massivbau Abschn. 4 sind der Schutz und die Instandsetzung von Betonbauteilen und im Abschn. 5 das Füllen von Rissen und Hohlräumen geregelt. Die verschiedenen ZTV des BMV werden auch in Zukunft herausgegeben werden, da sie neben den Richtlinien die Zusätzlichen Technischen Vertragsbedingungen enthalten, die auch dann noch gelten, wenn die jeweiligen Technischen Lieferbedingungen (TL) und Technischen Prüfvorschriften (TP) durch die EN 1504 ersetzt worden sind. Die TL und TP sind in der ZTV-ING in einem separaten Ordner unter der Bezeichnung TL/TP-ING vorzufinden.

1.5 Merkblätter

Es sind Merkblätter des Deutschen Beton-Vereins (DBV) und die Merkblätter der Wissenschaftlich-Technischen Arbeitskreise (WTA) zu berücksichtigen.

1.6 Verdingungsordnung für Bauleistungen (VOB)

Die Verdingungsordnung für Bauleistungen regelt als Vertragsordnung das Verhältnis zwischen Auftraggeber und Auftragnehmer. Die VOB ist eine vom Deutschen Verdingungsausschuss für Bauleistungen geschaffene Vertragsordnung, welche die technische und rechtliche Abwicklung von Bauverträgen beinhaltet und für Körperschaften des öffentlichen Rechtes vorgeschrieben ist und auch von institutionellen Anlegern als rechtliche Grundlage genutzt wird. Daher muss die VOB jeweils als Vertragsgrundlage in der Art einer Allgemeinen Geschäftsbedingung vereinbart werden, anderenfalls gilt das BGB.

Die VOB besteht aus den Teilen:

- VOB/A: Allgemeine Bestimmungen über die Vergabe von Bauleistungen
- VOB/B: Allgemeine Vertragsbedingungen für die Ausführung von Bauleitungen
- VOB/C: Allgemeine Technische Vertragsbedingungen (ATV)

Die Allgemeinen Technischen Vertragsbedingungen (ATV) sind gegliedert in:

- DIN 18 299: Allgemeine Regelungen für Bauarbeiten jeder Art, Ausgabe 2016
- DIN 18 331: Betonarbeiten, Ausgabe 2016
- DIN 18 349: Betonerhaltungsarbeiten, Ausgabe 2016

Der Geltungsbereich der DIN 18349 erstreckt sich auf Arbeiten zur Erhaltung und Instandsetzung von Bauwerken und Bauteilen aus bewehrtem oder unbewehrtem Beton sowie für das Aufbringen zugehöriger Oberflächenschutzsysteme und regelt die Rechte und Pflichten der Vertragspartner. In DIN 18349 wird als mitgeltend auf die Instandhaltungsrichtlinie des DAfStb verwiesen, wodurch diese ein Bestandteil des Vertrags wird.

► **Hinweis** Die VOB wird in der Regel nicht bei Privatpersonen angewandt.

2 Begriffe

Die relevanten Grundbegriffe für alle Arten der Instandhaltung und des Instandhaltungsmanagements sind in DIN EN 13306 definiert. Obwohl die Definitionen unabhängig von der Art des betrachteten Objekts sind, decken die festgelegten Begriffe nicht alle Begriffe der 2019 aktualisierten DIN 31051 „Grundlagen der Instandhaltung" ab, welche die Instandhaltung in die Grundmaßnahmen Wartung, Inspektion, Instandsetzung und Verbesserung gliedert und zum besseren Verständnis die Begriffe im Zusammenhang mit diesen Grundmaßnahmen definiert.

Im Folgenden werden jene Begriffe erläutert, die im Kontext der Instandhaltung von Bauwerken aus bewehrtem oder unbewehrtem Beton gebräuchlich sind und in der Richtlinie des Deutschen Ausschusses für Stahlbeton „Schutz und Instandsetzung von Betonbauteilen (Instandsetzungs-Richtlinie)" [DAfStb Rili-SIB] und in der Technischen Regel des Deutschen Instituts für Bautechnik „Instandhaltung von Betonbauwerken" [DIBt TR-IH] verwendet werden.

Im Folgenden werden die in den Klammern angegebenen Kurzbezeichnungen [DAfStb Rili-SIB] und [DIBt TR-IH]verwendet.

2.1 Abnutzungsvorrat

Jedes Bauteil bzw. Bauwerk hat aufgrund der Herstellung oder aufgrund der Wiederherstellung durch Instandhaltung/Instandsetzung unter festgelegten Bedingungen einen Abnutzungsvorrat der möglichen Funktionserfüllungen.

S. Weber, *Betoninstandsetzung*,
https://doi.org/10.1007/978-3-658-33947-0_2

2.2 Abnutzung

Die Abnutzung ist der Abbau des Abnutzungsvorrats infolge physikalischer und/oder chemischer Einwirkungen und ist gleichzusetzen mit einem vorhersehbaren Verschleiß eines Bauwerks bei der üblichen Nutzung.

2.3 Zustand

Die Gesamtheit der Merkmale, die das Maß der Eignung der Betrachtungseinheit (Bauteil oder Bauwerk) für den vorgesehenen Verwendungszweck ausdrücken, wird Zustand genannt.

2.3.1 Sollzustand

Der Sollzustand ist der für den jeweiligen Fall festgelegte (geforderte) Zustand eines Bauwerks oder einzelner Teile und entspricht einem Mindestsollzustand.

2.3.2 Istzustand

Der zu einem gegebenen Zeitpunkt festgestellte Zustand eines Bauwerks oder einzelner Teile stellt die Summe aller vorhandenen Eigenschaften und Beanspruchungen des Bauwerks dar. Bei Instandhaltungsarbeiten an einem Bauwerk hängt die Qualität der fertigen Leistung stark vom Zustand der bestehenden Konstruktion ab. Deshalb beginnt die Qualitätssicherung in der Regel bei der sorgfältigen und alle Gegebenheiten erfassenden Überprüfung des Istzustands.

2.4 Abweichung Istzustand vom Sollzustand

Stimmt der Istzustand mit dem Sollzustand einer Betrachtungseinheit bei einem gegebenen Zeitpunkt nicht überein, so ist eine Abweichung vorhanden. Eine Abweichung ist entweder ein Mangel oder ein Schaden.

2.4.1 Mangel

Wurde der Sollzustand nicht erreicht, weil bei einer Betrachtungseinheit vor der ersten Funktionserfüllung mindestens ein Merkmal fehlte, so liegt ein Mangel vor. Unter

Mängeln versteht man auch herstellungsbedingte Abweichungen von den vertraglich festgelegten Anforderungen. Falls das Leistungsverzeichnis keine anderweitigen detaillierten Festlegungen enthält, sind die vertraglich festgelegten Anforderungen Normen und/oder bauaufsichtlich eingeführte Regelwerke.

In der Regel werden Mängel bei der Abnahme festgestellt. Beim Auftreten von Mängeln, die keine Einschränkung der vorgesehenen Funktionserfüllung zur Folge haben, kann gegebenenfalls anstelle der Nachbesserung auch ein Nachlass auf die vereinbarte Vergütung infrage kommen.

Für Mängel, die vor Ablauf der Verjährungsfrist auftreten, haftet der ausführende Unternehmer im Rahmen seiner Garantiepflicht. Ausnahmen bereiten Baumaßnahmen, bei denen der Unternehmer vor der Ausführung entsprechende Bedenken angemeldet hat.

Unter der ersten Funktionserfüllung ist auch die Funktionserfüllung zu verstehen, die nach einer Instandhaltung erfolgt.

2.4.2 Schaden

Ist der festgelegt Grenzwert des Abnutzungsvorrats einer Betrachtungseinheit unterschritten und ist dadurch eine Beeinträchtigung der Funktionsfähigkeit aufgetreten, liegt ein Schaden vor. Schäden müssen grundsätzlich behoben werden. Im Laufe der Nutzungszeit treten oft Schäden infolge nutzungs bzw. umweltbedingter Überbeanspruchung des Baustoffs auf sowie solche basierend auf bereits bei der Herstellung bestehender Mängel. Sie bedeuten in der Regel eine mehr oder weniger große Beeinträchtigung der Funktionserfüllung bzw. der Nutzungsdauer des Bauwerks.

2.5 Instandhaltung

Unter Instandhaltung versteht man alle Maßnahmen, die dazu dienen, den ursprünglichen Zustand (Sollzustand) eines Objektes und aller Einrichtungen zum Zwecke des bestimmungsmäßen Gebrauchs bzw. deren Funktionsfähigkeit zu bewahren oder wiederherzustellen. Dazu zählen auch die Feststellung und Beurteilung des Ist- und Sollzustandes. Als Instrumente stehen zur Verfügung: Wartung, Inspektion, Instandsetzung und Verbesserung.

2.5.1 Wartung

Alle durchgeführten Maßnahmen zur Bewahrung des Sollzustands von technischen Mitteln eines Systems (Bauwerks) und zur Verzögerung des Abbaus des vorhandenen Abnutzungsvorrates haben als Ziel die Gewährleistung der Funktionalität eines Bauteils. Es handelt sich somit um regelmäßige Instandhaltungsmaßnahmen mit vorwiegend schadensvorbeugendem Charakter. Eine wichtige Wartungsarbeit ist zum Beispiel die regelmäßige Überwachung und die frühzeitig durchgeführte Reparatur von schwer zugänglichen und stark beanspruchten Bauteilen. Instandsetzungsarbeiten oder Verbesserungsmaßnahmen gelten nicht als Wartung.

2.5.2 Inspektion

Inspektionen sind Maßnahmen zur Feststellung und Beurteilung des Istzustands von technischen Mitteln eines Systems (Bauwerks) und dienen der frühzeitigen Erkennung von Abweichungen. Diese geplanten Handlungen erfolgen gemäß einem Instandhaltungsplan und haben einen Schaden vorbeugenden Charakter. Das Vorbeugen gehört zu den wirkungsvollsten und wirtschaftlichsten Maßnahmen.

So zum Beispiel finden an Ingenieurbauwerken im Zuge von Straßen und Wegen entsprechend DIN 1076 regelmäßig Bauwerksüberwachungen (Besichtigung und laufende Beobachtung und Bauwerksprüfungen aufgeteilt in Hauptprüfungen (H), einfache Prüfungen (E), Prüfungen aus besonderem Anlass (S) und Prüfungen nach besonderen Vorschriften (V)).

Im Mittelpunkt der Bauwerksüberwachung und -prüfung steht die langfristige Gewährleistung der Tragfähigkeit, der Standsicherheit und der Dauerhaftigkeit.

2.5.3 Instandsetzung

Treten Abweichungen zwischen Istzustand und Sollzustand auf, so ist es nötig, Maßnahmen zur Wiederherstellung des Sollzustands zu ergreifen. Die entsprechenden Maßnahmen zur Wiederherstellung des Sollzustands oder der Gebrauchstauglichkeit eines Bauwerks müssen den anerkannten Regeln der Technik entsprechen. Die Instandsetzung hat keinen verbessernden, sondern einen Schaden beseitigenden Charakter.

2.5.4 Verbesserung

Zu einer Verbesserung gehören Maßnahmen zur Anhebung des ursprünglichen Sollzustandes, um eine Steigerung der Instandhaltbarkeit und/oder der Sicherheit und/oder der Gebrauchstauglichkeit eines Bauteils oder Bauwerks zu erreichen, ohne dass seine ursprüngliche Funktion geändert wird.

2.6 Sachkundiger Planer

Die Aufgaben des Sachkundigen Planers sind:

- Prüfen des Istzustandes,
- Beurteilung des Istzustandes,
- Festlegung des Sollzustandes,
- Festlegung der Ursachen für Schäden und Mängel,
- Gewährleistung der Standsicherheit,
- Planung der Instandsetzung,
- Erstellung eines Instandsetzungskonzeptes,
- Erstellung eines Instandhaltungskonzeptes,
- Erstellung der Ausschreibungsunterlagen für die Instandsetzungsmaßnahmen,
- Objektüberwachung,
- Objektbetreuung.

Der Sachkundige Planer muss einen hohen Stand der Kenntnisse und Erfahrung in folgenden Bereichen nachweisen:

- Grundanforderungen an Bauwerke und Bauteile aus Beton,
- Beurteilung der Standsicherheit (Brandschutz, Bauphysik und ggf. Verkehrssicherheit),
- Betoneigenschaften, Betonkorrosion,
- Bewehrungseigenschaften, Bewehrungskorrosion,
- Schadensdiagnose,
- Beurteilung des Betonuntergrundes,
- Verfahren der Untergrundvorbereitung, Verbundverhalten,
- Grundanforderungen an Instandsetzungsstoffe und -systeme,
- Technische Baubestimmungen zur Instandhaltung,
- Instandhaltungskonzepte (inkl. Wartungs- und Inspektionskonzepte), Instandhaltungsplanung,
- Instandsetzungsplanung (inkl. Instandsetzungsprinzipien und -verfahren),
- Ausführung von Instandsetzungsmaßnahmen,
- Grundsätze der Qualitätssicherung in der Instandhaltung.

Da der Sachkundige Planer Instandhaltungskonzepte zur Sicherstellung und zur Wiederherstellung der Standsicherheit und der Gebrauchstauglichkeit erstellt, muss er nicht nur fachlich in der Lage sein, die Standsicherheit zu beurteilen und eine Beeinträchtigung der Standsicherheit zu erkennen, sondern auch die Notwendigkeit erkennen, ggf. fachkundiges Personal hinzuzuziehen und dieses auswählen zu können.

Der Sachkundige Planer muss nicht unbedingt eine Einzelperson sein. Gemeinschaften von Fachleuten oder Ingenieurbüros, die besondere fachliche Qualifikationen und Erfahrung auf dem Gebiet der Instandhaltung haben, können die Aufgabe des sachkundigen Planers übernehmen.

Gemäß Instandsetzungsrichtlinie DAfStb Rili-SIB ist mit der Planung von Instandsetzungsarbeiten ein Sachkundiger Planer zu beauftragen, der dafür besondere – nicht näher spezifizierte – Kenntnisse auf dem Gebiet von Schutz und Instandsetzung bei Betonbauwerken haben soll.

DIBt TR-IH setzt die Planung von Instandhaltungsarbeiten durch einen Sachkundigen Planer voraus, der seine Kenntnisse und eine mindestens fünfjährige Berufserfahrung in allen Bereichen der Instandhaltung durch Referenzen bezüglich der Instandhaltung von Betonbauteilen und eine nachweisliche regelmäßige Fortbildung auf diesem Fachgebiet belegen muss.

Die Kenntnisse können durch das Vorlegen von Bescheinigungen über die Teilnahme an Aus- und Weiterbildungsveranstaltungen durch verschiedene Organisationen nachgewiesen werden, wenn die Inhalte den Anforderungen des Ausbildungsbeirates „Sachkundiger Planer (SKP)“ beim Deutschen Institut für Prüfung und Überwachung e. V. (DPÜ) entsprechen oder auf anderer Basis, wenn deren Vergleichbarkeit sichergestellt ist.

Literatur

Deutscher Ausschuss für Stahlbeton: Richtlinie „Schutz und Instandsetzung von Betonbauteilen (Instandsetzungsrichtlinie)“, Ausgabe Oktober 2001

Deutsches Institut für Bautechnik: Technische Regel „Instandhaltung von Betonbauwerken“ (TR Instandhaltung), Ausgabe Mai 2020

DIN 31051 Grundlagen der Instandhaltung, Ausgabe 06/2019

DIN EN 13306 Instandhaltung – Begriffe der Instandhaltung. Deutsche Fassung 02/2018

DIN 1076 Ingenieurbauwerke im Zuge von Straßen und Wegen – Überwachung und Prüfung, 1999

3 Baustoff Stahlbeton

Stahlbeton ist ein Verbundwerkstoff bestehend aus Beton und der darin eingebetteten Stahlbewehrung. Im vereinfachten Modell nimmt der Beton die Druckfestigkeit auf und überträgt über die Verbundkräfte die Zugkraft an den Stahl.

3.1 Beton

DIN EN 206 und DIN 1045 Teil 2 regeln die Herstellung, Eigenschaften und die Konformität des Betons.

Beton ist ein inhomogener Baustoff, der aus einem Gemisch von Gesteinskörnungen, Zement, Wasser und eventuell von Zusatzstoffen und Zusatzmitteln hergestellt wird. Er wird als Frischbeton eingebaut und erreicht seine endgültigen Eigenschaften erst durch die chemische Reaktion des Zementes mit Wasser und die daran sich anschließenden Erhärtungsprozesse. Durch Erhärten des aus Zement, Wasser, Zusatzstoffen und Zusatzmitteln bestehenden Zementleimes zu Zementstein wird die steife Gesteinskörnung in die Zementmatrix eingebettet und fest und dauerhaft mit ihr verbunden.

Verschiedene Mischungsverhältnisse der Ausgangsstoffe führen zu Betonen mit unterschiedlichen Eigenschaften. Die wichtigsten mechanisch-technologischen Eigenschaften des Betons sind: Festigkeit und Dichte.

Beton ist ein spröder Baustoff und kann hohe Druckfestigkeit, aber nur geringe Zugfestigkeit aufnehmen. Die mechanisch-technologischen Eigenschaften sowie die Dauerhaftigkeit des erhärteten Betons werden hauptsächlich vom Zementstein und von der Gesteinskörnung bestimmt.

S. Weber, *Betoninstandsetzung*,
https://doi.org/10.1007/978-3-658-33947-0_3

3.1.1 Ausgangsstoff Zement

Für die Herstellung von Beton können die in DIN 1045 Teil 2 aufgeführten Zemente nach DIN EN 197-1 verwendet werden und Normalzemente mit besonderen Eigenschaften wie z. B. LH-Zemente mit niedriger Hydratationswärme (LH-Zement), mit hohem Sulfatwiderstand (SR-Zemente), mit niedrigem wirksamem Alkaligehalt (na-Zemente), Zemente nach DIN 1164-11 mit schneller Erstarrung (SE-Zement) oder frühem Erstarren (FE-Zement), Zemente mit erhöhtem Anteil an organischen Bestandteilen gemäß DIN 1164-12 oder Hochofenzemente mit niedriger Anfangsfestigkeit gemäß DIN EN 197-4. Zemente mit sehr niedriger Hydratationswärme (VLH) sind in DIN EN 14.216 genormt. In DIN 1045 Teil 2 wird für die einzelnen Zementarten ihre Verwendbarkeit zur Herstellung von Betonen in Abhängigkeit der Expositionsklassen (siehe vereinfachte Darstellung in Tab. 3.1) angegeben.

Die Reaktion der chemischen Bestandteile des Zementes mit dem Anmachwasser wird Hydratation genannt. Bei einer geringen Wasserzugabe und einer guten Verarbeitbarkeit des Frischbetons bildet sich ein System von gleichmäßig verteilten unterschiedlich kleinen Kapillarporen, die miteinander netzartig verbunden sind. Infolge der Hydratation entstehen Hydratphasen, die für die Erhärtung und die spätere Festigkeit verantwortlich sind, und es wird Calciumhydroxid in flüssiger Form abgespalten, wodurch sich im Beton ein alkalisches Milieu mit einem hohen pH-Wert (>13) einstellt.

Ist der Zementstein der Luft ausgesetzt, reagiert das Calciumhydroxid mit dem Kohlendioxid aus der Luft zu Calciumcarbonat, einem festen Stoff, der sich an den Seitenwänden der Poren ansetzt. Poren mit sehr geringem Durchmesser werden dadurch quasi „verstopft“. Je kleiner die Poren zu Beginn der Austrocknung waren und je länger die Reaktion andauert, umso mehr Calciumhydroxid verwandelt sich in Calciumcarbonat, wodurch der Beton dichter wird und der pH-Wert sinkt. Die Festigkeit des carbonatisierten Betons ist etwas geringer, da das Carbonat eine geringere Festigkeit hat als die Hydratphasen. Die Carbonatisierung ist ein normaler Teilprozess der Erhärtung von zementgebunden Stoffen an der Luft.

Bei der Zugabe einer größeren Menge an Anmachwasser bleibt in den größeren Poren das nichtchemisch gebundene Wasser in flüssiger Form erhalten. Bei niedrigen Temperaturen gefriert dieses Wasser und übt einen Druck auf die Porenwände aus, wodurch Risse im Zementstein auftreten können. Trocknet der Beton aus, bildet sich ein System von luftgefüllten Kapillarporen, das den Transport von Flüssigkeiten, Gasen und Schadstoffen in das Betoninnere ermöglicht.

3.1.2 Ausgangsstoff Gesteinskörnung

Die Anforderungen an die normale, leichte und rezyklierte Gesteinskörnung sind in der Stoffnorm DIN EN 12620 definiert.

Tab. 3.1 Anwendungsbereiche für Zemente nach DIN EN 197-1, DIN EN 197-4, DIN 1164-10, DIN 1164-12 und FE-Zemente sowie CEM I-SE und CEM II-SE nach DIN 1164-11 zur Herstellung von Beton nach DIN 1045-2

Expositionsklasse		XC2 XO	XC1	XC3, XC4 XD1, XD3 XS1, XS3 XM1, XM2, XM3	XD2 XS2 XA1 XA1, XA2*, XA3**	XF1	XF3	XF2, XF4 **
CEM I		■	■	■	■	■	■	■
CEM II	A/B S	■	■	■	■	■	■	■
	A D	■	■	■	■	■	■	■
	A/B P	■	■	■	■	■	■	□
	A/B Q	■	■	■	■	■	■	□
	A V	■	■	■	■	■	■	□
	B V	■	■	■	■	■	□	□
	A W	■	■	□	□	□	□	□
	B W	■	□	□	□	□	□	□
	A/B T	■	■	■	■	■	■	■
	A LL	■	■	■	■	■	■	■
	B LL	■	■	□	□	□	□	□
	A L	■	■	■	■	□	□	□
	B L	■	■	□	□	□	□	□
	A M	■	■	□	□	□	□	□
	B M	■	□	□	□	□	□	□
CEM III	A	■	■	■	■	■	■	■
	B	■	■	■	■	■	■	■
	C	■	□	□	■	□	□	□
CEM IV		■	□	□	□	□	□	□
CEM V		■	□	□	□	□	□	□

■ verwendbar
□ Verwendung nicht erlaubt

*bei Sulfatangriff sind SR- Zemente zu verwenden. Ist der $SO_4^{2-} \leq 1500$ mg/l darf auch eine Mischung aus Zement und Flugasche verwendet werden
**CEM III A Festigkeitsklasse 42,5 oder 32,5 R mit Hüttensandanteil 50 M.-%. CEM III B nur für Wasserbauwerke oder Räumerlaufbahn.

Als technische Normen für die Anforderungen an die Gesteinskörnung zur Verwendung im Beton sind DIN EN 206 und DIN 1045 Teil 2 maßgebend. Als Stoffnormen für die Baustoffe Beton und Stahlbeton verweisen sie auf zusätzliche Anforderungen in bestimmten Fällen.

Damit der Beton die Anforderungen an die Dauerhaftigkeit erfüllt, muss auch der verwendete Sand, Kies oder Splitt den Einwirkungen aus den Umweltbedingungen widerstehen. Zum Beispiel muss für die Frostbeständigkeit des Betons auch die Gesteinskörnung selber frostbeständig sein, sonst führt das Versagen der Gesteinskörnung infolge von Abplatzungen zu einem Versagen des Betons.

Bei der Verwendung von Gesteinskörnung ist zusätzlich die DAfStb Richtlinie „Vorbeugende Maßnahmen gegen schädigende Alkalireaktionen im Beton" (die sogenannte Alkalirichtlinie) zu beachten.

3.2 Bewehrung

Zum Aufnehmen der Zugkräfte wird der Beton mit Stahleinlagen bewehrt. Dazu werden Bewehrungsstäbe oder/und Bewehrungsmatten sowie bei hohen Zugkräften Spannstähle verwendet. Nach DIN 1045 sind für die Herstellung von Stahlbeton Betonstabstahl und Betonstahlmatten im Lieferzustand nach den Normen der Reihe DIN 488 und nach allgemeinen bauaufsichtlichen Zulassungen zu verwenden. Für Betonstahl, der in Ringen produziert wurde, gelten die Anforderungen für den Zustand nach dem Richten. Für Spannstahl gelten die Festlegungen der allgemeinen bauaufsichtlichen Zulassung.

Über das Zusammenwirken von Beton und Stahl sind in den Vorschriften zu Stahl- oder Spannbetonbau detaillierte Angaben und Hinweise gegeben. Die Bemessung und Führung der Bewehrung erfolgt von Tragwerksplanern und Konstrukteuren. Dabei wird in der Planung darauf geachtet, dass der Stahl in seiner Lage im Bauteil vor Korrosion geschützt wird.

Korrosion der Bewehrung

Feuchte und Sauerstoff führen bei Vorhandensein eines elektrochemischen Potentials zu einer Umwandlung der Eisenatome in Eisenoxide – eine Reaktion, die Korrosion genannt wird. Im Alltag wird auch von „Rosten“ gesprochen.

Der elektrochemische Korrosionsvorgang besteht aus der Bildung räumlich nahe gelegener Anoden und Kathoden. Die anodische Reaktion bewirkt eine Metallauflösung durch „Abwandern“ von Elektronen des Eisens und die Bildung von Oxiden. Die kathodische Reaktion ist gekennzeichnet durch einen Zufluss von Elektronen. Die infolge von Korrosion entstandenen Eisenoxide haben ein größeres Volumen als die Eisenatome, sie sammeln sich an der Oberfläche des Stahls an und schwächen den Querschnitt. Diese Reaktion ist eine gleichmäßige Flächenkorrosion. Wenn ein ständiger Nachschub an Feuchte und an Sauerstoff sowie ein elektrochemisches Potential vorhanden sind, schreitet der Korrosionsvorgang so lange fort, bis die gesamten Eisenatome reagiert haben.

Bei der Entstehung von Rost werden Elektronen des Eisens aus dem Stahl an den „Rost“ abgegeben. Ist die Oxidation im angrenzenden Medium löslich, schreitet der Angriff weiter fort. Ist das Oxid jedoch unlöslich und bildet eine dichte, lückenlose Oxidhaut erfolgt kein weiterer Angriff. Eine solche schützende Deckschicht bildet sich, sofern der Feuchtigkeitsfilm am Stahl einen pH-Wert >9 aufweist. Auf der Stahloberfläche entsteht unter dieser Randbedingung eine Oxid-/Hydroxidschicht, die einen Passivschutz für die Bewehrung darstellt. Sie verhindert, dass Eisenionen in Lösung gehen und Eisenoxid (Rost) entsteht.

Kommt ein ungeschützter Bewehrungsstahl in Kontakt mit Chloriden, findet die sogenannte Chlorid- oder Lochfraßkorrosion statt, bei der Anode und Kathode räumlich voneinander getrennt sind und zu einem punktuellen Materialabtrag führen, der sich zu einer Narbe vertieft. Es treten Querschnittsminderungen und Spannungskonzentrationen an den Korrosionsnarben auf. Der Korrosionsfortschritt verläuft schnell, und die Tragfähigkeit des Stahls – und dadurch des Bauteils – wird in kurzer Zeit beeinträchtigt. Bei hochfestem Stahl führt die lokale Konzentration von Spannungen zu einer Spannungsrisskorrosion.

Eine weitere Gefährdung des Stahls entsteht bei der Anwesenheit von Wasserstoff in Elektrolyten. Der Stahl absorbiert den Wasserstoff, wodurch es zu einer Versprödung des Stahls kommt und unter Zugbeanspruchung Risse auftreten.

3.3 Stahlbetonbauweise

Die Planung und Ausführung von Bauwerken aus Beton, Stahlbeton und Spannbeton erfolgt nach DIN EN 1992-1-1 „Eurocode 2: Bemessung und Konstruktion von Stahlbeton- und Spannbetontragwerken – Teil 1-1: Allgemeine Bemessungsregeln und Regeln für den Hochbau“ mit dem dazugehörigen nationalen Anhang. Die Bauausführung erfolgt nach DIN EN 13670:2011-03 und der Nationalen Anwendungsregel DIN 1045:3 2012-03. Im Mittelpunkt der Normen steht die Gewährleistung der Dauerhaftigkeit.

In einem Bauteil aus Stahlbeton ist die Kraftaufnahme im Querschnitt inhomogen. Der Beton nimmt die Druckkräfte und die eingelegte Bewehrung die Zugkräfte auf. Bei einem ausreichenden Verbund zwischen Beton und Bewehrung kann der Beton die Zugkräfte an den Stahl weiterleiten. Dafür sind gemäß der Bemessungsregel vorgegebene Abstände zwischen den einzelnen Bewehrungsstäben einzuhalten. Der lichte Abstand in horizontaler und vertikaler Richtung zwischen parallelen Einzelstäben oder Lagen paralleler Stäbe muss größer als 20 mm und mindestens gleich dem Durchmesser des größten Stabes sein. Bei einem Größtkorndurchmesser der Gesteinskörnung größer als 16 mm müssen die Abstände um 5 mm größer sein als der Durchmesser des größten Korns. Für übergreifende Stäbe und Stöße sind entsprechende Anforderungen an den lichten Abstand definiert.

Zum Übertragen der an der Oberfläche aufgetretenen Kräfte ist ein Mindestwert der Betondicke (Überdeckung der Bewehrung) notwendig. In der Tab. 3.2 sind die erforderlichen Mindestwerte der Betondeckung c_{min} aufgeführt. Die Betondeckung gewährleistet gleichzeitig auch den Korrosionsschutz der Bewehrung.

Die Mindestbetondeckung darf unter bestimmten Bedingungen vermindert oder erhöht werden. Zusätzliche Hinweise sind in EN 1992 und im DBV-Merkblatt „Betondeckung und Bewehrung – Sicherung der Betondeckung beim Entwerfen, Herstellen und Einbauen der Bewehrung sowie des Betons“ enthalten.

Tab. 3.2 Erforderliches Mindestmaß c min der Betondeckung als Korrosionsschutz

	Mindestbetondeckung c_{min} in mm Korrosionsgefahr infolge von									
	Karbonatisierung				Chloride			Meereswasser		
Expositionsklassen	XC 1	XC 2	XC 3	XC 4	XD 1	XD 2	XD 3	XS 1	XS 2	XS 3
Betonstahl	10	20		25		40			40	
Spannglieder	20	30		35		50			50	

Tab. 3.3 Maximal zulässige Rissbreiten für Stahlbeton

Umweltbedingungen	max. zulässige Rissbreite [mm]
trockene Luft oder Schutzüberzug	0,40
im Freien, hohe Luftfeuchtigkeit, Boden	0,30
Tausalze	0,18
Meerwasser, Wasserwechselzone	0,15
Wasserbehälter	0,10

Da die Bruchdehnung des Betons geringer ist als die des Stahls, können bereits bei normaler Gebrauchsbeanspruchung Risse in der Zugzone der Stahlbetonkonstruktionen auftreten. Deshalb wird im Stahlbetonbau unterschieden zwischen gerissenem und ungerissenem Beton. Im Hinblick auf die Dauerhaftigkeit des Bauteils wird die Breite der Risse beschränkt. Die Tab. 3.3 zeigt die Anforderungen an die Rissbreite in Abhängigkeit der Umweltbedingungen. Zusätzliche Hinweise liefert das DBV-Merkblatt „Begrenzung der Rissbildung im Stahlbeton- und Spannbetonbau".

Ein besonderes Problem der Dauerhaftigkeit eines bewehrten Bauteils ist der Korrosionsschutz des im Beton eingebetteten Stahls. Bei der Bildung von Calciumhydroxid stellt sich im Beton ein hoher pH-Wert ein. An der Oberfläche des im alkalischen Beton eingebetteten Stahls bildet sich die dünne Oxidschicht, genannt Passivschutz (siehe 3.2). Bei ausreichend dicker und dichter Betonüberdeckung gewährleistet sie den Korrosionsschutz der Bewehrung. Der Passivschutz bleibt bis zu einem pH-Wert des Betons von ca. 9 erhalten.

Tritt eine Carbonatisierung ein (siehe 3.1.1), sinkt der der pH-Wert. Erreicht die Carbonatisierungsfront die Bewehrung, baut der Stahl seinen Passivschutz ab. Bei gleichzeitigem Vorhandensein von Sauerstoff und Feuchte und eines elektrochemischen Potentials besteht die Gefahr der Korrosion der Bewehrung. Das größere Volumen der entstandenen Eisenoxide übt einen Druck auf den carbonatisierten Beton aus, der beim Erreichen der Zugfestigkeit reißt, wodurch ein weiterer Zutritt von Luft und Feuchte ermöglicht wird. Bei starker Minderung des Bewehrungsquerschnittes infolge von Korrosion kann die Zugkraft nicht mehr aufgenommen werden, und die Bewehrung reißt.

Um die Dauerhaftigkeit von Stahlbetonbauten zu gewährleisten, werden die Betone so zusammengesetzt, dass sie ohne technisch komplizierte und teure Instandhaltungsmaßnahmen den Einflüssen, denen ein Bauteil oder Bauwerk während seiner geplanten Nutzungsdauer ausgesetzt sind, Widerstand leisten können.

Die in Tab. 3.4 zusammengefassten Expositionsklassen unterscheiden nach der im Bauteil oder am Bauwerk von den Umgebungsbedingungen hervorgerufenen Zerstörung zwischen Betonkorrosion und Bewehrungskorrosion. Bei der Betonkorrosion wird vorwiegend der Beton angegriffen, wodurch der Zementstein oder die Gesteinskörnung zerstört werden. Bei der Bewehrungskorrosion wird unterschieden, ob die Korrosion durch Verlust des Passivschutzes des Stahls infolge von Carbonatisierung oder durch Angriff von Chloriden verursacht wird.

Tab. 3.4 Expositionsklassen nach DIN 1045

Klassen-bezeichnung	**Umgebungs- und Korrosionsbedingungen**
X0	kein Korrosions- oder Angriffsrisiko
XC	Bewehrungskorrosion ausgelöst durch Carbonatisierung
XD	Bewehrungskorrosion verursacht durch Chloride, außer Meerwasser
XS	Bewehrungskorrosion verursacht durch Chloride aus Meerwasser
XF	Betonkorrosion durch Frostangriff ohne und mit Taumittel
XA	Betonkorrosion durch chemischen Angriff
XM	Betonkorrosion durch Verschleissbeanspruchung

Die Zuordnung zu Expositionsklassen ist ein wichtiger Bestandteil der Schadensanalyse und der Instandhaltung von Stahlbetonbauten, daher sind in Tab. 3.5 einige typische Beispiele gezeigt. Da Stahlbetonbauten oder -bauteile in der Regel mehreren Umgebungseinflüssen gleichzeitig ausgesetzt sind, müssen für die Zuordnung eines Bauteils/Bauwerks alle zutreffenden Expositionsklassen berücksichtigt werden.

Die Expositionsklassen enthalten die wichtigsten Angaben für die Zusammensetzung des Betons (siehe Tab. 3.6):

- maximaler W/Z-Wert,
- $W/Z_{eq.}$-Wert bei Anrechnung von Zusatzstoffen Typ II,
- Mindestfestigkeitsklasse des Betons,
- Mindestzementgehalt,

  Bei der Verwendung einer Gesteinskörnung mit einem Größtkorn von 63 mm ist eine Reduzierung des Mindestzementgehaltes um 30 kg/m^3 erlaubt. Bei den Expositionsklassen XM der Festigkeitsklassen kleiner als C50/60 darf der Mindestzementgehalt 360 kg/m^3 nicht überschreiten.

An manche Betone werden zusätzliche Anforderungen gestellt, wie z. B.:

- der Mindestluftgehalt bei Beton mit Frost-Tausalz-Belastung,
- besondere Anforderung an die Gesteinskörnung,
- Mehlkorngehalt,
- Oberflächenbehandlung,
- Art des zu verwendenden Zementes.

Die Zusammensetzung der Betonmischungen ist so zu wählen, dass sie den strengsten Anforderungen aller zutreffenden Expositionsklassen genügt, denen das Bauteil zugeordnet wird. Das sind: der kleinste maximale W/Z-Wert, die höchste Mindestdruckfestigkeitsklasse und der höchste Wert für den Mindestzementgehalt. Wenn in einer Expositionsklasse zusätzliche Anforderungen gestellt werden, ist ihre Einhaltung bei der Zusammensetzung des Betons verbindlich.

Tab. 3.5 Beispiele für Expositionsklassen

Klassenbezeichnung	Umgebung	Beispiele für die Zuordnung

Expositionsklassen bei Bewehrungskorrosion, verursacht durch Karbonatisierung

Klassenbezeichnung	Umgebung	Beispiele für die Zuordnung
XC1	trocken oder ständig nass	- Bauteile in Innenräumen mit üblicher Luftfeuchte - Bauteile ständig in Wasser
XC2	nass, selten trocken	- Teile von Wasserbehältern - Gründungsbauteile
XC3	mäßige Feuchte	- Bauteile, zu denen die Außenluft häufig oder ständig Zugang hat, aber vor Regen geschützt
XC4	wechselnd nass und trocken	- Außenbauteile mit direkter Beregnung

Expositionsklassen bei Bewehrungskorrosion, verursacht durch Chloride

	Klassenbezeichnung	Umgebung	Beispiele für die Zuordnung
ausgenommen Chloride aus Meerwasser	XD1	mäßige Feuchte	- Einzelgaragen - Beuteile im Sprühnebelbereich von Verkehrsflächen
	XD2	nass, selten trocken	- Solebäder - Bauteile, die chloridhaltigen Industrieabwässern ausgesetzt sind
	XD3	wechselnd nass und trocken	- Teile von Brücken mit häufiger Spritzwasserbeanspruchung - Fahrbahndecken - direkt befahrene Parkdecks
Chloride aus Meerwasser	XS1	salzhaltige Luft ohne Meerwasserkontakt	- Außenbauteile in Küstennähe
	XS2	unter Wasser	- Teile von Meerwasserbauwerken
	XS3	Tidebereich; Spritzwasser- und Sprühnebelbereiche	- Teile von Meerwasserbauwerken

Expositionsklassen bei Betonkorrosion verursacht durch Frost ohne und mit Taumittel

Klassenbezeichnung	Umgebung	Beispiele für die Zuordnung
XF1	mäßige Wassersättigung, ohne Taumittel	- Außenbauteile
XF2	mäßige Wassersättigung, mit Taumittel	- Bauteile im Sprühnebel- und Spritzwasserbereich taumittelbehandelter Verkehrsflächen, soweit nicht XF - Bauteile im Sprühnebelbereich von Meerwasser
XF3	hohe Wassersättigung, ohne Taumittel	- offene Wassergehälter - Bauteile in der Wasserwechselzone von Süßwasser
XF4	hohe Wassersättigung, mit Taumittel	- Verkehrsflächen - überwiegend horizontale Bauteile im Spritzwasserbereich von taumittelbehandelten Verkehrsflächen - Räumerlaufbahnen von Kläranlagen - Meerwasserbauteile in der Wasserwechselzone

Expositionsklassen bei Betonkorrosion, verursacht durch chemischen Angriff

Klassenbezeichnung	Umgebung	Beispiele für die Zuordnung
XA1	chemisch schwach angreifend	- Bauteile in Kläranlagen - Güllebehälter
XA2	chemisch mäßig angreifend	- Bauteile in betonangreifenden Böden - Bauteile, die mit Meerwasser in Berührung kommen
XA3	chemisch stark angreifend	- Industrieabwasseranlagen - Gärfuttersilos - Kühltürme mit Rauchgasableitung

Expositionsklassen bei Betonkorrosion, verursacht durch Verschleißbeanspruchung

Klassenbezeichnung	Umgebung	Beispiele für die Zuordnung
XM1	mäßige Beanspruchung	- Industrieböden mit Beanspruchung durch luftbereifte Fahrzeuge
XM2	starke Beanspruchung	- Industrieböden mit Beanspruchung durch luft- oder vollgummibereifte Gabelstapler
XM3	sehr starke Beanspruchung	- Oberflächen, die häufig mit Kettenfahrzeugen befahre werden - Industrieböden mit Beanspruchung durch elastomer- oder Stahlrollenbereifte Gabelstapler - Wasserbauwerke in geschiebebelasteten Gewässern (z. B. Tosbecken)

Tab. 3.6 Angaben für die Zusammensetzung des Betons

Expositionsklasse	max.W/Z bzw. W/Z$_{äq}$	Mindestbetonfestigkeitsklasse	min Z [kg/m³]	Bemerkungen
X0		C8/10		
XC1	0,75	C16/20	240	
XC2	0,75	C16/20	240	
XC3	0,65	C20/25	260	
XC4	0,60	C25/30	280	
XD1	0,55	C30/37 [1]	300	
XD2	0,50	C35/45[1]	320	•bei langsam und sehr langsam erhärtenden Betonen C30/37 erlaubt
XD3	0,45	C35/45[1]	320	
XS1	0,55	C30/37	300	idem XD1
XS2	0,50	C35/45	320	idem XD2
XS3	0,45	C35/45	320	Idem XD3
XF1	0,60	C25/30	280	• Gesteinskörnung F4
XF2	0,55	C25/30	300	• nur Flugasche darf dem w/z-Wert angerechnet werden • Luftporen erforderlich • Gesteinskörnung MS 25
	0,50	C 35/45	320	• nur Flugasche darf dem w/z-Wert angerechnet werden • bei langsam und sehr langsam erhärtenden Betonen C30/37 erlaubt • Gesteinskörnung MS 25
XF3	0,55	C25/30	300	• Luftporen erforderlich • Gesteinskörnung F2
	0,50	C 35/45	320	• bei langsam und sehr langsam erhärtenden Betonen C30/37 erlaubt • Gesteinskörnung F2
XF4	0,50	C30/37	320	• nur Flugasche darf dem w/z-Wert angerechnet werden • Gesteinskörnung MS 18
XA1	0,60	C25/30	280	
XA2	0,50	C 35/45[1]	320	• bei langsam und sehr langsam erhärtenden Betonen C30/37 erlaubt
XA3	0,45	C 35/45[1]	320	•zusätzlichen Schutz erforderlich
XM1	0,55	C 30/37[1]	300	
XM2	0,55	C 30/37	300	• Oberflächenbehandlung erforderlich
	0,45	C 35/45	320	
XM3	0,45	C 35/45	320	• Hartstoffe nach DIN 1100

[1] bei Verwendung von Luftporenbeton ist aufgrund der gleichzeitigen Anforderung aus den Expositionsklassen XF eine Festigkeitsklasse niedriger erlaubt

Literatur

DAfStb Richtlinie Vorbeugende Maßnahmen gegen schädigende Alkalireaktionen im Beton, 02/2007

DBV-Merkblatt Begrenzung der Rissbildung im Stahlbeton- und Spannbetonbau; Deutscher Beton-Verein e. V., Wiesbaden, 2016

DBV-Merkblatt Betondeckung und Bewehrung; Deutscher Beton-Verein e. V., Wiesbaden, 07/2002

DIN 1045-2 Tragwerke aus Beton, Stahlbeton und Spannbeton – Teil 2: Beton – Festlegung, Eigenschaften, Herstellung und Konformität – Anwendungsregeln zu DIN EN 206-1, Ausgabe 2008

DIN 1164 Zement mit besonderen Eigenschaften – Teil 10 Zusammensetzung, Anforderungen und Übereinstimmungsnachweis von Zement mit niedrigem wirksamem Alkaligehalt

DIN 1164 Zement mit besonderen Eigenschaften – Teil 11: Zusammensetzung, Anforderungen und Übereinstimmungsnachweis von Zement mit verkürztem Erstarren, Ausgabe 11/2003

DIN 1164 Zement mit besonderen Eigenschaften – Teil 12: Zusammensetzung, Anforderungen und Übereinstimmungsnachweis von Zement mit einem erhöhten Anteil an organischen Bestandteilen, Ausgabe 06/2005

DIN 488 Betonstahl, Ausgabe 2009

DIN EN 1008 Zugabewasser für Beton – Festlegung, Prüfung und Beurteilung der Eignung von Wasser, einschließlich bei der Betonherstellung anfallendem Wasser als Zugabewasser für Beton, Ausgabe 10/2002

DIN EN 14216 Zement – Zusammensetzung, Anforderungen und Konformitätskriterien von Sonderzement mit sehr niedriger Hydratationswärme, Deutsche Fassung EN 14216:2015

DIN EN 1992: Eurocode 2: Bemessung und Konstruktion von Stahlbeton- und Spannbetontragwerken, Teil 1-1 Allgemeine Bemessungsregeln und Regeln für den Hochbau Ausgabe 01/2011, Teil 1-1/NA Nationaler Anhang zu DIN EN 1992-1-1, Ausgabe 01/2011

DIN EN 197-1 Zement – Teil 1: Zusammensetzung, Anforderungen und Konformitätskriterien von Normalzement; Deutsche und Englische Fassung prEN 197–1:2018

DIN EN 206-1 Beton – Teil 1: Festlegung, Eigenschaften, Herstellung und Konformität, Deutsche Fassung 07/2013

DIN 1045-2:2008-08: Tragwerke aus Beton, Stahlbeton und Spannbeton - Teil 2: Beton - Festlegung, Eigenschaften, Herstellung und Konformität – Anwendungsregeln zu DIN EN 206-1

DIN EN 12620 Gesteinskörnungen für Beton, Ausgabe 07/2015

Schäden und deren Ursachen 4

Schäden an Betonbauwerken oder -bauteilen können auftreten infolge von:

- fehlerhafter Planung,
- bedingt durch die Betontechnologie,
- während der Ausführung,
- nach dem Einbau des Betons.

4.1 Typische Schäden in der Planungsphase

Werden in der Planung die Umweltbedingungen (siehe Abschn. 3.3 „Expositionsklassen“), die nach Fertigstellung auf das fertige Bauwerk wirken, falsch zugeordnet, kann das Bauteil trotz korrekter Bemessung die Anforderungen an die Dauerhaftigkeit nicht erfüllen.

Eine unzweckmäßige Wahl des Berechnungsmodells führt zur Beeinträchtigung des Tragverhaltens des Bauwerks. Unvollständige oder falsche Belastungsannahmen haben zur Folge, dass entweder die Betondruckfestigkeit nicht ausreichend ist oder die Bemessung der Bewehrung falsch erfolgt. Bei einer falschen Lage der Bewehrung, einer unsachgemäßen Bewehrungsführung oder zu kurzen Verankerungslängen können die Zugkräfte nicht übertragen und die aufgetreten Belastungen nicht übernommen werden. Dies trifft auch bei zu großen Abständen der Bewehrung zu. Ist der geringste lichte Abstand der Bewehrung kleiner als das Größtkorn der Betonmischung, kommt es zu einer Siebwirkung der Bewehrung, die zu einer Entmischung des Betons führt: Die grobe Gesteinskörnung

S. Weber, *Betoninstandsetzung*,
https://doi.org/10.1007/978-3-658-33947-0_4

bleibt auf der Bewehrung liegen, wodurch der Beton in den unteren Lagen einen höheren Zementleimgehalt hat und ein lokal stärkeres Schwinden, verbunden mit zusätzlichen Spannungen, auftritt.

Um die Umhüllung der Bewehrung mit Beton zu gewährleisten, sind ausreichend Rüttelgassen vorzusehen.

Eine zu geringe Betondeckung der Bewehrung führt zu Rissen und dadurch zu einem verminderten Korrosionsschutz der Bewehrung und somit zur Beeinträchtigung der Dauerhaftigkeit des Bauteils.

Wurden der Schalungsdruck oder die Schalungsanker falsch berechnet, verformt sich während des Einbaus die Schalung oder Rüstung, und im erhärteten Beton treten Spannungen auf, die in der Bemessung nicht berücksichtigt wurden.

In der Planungsphase müssen unter Umständen ausreichend betontechnologische Maßnahmen getroffen werden. Wurden zum Beispiel Spannungen aus einer hohen Hydratationswärme bei der Bemessung nicht berücksichtigt, treten Risse auf. Bei unzulässig hoher Temperaturdifferenz zwischen Bauteilkern und -oberfläche ist auch mit einer zusätzlichen Spannung im Bauteil zu rechnen, die zu Rissen führt.

▶ **Hinweis** Ältere Betonbauwerke wurden nach den zur Zeit der Planung und Herstellung geltenden Normen und Regelwerken bemessen und ausgeführt und entsprechen häufig nicht den geltenden Anforderungen in Bezug auf den Bewehrungsgrad, die Betonüberdeckung sowie der Anordnung und der Lage der Bewehrung.

4.2 Typische betontechnologisch bedingte Schäden

4.2.1 Wasserzementwert, Porosität und Festigkeit

Die Festigkeit des Betons wird durch die Zementfestigkeitsklasse und den Wasserzementwert (W/Z-Wert) bestimmt. Bei einem W/Z-Wert von 0,40 findet theoretisch eine vollständige Hydratation des Zementes statt, bei der der Zement die maximalmögliche Menge an Wasser chemisch bindet. Die in der Betonpraxis verwendeten Betone haben W/Z-Werte zwischen 0,42 und 0,75. Das chemisch nicht gebundene Wasser bildet im erhärteten Zementstein Poren, die miteinander verbunden sind. Bei der Austrocknung des Betons entsteht ein zusammenhängendes System von Poren, die mit Luft oder mit einem Gemisch von Luft und Wasser gefüllt sind und durch die Flüssigkeiten und Gase in das Betoninnere diffundieren können und, wenn sie betonangreifend sind, den Beton schädigen. Die bei der Austrocknung in die Poren eingedrungene Luft enthält ausreichend Kohlendioxid, um eine Carbonatisierung zu bewirken.

Um die Dauerhaftigkeit des Bauteils zu gewährleisten, ist ein maximal zulässiger W/Z-Wert einzuhalten. Dieser ist in Abhängigkeit der zu erwartenden Beanspruchungen des Bauteils in den Anforderungen der Expositionsklassen vorgegeben (siehe Kap. 3, Tab. 3.6). Bei Überschreitung des maximal zulässigen Wertes entsteht eine erhöhte Porosität, die zu einer stärkeren Aufnahme von Flüssigkeiten und Gasen führt. Der höhere Wassergehalt bewirkt beim Verdichten eine Absonderung von Wasser an der Oberfläche und beim Erhärten ein verstärktes Schwinden, wodurch Schwindrisse entstehen können. Bei der späteren Erhärtung und Austrocknung des Betons verdunstet das sich an der Oberfläche des Betons angesammelte Wasser, die Betondeckung der Bewehrung wird porös und carbonatisiert stärker, sodass die Carbonatisierungsfront die Bewehrung schneller erreicht. Erreicht die Carbonatisierungsfront die Bewehrung, ist der Passivschutz der Bewehrung aufgehoben, und bei weiterem Zutritt von Feuchte und Sauerstoff besteht die Gefahr einer Bewehrungskorrosion infolge von Carbonatisierung.

4.2.2 Luftporen

Im verdichteten Beton befindet sich außer Kapillarporen ein erlaubtes Volumen an luftgefüllten Verdichtungsporen. Deren Gehalt p wird nach DIN EN 12350-7 geprüft und beträgt bei Normalbeton:

- maximal 1 Vol.-% bei sehr guter Verdichtung,
- 1 bis 2 Vol.-% bei guter Verdichtung,
- 2 bis 3 Vol.-% bei mittlerer Verdichtung,
- größer als 3 Vol.-%. bei unzureichender Verdichtung.

Für eine ausreichende Frost-Tausalz-Widerstandsfähigkeit ist laut Expositionsklassen ein Luftporengehalt von 4 bis 5 Vol.-% (Einzelwerte der Prüfungen dürfen um 0,5 Vol.-% geringer sein) erforderlich, der in Abhängigkeit des Größtkorns der Gesteinskörnung wie folgt variiert:

- größer als 5,5 Vol.-% bei Größtkorn 8 mm,
- größer als 4,5 Vol.-% bei Größtkorn 16 mm,
- größer als 4,0 Vol.-% bei Größtkorn 32 mm.

Um die erforderlichen Werte an Luftporen zu erreichen, werden der Frischbetonmischung Luftporenbildner bzw. Mikrohohlkugeln beigemengt, die gleichmäßig im Zementstein verteilte kugelige, isoliert angeordnete Luftblasen erzeugen. Beim Gefrieren des physikalisch gebundenen Wassers in den Poren des Zementsteins bilden sich Eiskristalle, die einen Druck auf die Wand der Kapillarporen ausüben. Dieser Druck wird durch das Komprimieren der Luftporen abgebaut.

Luftporensysteme, die den Expansionsraum im Zementstein liefern, werden durch zwei Kennzahlen charakterisiert: den Mikroluftporengehalt A_{300} und den Abstandsfaktor AF. Der Mikroluftporengehalt A_{300} gibt den Gehalt an Luftporen mit einem Durchmesser kleiner als 0,3 mm an und soll 1,5 Vol.-% nicht unterschreiten. Der Abstandsfaktor AF ist das Maß für den größten Abstand eines Punktes im Zementstein von der nächsten Luftpore und darf nicht größer als 0,2 mm sein. Diese Werte können am erhärteten Beton mithilfe mikroskopischer Verfahren zuverlässig bestimmt werden.

Betone mit Luftporenbildnern haben eine geringere Druckfestigkeit als Normalbeton. Erfahrungswerte zeigen bei einem Luftporengehalt von 4 Vol.-% eine um eine Festigkeitsklasse geringere Betondruckfestigkeit. Die Luftporen führen zu einem erhöhten Schwinden und Kriechen des Betons.

4.2.3 Risse durch Volumenänderung

4.2.3.1 Bluten

Das „Bluten" von Beton ist ein ganz normaler Vorgang bei der Herstellung von Beton. Schäden infolge des Blutens treten nur bei starkem Absondern von Wasser und einer frühzeitigen Austrocknung des jungen Betons infolge einer mangelhaft ausgeführten Nachbehandlung auf.

Da in der Betonpraxis in der Regel W/Z-Werte höher als 0,40 angesetzt werden, ist somit immer Überschusswasser vorhanden. In dem Zeitabschnitt zwischen Verdichten und Erstarren führt die Absonderung des Überschusswassers zu einer Sedimentation, die zu einer Entmischung und dadurch zu einer Verschlechterung der Homogenität des Betons führen kann. Das abgestoßene Anmachwasser enthält Zement und Feinstsand. An der Oberfläche des Betons reagiert diese Zementschlämme mit dem Kohlendioxid aus der Luft und führt zu einer hellen, grau-weißen Farbgebung. Der Beton weist an diesen Stellen eine geringere Festigkeit auf.

Infolge des verringerten Volumens an Zementleim stützen sich beim Verdichten des Frischbetons die größeren Gesteinskörner gegenseitig ab, wodurch sie dem Setzvorgang nicht folgen können. Durch das Absetzen des Zementleims bilden sich unterhalb großer, plattiger Körner Wassersäcke und Wasserlinsen (Abb. 4.1).

Solche Wasserlinsen und Luftblasen treten auch unterhalb der waagerechten Bewehrungsstäbe größeren Durchmessers auf. In diesem Fall ist der Verbund zwischen Beton und Bewehrung gestört, die Kraftübertragung ist eingeschränkt, und der Bewehrungsstab ist nicht ringsum in Kontakt mit dem alkalischen Milieu des Betons, wodurch in diesem Bereich der Passivschutz der Bewehrung fehlt. Bei gleichzeitig zu geringer Betonüberdeckung können Risse entstehen, deren Tiefen bis zur Bewehrung reichen können. Es besteht die Gefahr, dass auch über der Bewehrung parallel zu dieser Setzrisse auftreten (Abb. 4.2), die bei einer zu geringen Betonüberdeckung die Bewehrung erreichen können.

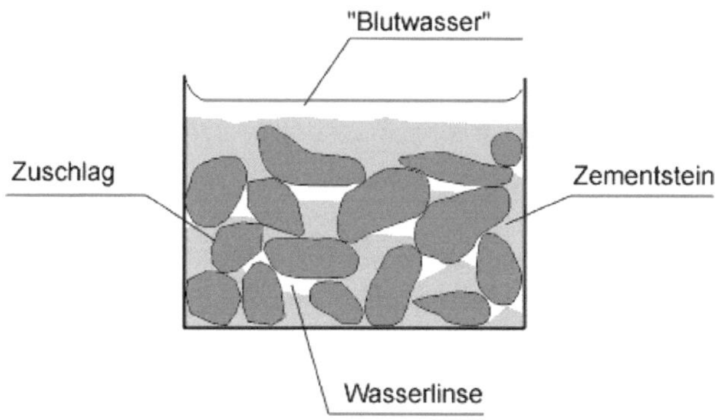

Abb. 4.1 Schematische Darstellung des Wasserabsonderns des Betons

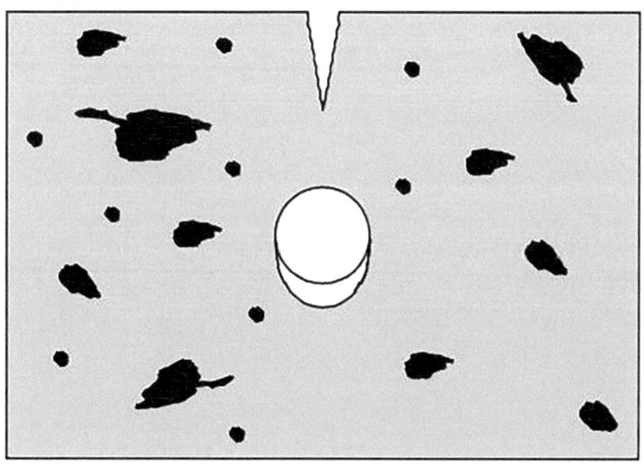

Abb. 4.2 Schematische Darstellung von Rissen infolge des Setzens des Frischbetons

Bei schlanken Bauteilen verteilt sich das Überschusswasser beim Verdichten des Betons auch seitlich in Richtung der Schalung. Dort sammelt sich das Wasser örtlich an, steigt entlang der Schalung nach oben und hinterlässt nach oben gerichtete Fließspuren, sogenannte Rinnsale, die nach dem Ausschalen zu sehen sind. Prägnant ist dieser Effekt beim Betonieren mit hoher Schüttlage und bei der Verwendung glatter, nichtsaugender Schalung.

Infolge von Bluten „setzt" sich der Frischbeton nach dem Verdichten, und der erhärtete Beton weist ein geringeres Volumen als der Frischbeton auf.

4.2.3.2 Schwinden und Quellen

Schwinden ist die Volumenverminderung durch Feuchtigkeitsabgabe und Quellen die Volumenzunahme durch Feuchtigkeitsaufnahme. Beide sind zeitabhängige und lastunabhängige Verformungen. Von größerer baupraktischer Bedeutung ist das Schwinden. Es setzt sich aus dem Schwinden des Frischbetons und dem anschließenden Schwinden des Festbetons zusammen. Die im Querschnitt entstehenden Eigenspannungen (außen Zug, innen Druck) führen zu feinen Oberflächenrissen, während Bauteilverkürzungen Zugspannungen verursachen und oft zu breiten Rissen führen. Zusätzliche Verformungen im Querschnitt können Verkrümmungen hervorrufen.

Plastisches Schwinden, Frühschwinden oder Kapillarschwinden des Frischbetons treten bei jedem Beton auf. Bei einem Beton mit hohem W/Z-Wert und bei unzureichend nachbehandeltem Beton entstehen Kapillarschwindrisse, welche in der Regel ein charakteristisches netzartiges Muster auf der Oberfläche aufweisen (Abb. 4.3).

Junger Beton ist unmittelbar nach dem Ausschalen ein nahezu wassergesättigter poröser Baustoff, der mit abnehmender relativer Luftfeuchtigkeit und zunehmender Temperatur stärker austrocknet. Bei unzureichendem Schutz gegen eine starke Austrocknung treten Risse auf.

Infolge fortschreitender Carbonatisierung können bereits bestehende Schwindrisse aufgeweitet werden, oder es können sich zusätzlich neue Risse bilden. Besonders ausgeprägt ist diese Form der Rissbildung bei einem erhöhten Kohlendioxidgehalt der umgebenden Luft.

Bei Hochleistungsbeton mit niedrigen W/Z-Werten und hohem Gehalt an Mikrosilika kann zusätzlich ein starkes autogenes Schwinden auftreten. Statt oberflächennaher Risse können bereits im jungen Alter Trennrisse infolge von Zwang entstehen, die im Normalbeton überhaupt nicht oder erst viel später auftreten würden.

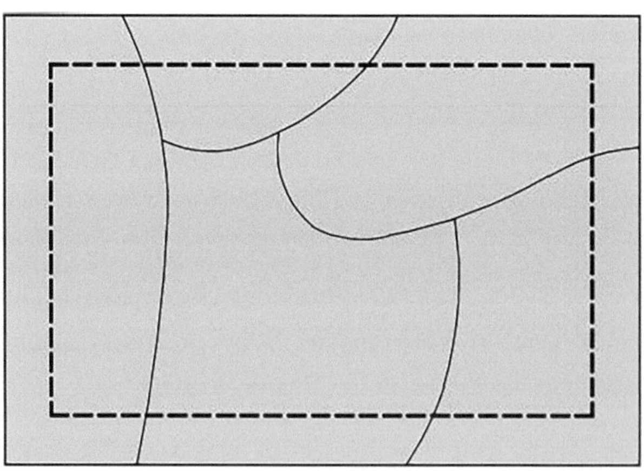

Abb. 4.3 Risse infolge von Schwinden

4.2.3.3 Kriechen

Das Kriechen ist eine bleibende zeitabhängige Formänderung von Beton unter Dauerlast. Je feuchter die Umgebung ist, je niedriger der W/Z-Wert, je kleiner das Zementsteinvolumen und je höher die Festigkeit, desto geringer fällt bei sonst gleichen Verhältnissen das Kriechen aus.

Wird der Beton in den ersten Tagen seiner Erhärtung nicht ausreichend feucht gehalten, treten Spannungen auf, die zu Rissen führen.

4.3 Typische Schäden in der Einbauphase

Betonschäden, die während der Ausführung auftreten, hängen hauptsächlich mit dem Einbauen, Verdichten, Nachverdichten und Nachbehandeln in der Schalung sowie dem Ausschalen und der darauffolgenden Nachbehandlung zusammen.

Bei einer nicht ausreichend dichten Schalung kann der Zementleim auslaufen (Abb. 4.4), und es bilden sich Hohlstellen, Lunker und Kiesnester.

Abb. 4.4 Ausgelaufener Zementleim

Beim Einbau des Betons im freien Fall aus einer Höhe von mehr als 1,5 m prallen die groben Körner der Gesteinskörnung an der Bewehrung ab und führen zu einer Entmischung des Frischbetons in Form von Kiesnestern. Entmischungen treten auch infolge der Selbstverteilung des Betons bei einer zu weichen Konsistenz, beim Einbau des Betons an einer Stelle oder bei unzulässiger Verteilung des Frischbetons mittels Innenrüttlern auf.

Beim Verdichten aufgetretene Schäden können zu einem lückenhaften Ausfüllen der Schalung führen. Eine nicht genügend lange Verdichtung oder die Verwendung eines falschen Innenrüttlers erhöhen den Luftgehalt des erhärteten Betons und führen zu einem porösen Beton mit niedrigerer Festigkeit.

Bei zu großen Abständen zwischen den Eintauchstellen des Innenrüttlers oder bei zu geringem Abstand zur Schalung sowie bei einem zu langen Kontakt des Innenrüttlers mit der Bewehrung treten Entmischungen auf, und die Betonoberfläche wird nicht mit einer gleichmäßigen Schicht Feinmörtel abgeschlossen.

Unzureichende oder zu spät durchgeführte Verdichtung bzw. Nachverdichtung bewirken ein späteres Setzen des Betons oder führen dazu, dass sich das Loch nach dem Ziehen des Innenrüttlers nicht mehr schließt (Abb. 4.5). Es entstehen zusätzliche Verdichtungsporen im Beton, und unter Umständen treten Hohlräume in den Bauteilen auf. Bei hohen Bauteilen mit dichter Bewehrung bilden sich die Hohlräume vorwiegend unter der waagerechten Bewehrung, wo sie zu einem gestörten Verbund zwischen Stahl und Beton führen. Dadurch ist der Stahl nicht rundum in Kontakt mit dem alkalischen Milieu des Betons, und in diesem Bereich fehlt der Bewehrung der Passivschutz. Die Übertragung der Zugkräfte findet nicht über die gesamte Stablänge statt.

Bei falscher Verdichtung von waagerechten Bauteilen mit Innenrüttlern sammelt sich das Überschusswasser an der Oberfläche an.

Bei unzureichender oder fehlender Nachbehandlung trocknet der Beton in kurzer Zeit stark aus. Da nicht ausreichend Wasser für die Hydratation zur Verfügung steht, finden die chemischen Reaktionen nicht vollständig statt, und es entsteht ein poröser Beton. Die damit verbundene Volumenverminderung infolge von Schwinden erzeugt Spannungen, die zur Entstehung von Rissen führen. Die Risse gehen meist durch die ganze Bauteildicke und verlaufen „wild“. Das schnelle Austrocknen des Betons und die Risse bewirken, dass die geplanten Eigenschaften des Betons hinsichtlich Festigkeit und Dichtigkeit nicht erreicht werden. Hervorgerufen durch den schnelleren Ablauf der Carbonatisierung besteht für ein bewehrtes Bauteil eine erhöhte Korrosionsgefahr der Bewehrung, wodurch die Dauerhaftigkeit des Bauteils insgesamt stark beeinträchtigt ist.

Bei starkem Regen und strömendem Wasser kann der Zementleim eines ungeschützten jungen Betons ausgewaschen werden, oder bei der Einwirkung von bestimmten Chemikalien wird er zersetzt oder löst sich auf.

Die sonst für Beton übliche Nachbehandlung durch Aufbringen von Wasser kann unter Umständen zu Ausblühungen bis hin zu Schädigungen führen.

Zu starkes Abkühlen des jungen Betons führt zu Schäden des Betons durch Frost. Wenn das in den Poren physikalisch gebundene Wasser gefriert, übt das Eis einen Druck

Abb. 4.5 Schäden infolge von zu später Verdichtung

auf den Beton aus, und bei einer Druckfestigkeit des jungen Betons unter 5 N/mm^2 treten Risse auf.

4.4 Typische Schäden in der Nutzungsphase

4.4.1 Mechanisch bedingte Schäden

4.4.1.1 Last und Überlast, Zwang

Die Planung und der Entwurf von Bauwerken beruhen auf Lastannahmen nach „DIN 1055-100: Einwirkungen auf Tragwerke. Grundlagen der Tragwerksplanung, Sicherheitskonzept und Bemessungsregeln“. In statisch unbestimmten Systemen wird beim

Entwurf die Zwangsbelastung z. B. infolge Temperaturänderung berücksichtigt. In statisch bestimmten Systemen ist dies nur dann nicht notwendig, wenn für die Bauteile eine entsprechende Bewegungsmöglichkeit gewährleistet ist.

Infolge der Einwirkung äußerer Lasten kann es in Bauteilen zu Rissen kommen. Solange die zulässigen Rissbreiten nicht überschritten werden, stellen Risse keine Gefährdung für das Bauteil bzw. das Bauwerk dar.

Biegerisse (Abb. 4.6) verlaufen etwa senkrecht zur Biegezugbewehrung. Sie beginnen am Zugrand und enden im Bereich der Nulllinie. Ihr Verlauf ist oft affin zum Biegemomentenverlauf.

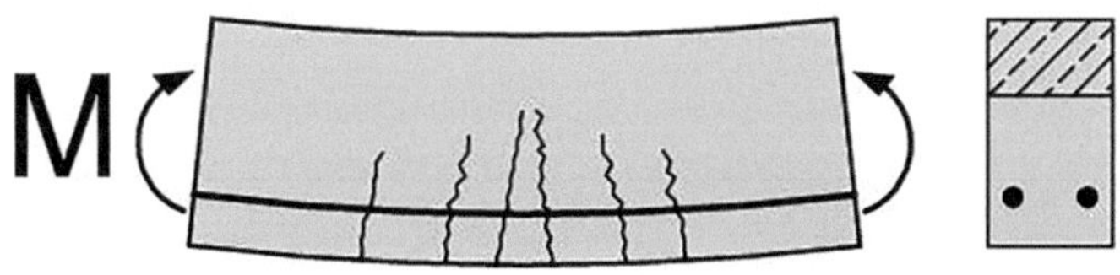

Abb. 4.6 Biegerisse

Sammelrisse (Abb. 4.7) treten vorwiegend bei stark bewehrten Randzonen infolge Biegebeanspruchung oder bei dicken Bauteilen infolge zentrischer Zugbelastung auf.

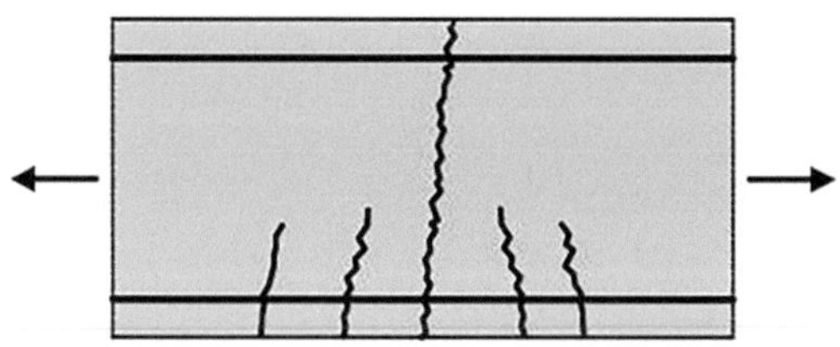

Abb. 4.7 Sammelrisse

Zwischenrisse sind auf den Bereich der Bewehrungslage konzentrierte haarfeine Risse zwischen den Biegerissen oder den Sammelrissen.

Schubrisse (Abb. 4.8) bilden sich aus Biegerissen und verlaufen meist schräg zur Stabachse. Sie treten im Bereich großer Querkräfte auf.

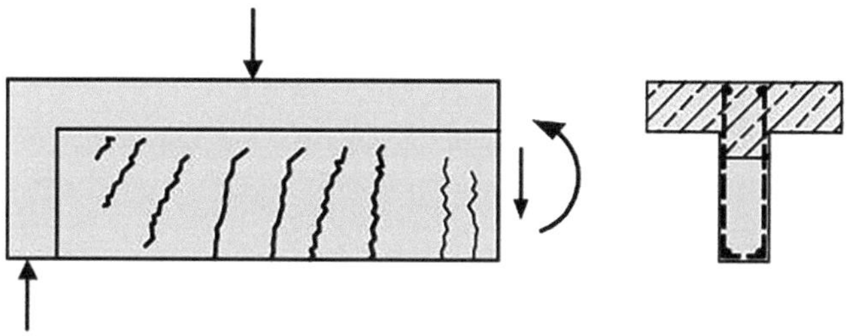

Abb. 4.8 Schubrisse

Trennrisse (Abb. 4.9) treten bei zentrischem Zug oder bei Zugbeanspruchung mit kleiner Ausmittigkeit auf und verlaufen durch den gesamten Querschnitt.

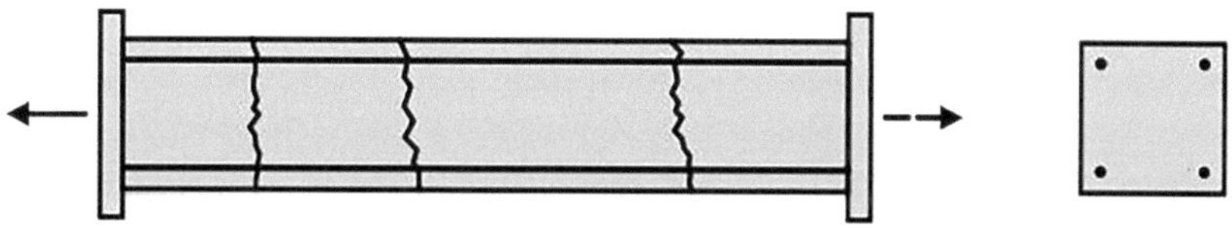

Abb. 4.9 Trennrisse

Verbundrisse (Abb. 4.10) verlaufen parallel zu den Bewehrungsstäben. Diese Risse treten vor allem im Verankerungsbereich der Bewehrung auf.

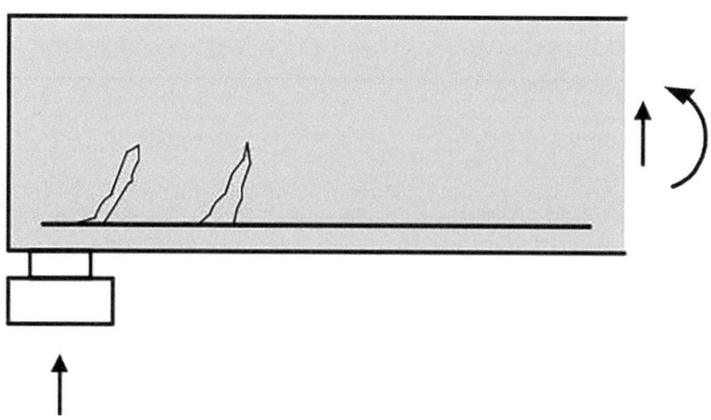

Abb. 4.10 Verbundrisse

Trotz sorgfältiger Planung oder bei Nutzungsänderung können Überlastungen auftreten, die zu Schäden führen. Häufige Ursachen für Überlastungen sind:

- höhere Verkehrslasten oder ständige Lasten als angenommen,
- Kräfteumlagerungen bei Umbauten oder durch Setzungen,
- Schwächungen der Konstruktionen durch Schlitzen,
- Schwächungen der Konstruktionen durch verschobene Aussparungen,
- exzentrische Lagerung,
- ungewollte Einspannung,
- zu kleine Lastverteilungsbreiten,
- nicht berücksichtigte Verformung,
- durch einen Schadensfall verursachte Verformung.

Da im Falle einer Überbelastung weder der Beton noch der Bewehrungsgrad den tatsächlichen Anforderungen entsprechen, führen Überbelastungen zu einem örtlichen Versagen des überbeanspruchten Betons oder einzelner Bauteile. Es treten Risse mit größerer Rissbreite als zulässig auf sowie Betonabplatzungen und -ausbrüche, bis hin zur Beeinträchtigung der Tragfähigkeit der Konstruktion.

Eine weitere Schadensursache sind behinderte Formänderungen aus Temperatur, Schwinden oder Belastung, die nicht (oder zu wenig) berücksichtigt wurden oder nicht vorhersehbar waren. Sie führen zu Zwängen, aus denen in der Regel eine „punktuelle" Konzentration der Lasten resultiert, die örtliche Zerstörungen verursacht. „Weiche Konstruktionen" z. B. weit gespannte Decken, können unter Umständen ungewollt auf Innenwänden aufliegen. Sehr weiche Decken können sich am Auflager verdrehen und dadurch Kantenabplatzungen hervorrufen. Das Abheben der Plattendecken von kreuzweise bewehrten Platten ist zwar allgemein bekannt, trotzdem kommt es immer wieder zu Schäden durch Nichtberücksichtigung dieser Zusammenhänge.

Beim Bauen mit Fertigteilen können Formänderungen zu Verschiebungen der einzelnen Fertigteile zueinander und damit im Extremfall zum Verlust eines Auflagers führen (Beispiel Auflager auf Konsolen).

4.4.1.2 Außergewöhnliche Belastungen

In die Kategorie der außergewöhnlichen Belastungen gehören: Setzungen, Erdbeben, Explosionen, Orkane, mutwillige Zerstörung, Wasser mit hoher Geschwindigkeit mit oder ohne Geröll und Erosion.

Setzungen führen in Bauwerken zu Zwängen und Rissen, welche ihrerseits Schwächungen des Tragwerkes hervorrufen. Wind greift verstärkt die Ecken und Kanten von Gebäuden an, wodurch gegebenenfalls Wasser nach oben fließen kann und vor allem an Außenbauteilen Schäden verursacht werden.

Alle Oberflächen, die befahren oder begangen werden, die fließendem Wasser und vor allem eisführendem Wasser ausgesetzt sind, unterliegen dem Verschleiß. Es gibt keine zahlenmäßigen Angaben über die Stärke des abnutzenden Angriffs. Bei Beton ist vor allem der Zementstein an der Oberfläche betroffen, der abgetragen wird, sodass eine aufgeraute Oberfläche mit sichtbarer grober Gesteinskörnung entsteht, die dem Waschbeton ähnlich ist. Die Folge sind Abbröselungen, Abplatzungen und Betonausbruch.

4.4.2 Physikalisch bedingte Betonschäden

Physikalisch bedingte Schäden treten auf infolge von: Temperaturwechsel, Feuchtewechsel, Frosttaumittelwechsel und Brand.

4.4.2.1 Temperaturwechsel

Außenbauteile unterliegen kurz- und langfristigen Temperaturwechseln. Tagsüber wärmen sich die Bauteile auf und kühlen bei Nacht wieder ab, im Winter sind sie kälter und im Sommer wärmer, ein der Sonnenseite zugewandtes Bauteil erwärmt sich stärker als eines, das auf der kühleren Nordseite liegt, helle Betone erwärmen sich weniger als dunkle.

Beim Erwärmen dehnt sich der Beton aus, und beim Abkühlen zieht er sich zusammen. Wegen der instationären Temperaturverteilung führen Temperaturwechsel zu Spannungen, die ungleichmäßig über den Bauteilquerschnitt verteilt sind.

Die temperaturbedingten Eigenspannungen verursachen eine Schwächung des Gefüges und eine Minderung der Festigkeit. Sind die Spannungen größer als die Betonzugfestigkeit, kommt es zu einer Zerstörung der Betonoberfläche. Die Bruchdehnung ε_u eines Normalbetons bei Biegebeanspruchung liegt etwa bei 0,1 ‰. Eine Absenkung der Temperatur um 10 K führt bei vollkommener Behinderung der Dehnung eines Betons zur Zugbruchdehnung und somit zur Rissbildung im Beton.

Bei verformungsbehinderten Bauteilen führen häufige Temperaturwechsel mit hohem Temperaturgradienten zu Temperaturmomenten und zusätzlichen Spannungen, die Risse im Bauteil hervorrufen.

Temperaturen ab 80 °C bewirken eine Veränderung des Betongefüges, der Druckfestigkeit und des E-Moduls. Die Temperaturdehnzahl des Betons ist vom Feuchtezustand abhängig.

4.4.2.2 Feuchtewechsel

Der Feuchtezustand und die Feuchtewechsel haben einen ähnlich großen Einfluss auf das Festigkeits- und Verformungsverhalten von Beton wie die Temperatur bzw. der Temperaturwechsel. Bei Beton, der ständig in Kontakt mit Wasser ist, sind die Poren mit Wasser gefüllt, und das Bauteil ist formstabil und spannungsfrei. Die Druckfestigkeit von feuchtem Beton ist geringer als die des luftgetrockneten Betons. Infolge von Austrocknung treten Schwindverformungen auf. Mittlere Schwindwerte liegen bei etwa $\varepsilon_s = 0{,}2$ ‰ vor und führen damit zu Schwindrissen. Eine Wiederbefeuchtung führt zum Quellen. Quellverformungen erreichen nur etwa 80–90 % der Schwindwerte. Der Feuchtegradient führt zu ähnlichen Momenten- und Normalkraftbeanspruchungen eines dehnungsbehinderten Bauteils wie der Temperaturgradient.

4.4.2.3 Frost

Werden durchfeuchtete Bauteile dem Frost ausgesetzt, entstehen Spannungen, die auf die Volumenzunahme bei der Kristallisation des Eises zurückzuführen sind. Beim Gefrieren dehnt sich Wasser aus. Behindert man diese Volumenausdehnung, können Kristallisationsdrücke bis 250 N/mm^2 auftreten. Überschreitet der entstandene hydrostatische Druck die Betonfestigkeit, treten Rissbildungen und Abplatzungen ein. Die Schädigung ist abhängig von der Festigkeit des Betons, der Porenstruktur und der daraus resultierenden Wasserdurchlässigkeit, dem Wassersättigungsgrad des Bauteils selber sowie von den einwirkenden Temperaturen.

Kapillarporen, die durch Verdunstung des Überschusswassers entstanden sind, haben einen Porenradius von ca. 0,05 mm. Je weniger Kapillarporen in der Betonmatrix vorhanden sind, desto niedriger ist ihre Wasserdurchlässigkeit.

Ein hoher W/Z-Wert bedeutet eine hohe Kapillarporosität. Im Kontakt mit Wasser führt das zu einer Wassersättigung des Betons und somit zu einer erhöhten Wahrscheinlichkeit der Entstehung von Frostschäden. Die Gefriertemperatur des Wassers im Zementstein liegt nicht bei 0 °C, sondern hängt von mehreren Faktoren ab. In einer wassergefüllten Kapillare sinkt die Gefriertemperatur des Wassers im Allgemeinen mit kleiner werdendem Kapillardurchmesser und mit steigendem Salzgehalt.

Gefriert Frischbeton vor seiner Erhärtung, findet zwar eine Volumenausdehnung des Wassers statt, doch das Material ist noch verformbar und kann die Verformungen meistens ohne Schadensbildung aufnehmen.

Frostschäden am jungen Beton treten auf, wenn:

- Zementgehalt unter 280 kg/m^3,
- W/Z-Wert größer als 0,60,
- Druckfestigkeit geringer als 5 N/mm^2,
- Verwendung von langsam erhärtenden Zementen,
- Temperatur des Frischbetons beim Einbau unter 10 °C liegt ,
- unzureichender Schutz vor Niederschlägen,
- mangelhafte Nachbehandlung.

Befindet sich in der Schalung Schnee oder Eis, so bilden sich an der geschalten Oberfläche „Eisblumen"(Abb. 4.11).

Das Anbetonieren an gefrorene Bauteile oder Betonieren auf gefrorenem Baugrund führt zu Frostschäden in der Kontaktzone.

Da der chemische Prozess der Erhärtung des Zements bei Temperaturen unter ca. 5 °C sehr stark verlangsamt wird, sollte die Beurteilung für eventuelle Schädigungen erst

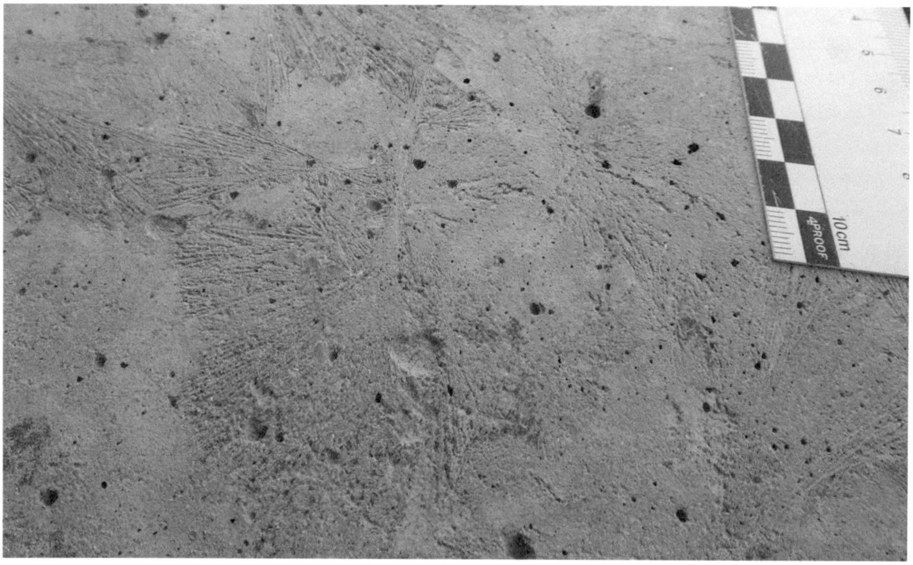

Abb. 4.11 Eisblumen an der Betonoberfläche

erfolgen, wenn der Beton genügend Zeit hatte, bei Temperaturen um 5 bis 10 °C zu erhärten.

Bei erhärtetem Beton wirkt sich die Frostbeanspruchung des Betons in Abhängigkeit der Durchfeuchtung des Betons unterschiedlich stark aus. Ein lufttrockener Beton kann häufiges Durchfrieren schadlos überstehen, während ein durchfeuchteter Beton schneller Schädigungen aufweist. Betone mit mäßiger Wassersättigung, wie zum Beispiel Außenbauteile, sind bei einem W/Z = 0,60 frostbeständig, während bei einer hohen Wassersättigung, wie zum Beispiel Bauteile in der Wasserwechselzone von Süßwasser, entweder ein W/Z = 0,50 die obere Grenze zur Gewährsleistung der Dauerhaftigkeit darstellt, oder bei Zugabe von Luftporenbildner ein W/Z = 0,55 erforderlich ist.

Eine einseitige Frostbeeinflussung eines Bauteils bewirkt geringere Spannungen als eine zwei- oder mehrseitige, denn es findet in gewissem Maße eine Diffusion des ungefrorenen Wassers zur ungefrorenen Seite hin statt, was zum Abbau des Expansionsdrucks führt, der durch die Eisbildung in den Kapillarporen entsteht.

Unter Umständen kann auch eine Schädigung der Gesteinskörnung auftreten. Dies liegt in der Regel an ihrer Porosität und ihrem Wasseraufnahmevermögen. Die für die Herstellung von Beton nach Expositionsklasse XF1 und XF3 verwendete Gesteinskörnung muss einen Frostwiderstand der Kategorie F4 bzw. F2 aufweisen. Der Schadensmechanismus bei der Gesteinskörnung verläuft ähnlich wie im Zementstein: Das in den Poren der Gesteinskörnung vorhandene Wasser gefriert und dehnt sich aus. Durch Volumenvergrößerung infolge von Eisbildung wird die Gesteinskörnung zerstört, und der Beton platzt ab.

4.4.2.4 Frosttaumittelwechsel

Da Taumittel im Wasser gelöst transportiert werden, hängt der Frosttaumittelwiderstand des Betons stark von der Durchfeuchtung des Betons ab.

Beton mit hoher Wassersättigung (wie zum Beispiel bei taumittelbehandelten Verkehrsflächen) ist beständig gegen Frost und Taumittel, wenn der maximale W/Z = 0,50 beträgt und ein ausreichender Luftporengehalt vorhanden ist. Beton mit mäßiger Wassersättigung (wie zum Beispiel Bauteile im Sprühnebel- oder Spritzwasserbereich von taumittelbehandelten Verkehrsflächen) ist bei einem W/Z = 0,50 auch ohne die Zugabe von Luftporenbildner beständig. Bei Zugabe von LP-Bildner kann der W/Z = 0,55 betragen.

Bei Betonen ohne Luftporenbildner korrodieren infolge von Absanden und Absplitterung zuerst die oberflächennahen Schichten, sodass eine Oberfläche entsteht, die dem Waschbeton ähnlich sieht. Die Abb. 4.12 zeigt den Vergleich einer Verkehrsfläche hergestellt mit und ohne Luftporenbildner.

In der Regel sind die Taumittel auf Basis von Kochsalz (NaCl) und enthalten einen großen Anteil Chlor. Die durch Taumittel zum Schmelzen von Schnee und Eis dem Beton entzogene Schmelzenergie kühlt den Beton schockartig ab, und es bildet sich eine Natriumchloridlösung. Die Bildung der Eiskristalle erhöht die Konzentration der umgebenden Salzlösung. Durch Osmose (den Austausch durch Diffusion von Wasser aus den Kapillarporen mit niedriger Salzkonzentration zum Porenwasser mit hoher Salzkonzentration) entsteht ein osmotischer Druck, der sich mit den Drücken aus Eis- und Salzkristallbildung überlagert. Häufige Frosttaumittelwechsel zermürben das Betongefüge: Der Beton verliert an Festigkeit, und die oberflächennahen Schichten platzen ab. Gelangen Chloride an die Bewehrungsstähle, besteht die Gefahr einer chloridinduzierten Korrosion (Lochfraßkorrosion).

Bei Einwirkung von Frost und Taumittel kann auch eine Schädigung der Gesteinkörnung eintreten, wenn diese nicht ausreichend widerstandsfähig gegen Frost und Taumittel

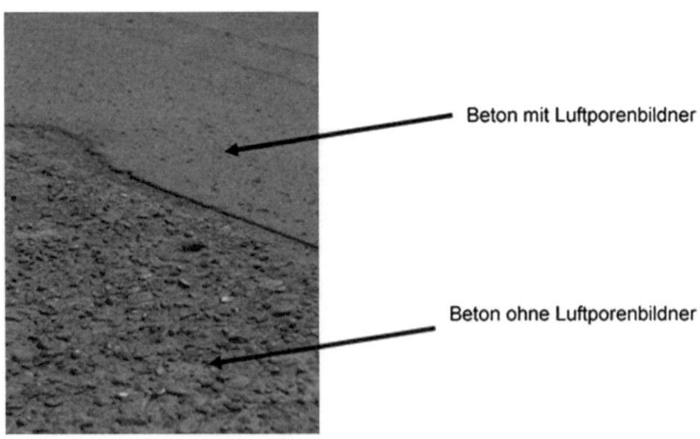

Abb. 4.12 Verkehrsfläche hergestellt mit und ohne Luftporenbildner [1]

ist. Dies liegt in der Regel an deren Porosität, Wasseraufnahmevermögen und chemisch-mineralogischen Zusammensetzung. Nach DIN 1045 ist für die Expositionsklassen XF2 und XF4 eine Gesteinskörnung entsprechend den Kategorien MS_{25} bzw. MS_{18} gefordert. Frostwiderstandsfähige Gesteinskörnungen, die den Kategorien F1 bis F4 entsprechen, sind nicht automatisch widerstandsfähig auch gegen Frosttaumittel. Der Schadensmechanismus der Gesteinskörnung infolge von Frosttaumitteleinwirkung verläuft ähnlich wie bei der Zerstörung der Gesteinskörnung durch Frost, nur sind typische kegelförmige Absprengungen erkennbar, sogenannte Pop-outs, bei denen die Spitze des Kegels in der Gesteinskörnung ist (Abb. 4.13).

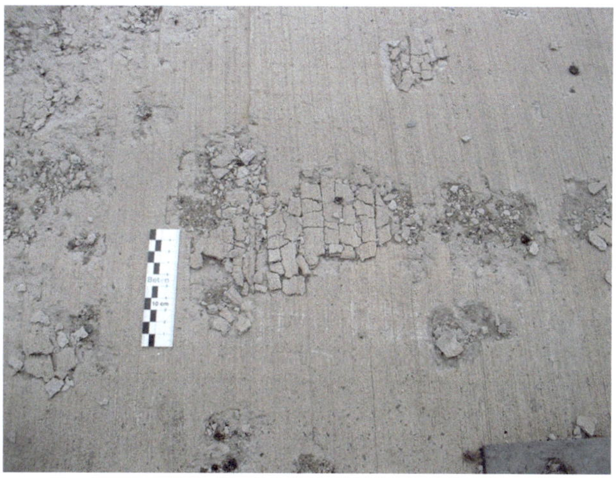

Abb. 4.13 Schaden infolge von Frosttaumittel [2]

4.4.2.5 Brand und Brandgase

Bei Brand finden im Beton temperaturabhängige physikalische und chemische Umwandlungen statt. Nach dem Verdampfen des Kapillarwassers und des in den Gelporen des Zementsteins physikalisch gebundenen Wassers beginnt bei ca. 180 °C der Abbau des Gels. Bei ca. 500 °C zersetzt sich das Calciumhydroxid, bei 550 °C findet die Kalzinierung der Kalksteingesteinskörnung statt, gefolgt vom Schmelzen des Betons, das bei ungefähr 1150 °C einsetzt.

Die Schädigungen infolge von Brandeinwirkungen hängen von der Art der Konstruktion ab. Feingliedrige Konstruktionen sind besonders gefährdet. Eine Rolle bei der Schädigung spielt auch die Art der verwendeten Gesteinskörnungen und die Art des Betons. Beton mit Gesteinskörnung aus Kalkstein weist bei Brandbeanspruchungen die geringsten Schädigungen auf. Junger und noch nicht ausgetrockneter Beton neigt zu wesentlich stärkeren Abplatzungen als ausgetrockneter Beton, denn im Inneren entwickelt sich ein wesentlich stärkerer Dampfdruck. Bei bewehrtem Beton ist die Bewehrung aus naturhartem Stahl bis ca. 800 °C relativ unempfindlich gegenüber der Temperaturentwicklung, während kaltverformter Stahl bei Temperaturen über etwa 500 °C seine erhöhte Festigkeit verliert. In Spannbetonkonstruktionen tritt infolge hoher Temperaturen ein teilweiser Rückgang der Vorspannung auf.

Neben den oben genannten durch Temperatur bedingten physikalischen und chemischen Veränderungen des Betons und des Stahls sind schädigende Nebeneffekte zu beachten, die durch das Löschen auftreten. Infolge schockartiger Abkühlung durch Löschwasser wird das Betongefüge geschädigt. Beim Brand oder Löschen können sich unter Umständen Schadstoffe entwickeln, die den Beton oder die metallischen Einlegeteile angreifen.

Bei Bränden von PVC (enthalten in Kabelisolierungen, Bodenbelägen) entstehen chlorwasserstoffhaltige Brandgase, die sich mit der Feuchtigkeit der Luft, des Betons oder des Löschwassers als Salzsäuredämpfe an der Oberfläche niederschlagen. Bei höherer Konzentration an Chloridionen diffundieren diese Gase 2 bis 3 cm tief in den Beton ein und können die Bewehrung erreichen und deren Korrosion hervorrufen.

► **Hinweis** Nach einem Brand mit PVC ist eine Untersuchung des Chloridgehaltes erforderlich. Werden die für die Bauweise relevanten zulässigen Werte überschritten, müssen auch dann Instandsetzungsmaßnahmen vorgenommen werden, wenn keine sichtbaren Schädigungen vorhanden sind.

4.4.2.6 Elektrischer Strom

Vagabundierende elektrische Ströme, z. B. aus Erdungen oder aus dem kathodischen Korrosionsschutz benachbarter Stahlkonstruktionen, können gelegentlich zu Schädigungen führen. Sie können durch Elektrolyse chemische Angriffe auslösen oder störende Feuchtigkeitswanderungen verursachen.

4.5 Chemisch bedingte Schäden

Grundwässer, Böden, Betriebs- und Abwässer aus der Industrie, Abgase, organische und anorganische Säuren, Laugen, pflanzliche und tierische Fette und Öle, Erdöl- und Steinkohleteerdestillate, wässrige Lösungen mit Mg^{2+}-, NH_4^+ - oder SO_4^{2+} -Ionen, mit pH-Werten kleiner als 6,5 sowie kalklösende Kohlensäure rufen Schädigungen des erhärteten Betons hervor.

In DIN 1045 sind betontechnologische und konstruktive Maßnahmen für die verschiedenen Angriffsgrade festgelegt. Die Einteilung in die Expositionsklassen XA1, XA2 und XA3 erfolgt aufgrund der Beurteilung aggressiver Stoffe im Wasser und im Boden gemäß

Tab. 4.1 Grenzwerte zur Beurteilung des Angriffsgrads von Wässern und Böden

	Chemisches Merkmal		XA1	XA2	XA3
	pH -Wert		$\leq 6{,}5 \ldots \geq 5{,}5$	$< 5{,}5 \ldots \geq 4{,}5$	$< 4{,}5 \ldots \geq 4{,}0$
Wasser	CO_2 kalklösend	mg/l	$\geq 15 \ldots \leq 40$	$> 40 \ldots \leq 100$	> 100
	Ammonium	mg/l	$\geq 15 \ldots \leq 30$	$> 30 \ldots \leq 60$	$> 60 \ldots \leq 100$
	Magnesium	mg/l	$\geq 300 \ldots \leq 1000$	$> 1000 \ldots \leq 3000$	> 3000
	Sulfat	mg/l	$\geq 200 \ldots \leq 600$	$> 600 \ldots \leq 3000$	$> 3000 \ldots \leq 6000$
Boden	Sulfat	mg/kg	$\geq 2000 \ldots \leq 3000$	$> 3000 \ldots \leq 12.000$	$> 12.000 \ldots \leq 24.000$
	Säuregrad		> 200	Nicht praxisrelevant	

DIN 4030. Die Norm gilt nicht für konzentrierte Lösungen bei Industrieabwässern. Die Grenzwerte zur Beurteilung des Angriffsgrades von Wässern und Böden sind in Tab. 4.1 gegeben.

Die angreifenden Medien reagieren mit den Bestandteilen des Betons. Ist der Beton in Kontakt mit fließendem Wasser, kann sich das angreifende Medium ständig erneuern und die Schädigungen sind stärker. Mit zunehmender Temperatur verstärkt sich der Angriffsgrad. Der Angriff kann lösend oder treibend sein und findet entweder an der Betonoberfläche statt oder durch Diffusion der Stoffe im Betoninnern.

Betonschädigende Stoffe können auch in den Ausgangsstoffen des Betons wie Anmachwasser, Gesteinskörnung, Zusätzen und Bindemitteln enthalten sein. Die Grenzwerte für die Gehalte an Sulfat, Freikalk und Chlorid im Zement sind durch die Norm festgesetzt. DIN EN 12.620 gibt Grenzwerte für korrosionsfördernde Stoffe in der Gesteinskörnung an und die DIN EN 1008 für das Zugabewasser.

Bei sehr starkem chemischem Angriff ist der Beton durch eine chemisch resistente Schutzschicht zu schützen.

4.5.1 Lösender Angriff

Durch lösende Schadstoffe können Bestandteile des Betons in wasserlösliche Verbindungen umgewandelt und aus dem Beton ausgewaschen werden. Die Umwandlung der schwer löslichen Verbindungen in leicht lösliche Verbindungen ist eine chemische Reaktion, die zum Abtrag des Zementsteins an der Betonoberfläche führt (Abb. 4.14).

4.5.1.1 Angriff durch Säuren

Der Schädigungsgrad des Zementsteins ist abhängig von der Konzentration der einwirkenden Säure und deren Säurestärke, gekennzeichnet durch den pH-Wert. Je kleiner der pH-Wert ist, desto größer wird die Schädigung.

Schwache Säuren bilden mit einigen Calciumverbindungen wasserlösliche Salze. Schwache Säuren treten z. B. in Moorwässern, Molkereien und Fruchtsaftbetrieben auf.

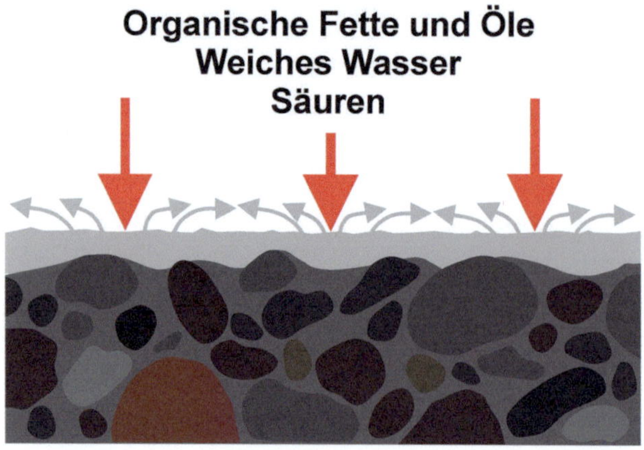

Abb. 4.14 Lösender Angriff

Während Kohlensäure und Humussäure den Beton meist erst nach längerer Einwirkungszeit schädigen, hat kalklösende Kohlensäure aus weichem Wasser bereits in kleineren Mengen eine starke Auswirkung auf den Beton.

Bei der Zersetzung organischer Stoffe bildet sich Schwefelwasserstoff H_2S. Er dringt als unschädliche schwache Säure in Beton ein. Durch chemische und biologische Vorgänge entsteht daraus Schwefelsäure. Schwefelsäure entsteht auch bei der Reaktion von SO_2 aus Rauchgasen mit der Luftfeuchtigkeit.

Starke Mineralsäuren wie Salz-, Schwefel- und Salpetersäure lösen den Zementstein unter Bildung von Calcium-, Aluminium- und Eisensalzen auf. Das bei der Reaktion entstandene $CaCl_2$ kann zu Stahlkorrosion führen.

4.5.1.2 Angriff durch Laugen

Laugen wirken nur in hohen Konzentrationen lösend auf Beton. Bei andauernd hohen OH^--Konzentrationen lösen Laugen die kieselsäurehaltige Gesteinskörnung an, wodurch der Verbund zwischen dem Gesteinskorn und dem Zementstein geschwächt wird.

4.5.1.3 Angriff durch austauschfähige Salze

Das Chlorid der Magnesium- und Ammoniumsalze bildet insbesondere mit dem Calciumhydroxid des Zementsteins leicht lösliche Verbindungen und zerstört dadurch den Beton. Magnesiumhydroxide reagieren zu Magnesiumsilikaten, die sich im Beton oder auf der Betonoberfläche als gallertartige Masse absondern und zu Treiberscheinungen führen können.

4.5.1.4 Angriffe durch weiches Wasser

Dichter Beton ist zwar in der Regel gegen weiches Wasser beständig (z. B. Regenwasser). Bei unsachgemäßer Herstellung des Betons kann es aber zu einer Auslösung von Salzen aus dem Beton kommen, wodurch eine erhöhte Porosität auftritt und gleichzeitig die Alkalität gesenkt wird.

4.5.1.5 Angriff durch Fette und Öle

Organische Fette und Öle sind Verbindungen aus organischen Säuren und Alkoholen. Die gebundenen Fettsäuren können durch das Calciumhydroxid des Zementsteins in Ca-Seifen und Glycerin gespalten werden. Durch die Verseifung bilden sich freie Alkohole und Säuren, die den Beton von innen angreifen.

4.5.2 Treibender Angriff

Bei Kristallbildung im Inneren des Betons kommt es zu einem treibenden Angriff. Wenn der vorhandene Porenraum für das Kristallwachstum nicht ausreicht, entsteht ein Kristallisationsdruck, der zu Zugspannungen und Zerstörung im Betongefüge führt (Abb. 4.15).

4.5.2.1 Kalktreiben

Im Beton ist in geringen Mengen ungebundener Kalk vorhanden. Er ist im Zementklinkerkorn als freies CaO eingeschlossen. Da der Zementklinker bei hohen Brenntemperaturen hergestellt wird, ist die Reaktionsfähigkeit des Kalks schwach. Findet im erhärteten Zementstein ein Kontakt mit Wasser statt, beginnt eine Hydratation, die mit einer 1,7fachen Volumenvergrößerung des Kalks verbunden ist. Dies führt zu Spannungen im Zementstein. Bei einer Konzentration von mehr als 2 M. -% freiem Kalk im Klinker führen die entstandenen Spannungen zu Sprengwirkung im Beton und damit zu Gefügestörungen und Schäden.

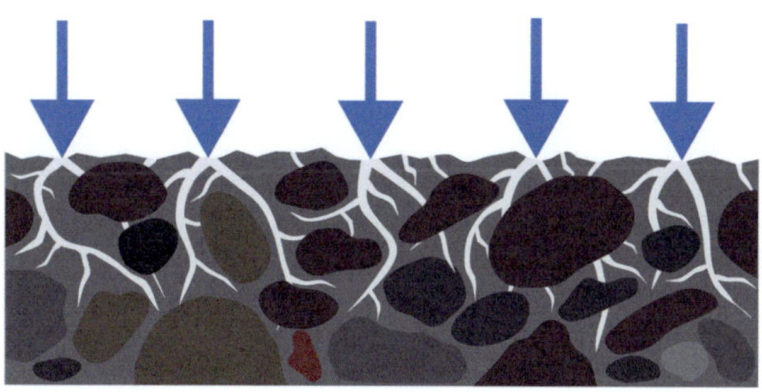

Abb. 4.15 Treibender Angriff

4.5.2.2 Magnesiatreiben

Bei genormten Zementen ist im Zementklinkerkorn eine Menge von maximal 5 M. -% ungebundenem Magnesiumoxid MgO eingeschlossen, dessen Reaktionsfähigkeit schwächer ist als die des Kalkes. Die Hydratation im erhärteten Zementstein findet über lange Zeiträume statt und ist mit einer bis zu 2,2fachen Volumenvergrößerung verbunden. Infolge der starken Volumenausdehnung führt das Magnesiatreiben zu größeren Schädigungen als das Kalktreiben.

Bei Kontakt mit Grundwasser, das eine geringere Konzentration an Magnesiumionen enthält, erfolgt meist nur ein lösender Angriff, der zur Bildung einer gallertartigen Masse führt, die die Poren des Betons abdichtet. Hochkonzentrierte Magnesiumchloridlösungen hingegen, wie z. B. aus Abwässern, bewirken Treiberscheinungen.

4.5.2.3 Sulfattreiben - Ettringittreiben

Tonige Böden oder Abwässer enthalten Sulfate, die in Wasser gelöst mit dem Calciumhydroxid des Zementsteins, dem Gips und mit den Calciumaluminathydraten das nadelförmige, kristallwasserreiche Ettringit bilden, das ein achtmal größeres Volumen hat. Die Bildung der Ettringitkristalle führt anfangs zu einer Verdichtung der Poren und zur Erhöhung der Betonfestigkeit, bei fortschreitender Reaktion jedoch können Rissbildung und Gefügezerstörung auftreten.

Der Schadensmechanismus und die Bedingungen zum Ettringittreiben sind in der Fachwelt sehr umstritten. Untersuchungsergebnisse zeigen, dass das komplexe Phänomen Sulfattreiben sehr wahrscheinlich auf dem Zusammenwirken mehrerer Mechanismen beruht. So ist z. B. die Wasseraufnahme aus der umgebenden Zone keine Voraussetzung für das Auftreten des Sulfattreibens. Die Treiberscheinungen treten auch dann ein, wenn Ettringit nicht mehr gebildet wird oder sogar messbar abnimmt, wobei auch eine umfangreiche Ettringitbildung nicht unbedingt in Treiberscheinungen resultieren muss. Bei eisenreichen Zementen treten bei Ettringitbildung keine Treiberscheinungen auf.

4.5.2.4 Sulfatisierung

SO_2-angereicherte Luft, Luftfeuchtigkeit und erhöhte Porosität fördern die Bildung von Gips und Ettringit im oberflächennahen Bereich. Die SO_2-Einwirkung verursacht einen lösenden Angriff auf Zement, wobei Zementstein abgetragen wird und die Gesteinskörnungen freigelegt wird. Zu einem späteren Zeitpunkt erfolgt auf der Bauteiloberfläche eine Kristallbildung.

Eine sulfatisierte Schicht kann bei Beton eine Tiefe von maximal 5 mm erreichen und entspricht etwa einem Viertel der Carbonatisierungstiefe. Obwohl Schwefeldioxid mit Wasser zu Schwefelsäure reagiert und somit ein angreifendes Medium für den Stahl vorhanden ist, besteht keine Korrosionsgefahr, denn die Sulfatisierungstiefe ist immer wesentlich geringer ist als die Carbonatisierungstiefe.

Da der Zementstein selbst auch Sulfatphasen enthält, liegt somit im carbonatisierten Zementstein lösliches Sulfat vor, das bereits in kleinen Mengen die Korrosion des Bewehrungsstahles auslösen bzw. beschleunigen kann. Bei der Hydratisierung kann lösliches Sulfat bereits nach einem bis zwei Tagen aufgebraucht sein, wobei der pH-Wert gleichzeitig stetig absinkt. Bei Portlandzementen ist mit dem Vorhandensein freigesetzten löslichen Sulfates zu rechnen.

Für Stähle, die sich im alkalischen Bereich befinden, kann diese Gefahr vernachlässigt werden, denn erst ein carbonatisierter Zementstein bietet die Voraussetzung für die Freisetzung des löslichen Sulfates als Stimulator der Korrosion.

4.5.2.5 Alkali-Kieselsäure-Reaktion (AKR), Alkalitreiben

Bei der Alkali-Kieselsäure-Reaktion (AKR) handelt es sich um eine Wechselwirkung zwischen der alkalischen Porenlösung des Zementsteins und der reaktiven Kieselsäure in der Gesteinskörnung mancher Vorkommen, die bei einem hohen Feuchtigkeitsgehalt des Betons eintritt. Das bei der Reaktion entstandene Alkali-Kieselsäure-Gel kann unter Umständen weiter Wasser aufnehmen, quillt und führt zu Druckzuständen und zum „Treiben“. Typische Erscheinungsbilder sind ungerichtete spinnennetzartige Makrorisse und Haarrisse, die bis zur Bewehrung reichen können, sowie gelartige und weiße Ausblühungen und Aussinterungen. Weitere Schadensbilder sind Auswölbungen, Abplatzungen und trichterförmige Ausbrüche, die auf alkaliempfindliche Gesteinskörnungen aus oberflächennahen Bereichen zurückzuführen sind. Starke Schädigungen durch AKR können zum Verlust der Tragfähigkeit von Bauteilen führen.

Gelartige Ausblühungen treten nicht immer sichtbar aus. Am Anfang ist die Ausscheidung wasserklar. Erst durch Wasserverdunstung und Kohlendioxideinwirkung bilden sich punkt- bis kreisförmige Ausblühungen als weißer feinkörniger Belag. Bei der AKR können auch dünnflüssige, gelartige Ausscheidungen austreten, die sich wie Knollen oder Stalaktiten verhärten und deren Tönung von farblos über trübmilchig bis zu dunkelbraun reicht (Abb. 4.16).

Da nicht immer Geltröpfchen an der Oberfläche austreten, besteht bei der Schadensdiagnose die Verwechslungsgefahr mit Frost-, Trocknungs- und Temperaturrissen.

Die Alkalien in der Porenlösung stammen größtenteils aus dem Zement, können aber auch in den Betonausgangsstoffen erhalten sein, oder sie sind nachträglich von außen in den erhärteten Beton eingedrungen, wie z. B. Meereswasser, oder die Einwirkung von Tausalz. Dazu gehören auch Bauteile im Spritzwasser- oder Sprühnebelbereich von Flächen, die mit Taumittel behandelt werden.

Folgende Gesteinsarten enthalten lösliche amorphe Kieselsäure (SiO_2): Opalsandstein, einige Flinte, bestimmte Grauwacken, Kieselschiefer, bestimmte Quarzporphyre und kristallin gestörte Quarzite. Hinweise zu den Gesteinskörnungen und deren Gefährdung sind in der Richtlinie des Deutschen Ausschusses für Stahlbeton: „Vorbeugende Maßnahmen gegen schädigende Alkalireaktion im Beton“ enthalten. Teil 2 der Richtlinie behandelt

Abb. 4.16 Alkali-Kieselsäure-Schaden an Fundament [2]

Gesteinskörnungen für Beton, die Opalsandstein und Flint enthalten, und Teil 3 die gebrochene, alkaliempfindliche Gesteinskörnung.

Bei trockenen Bauteilen mit größter Abmessung von maximal 80 cm tritt AKR in der Regel nicht auf. Durch Änderung des Feuchtegehalts kann jedoch auch in einem seit vielen Jahren erhärteten Beton die chemische Reaktion einsetzen und zu Schäden führen.

AKR kann auch als Folge von behinderter Austrocknung auftreten, zum Beispiel beim nachträglichen Aufbringen von diffusionsdichten Beschichtungen bei erdberührten Bauteilen.

4.5.2.6 Carbonatisierung

Die Carbonatisierung von Beton wird durch Kohlendioxid CO_2 verursacht, das aus der Umgebungsluft in das Betoninnere diffundiert. Das Kohlendioxid bildet mit dem bei der Hydratation freigesetzten und in der Porenlösung vorhandenen Calciumhydroxid $Ca(OH)_2$ Calciumcarbonat $CaCO_3$. Die Carbonatisierung senkt den pH-Wert, und wenn dieser unter 9 liegt, ist die Voraussetzung für eine stabile Passivschicht auf dem Bewehrungsstahl nicht mehr gewährleistet, und der Stahl verliert seinen Korrosionsschutz.

Die ca. 0,03 Vol.-% Konzentration von Kohlendioxid in der Luft ist für diese Reaktion ausreichend. In Innenräumen oder in industriell belasteter Atmosphäre kann die Konzentration an CO_2 bis zu 1 Vol.-% betragen.

Der Fortschritt der Carbonatisierung ist von der Nachbehandlung des Betons, von dessen Porenraum und den Umgebungsbedingungen abhängig. Je höher der W/Z Wert, je schneller der Beton austrocknet und je trockener die Umgebung ist, umso schneller und stärker bildet sich das Carbonat. Eine wechselnde Umgebungsfeuchte von Außenbauteilen hingegen verlangsamt den Fortschritt.

4.5.3 Biologischer Angriff

Ein biologischer Angriff auf Beton findet häufig bei Kühltürmen und Abwasserkanälen statt. Im Abwasser entsteht Schwefelwasserstoff (H_2S). Oberhalb des Abwasserspiegels kann es infolge der Reaktion mit Wasser zur Bildung biogener Schwefelsäure kommen, die den Zementstein zersetzt. Ständig trockener Beton wird bei den üblichen Gaskonzentrationen von 1 bis 5 ppm nicht angegriffen.

4.5.4 Elektrochemische Mechanismen/Korrosion der Bewehrung

Die Korrosion der Bewehrung stellt eine wichtige Ursache für Schäden an Stahlbetonbauwerken dar. Die Korrosionsvorgänge sind elektrochemische Prozesse, bei denen sich eine Anode und eine Kathode ausbilden. An bewehrtem Beton können zwei Arten von Korrosion auftreten: carbonatisierungsinduzierte Korrosion infolge der Depassivierung des Stahls und chloridinduzierte Korrosion (Lochfraßkorrosion) infolge der Einwirkung von Chloriden.

4.5.4.1 Korrosion infolge von Depassivierung des Stahls

Sinkt der pH-Wert z. B. aufgrund von Carbonatisierung und erreicht die Carbonatisierungfront die Bewehrung, wird die Passivierung der Stahloberfläche ganz oder stellenweise aufgehoben. Bei gleichzeitigem Vorhandensein von Feuchte und Sauerstoff kann die Bewehrung korrodieren. Die kathodische Reaktion bewirkt das Entstehen von Eisenoxiden mit einem größeren Volumen als das Eisenatom und gleichzeitiger Schwächung des Querschnitts der Bewehrung durch die anodische Reaktion. Im Betoninneren entstehen Spannungen, die zu einer Rissbildung führen. Risse in der Betondeckschicht führen zu einem kontinuierlichen Nachschub an Feuchte und Luft und dadurch zu erhöhter Korrosionsgefahr. An der Betonoberfläche sind Rostfahnen und Abplatzungen (Abb. 4.17) erkennbar.

Bei starker Korrosion kann der geschwächte Querschnitt der Bewehrung die Zugkräfte nicht mehr aufnehmen, und es kann zu einer Beeinträchtigung der Tragfähigkeit führen, bis hin zum Versagen des Bauteils.

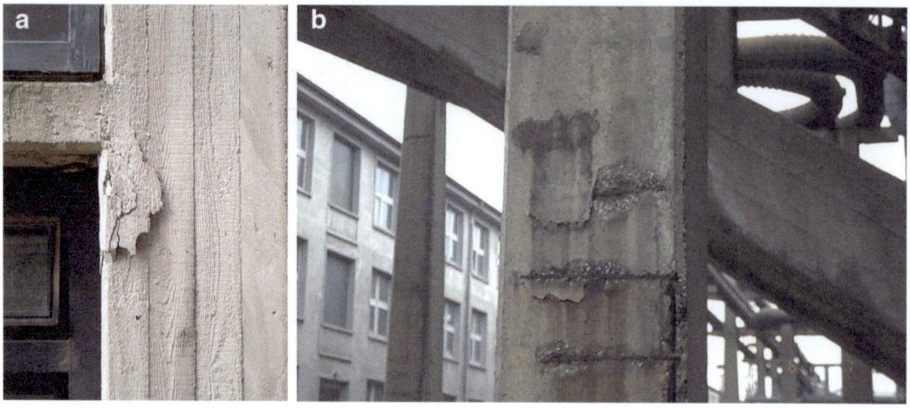

Abb. 4.17 Abplatzungen, Rostfahnen infolge von Korrosion der Bewehrung. **a** Abplatzungen [2]. **b** Abplatzungen, Rostfahnen

4.5.4.2 Korrosion infolge der Einwirkung von Chloriden

Chloride in gelöster Form können durch das Kapillarporensystem oder durch Risse an die Bewehrung gelangen, können unabhängig vom pH-Wert des Betons die schützende Passivschicht an einzelnen Stellen unterbrechen und dort, bei gleichzeitigem Vorhandensein von Sauerstoff und Wasser, zu einem örtlich eng begrenzten Angriff, zu der sogenannten Narben- oder Lochfraßkorrosion, führen. Bei der chloridinduzierten Lochfraßkorrosion muss allerdings ein Durchbruchspotential vorhanden sein, dessen Höhe vom Feuchtigkeitsgehalt des Betons und dem Chloridgehalt abhängt.

Eine Korrosionsgefahr besteht bei Stahlbeton bei einem Chloridgehalt in der Deckschicht von über 0,5 M.-% bezogen auf den Zementanteil und bei Spannbeton bei einer Konzentration von über 0,2 M.-% (Abb. 4.18). Oft wird in Zusammenhang mit diesen

Abb. 4.18 Korrosion der Bewehrung infolge von Chlorideinwirkung

Werten von einem „kritischen korrosionsauslösenden Chloridgehalt“ gesprochen. Forschungsergebnisse und praktische Erfahrungen haben ergeben, dass ein Chloridgehalt in der Deckschicht von über 0,5 M.-% nicht automatisch zu einer chloridinduzierten Korrosion führt.

Korrosion infolge von Chlorideinwirkung tritt in stärkerem Maße bei Verkehrsbauwerken ein, die mit chloridhaltigen Auftaumitteln direkt in Berührung kommen oder indirekt durch Spritzwasser oder durch aufgewirbelten Sprühnebel. Auch PVC-haltige Brandgase kommen als Verursacher von Chloridkorrosion infrage.

Eine erhebliche Korrosionsgefahr für den Bewehrungsstahl besteht in der Wasserwechselzone und oberhalb des Wasserspiegels von Seebauwerken. Dort reichern sich Chloride infolge von Kapillartransport und Verdunstung an.

4.6 Alterung

Unter Alterung versteht man allgemein die Veränderung von Materialeigenschaften unter den üblichen Umgebungsbedingungen im Laufe der Zeit, z. B. Verspröden, Festigkeitsverluste oder Verschlechterung des Aussehens.

Bei Beton nimmt die Festigkeit noch jahrelang messbar zu. Versprödung oder Abplatzungen sind bei richtig zusammengesetztem Beton auch noch nach Jahrzehnten nicht zu befürchten. Infolge von Carbonatisierung und Tausalzbeanspruchung kann aber die korrosionsschützende Wirkung des Betons im Laufe der Zeit nachlassen.

4.7 Risse im Beton

Risse im Beton gehören zum Prinzip der Stahlbetonbauweise. Sie lassen sich generell nicht vermeiden und sind nicht grundsätzlich als Schaden oder Mangel einzustufen (Abb. 4.19). Sofern Risse im Beton eine bestimmte – für das Bauteil vorgegebene Breite – nicht überschreiten (siehe Tab. 3.3), ist im Normalfall keine wesentliche Beeinträchtigung der Dauerhaftigkeit gegeben, denn für den dauerhaften Korrosionsschutz der Bewehrung ist nicht die Rissbreite selbst, sondern vielmehr die Dicke und Dichte der Betondeckung in der Umgebung der Risse maßgebend.

Risse im Beton sind für den Bewehrungsstahl korrosionsfördernd, da im Bereich der Risse die Passivität des Stahls aufgehoben ist. Wenn auf den Beton keine Chloride wirken, stellen bei einer ausreichend dicken und dichten Betondeckung Risse mit einer Rissbreite>0,3 mm grundsätzlich noch keine Korrosionsgefahr für den Bewehrungsstahl dar. Ist ein Bauwerk oder Bauteil besonderen Nutzungsbedingungen oder Schadstoffeinflüssen ausgesetzt, können jedoch schon geringe Rissbreiten Schädigungen hervorrufen.

In der Regel weist der Beton im Bereich von Zugspannungen Risse auf. Die in den Regelwerken festgelegten Bemessungsregeln stellen sicher, dass die Breite der Risse

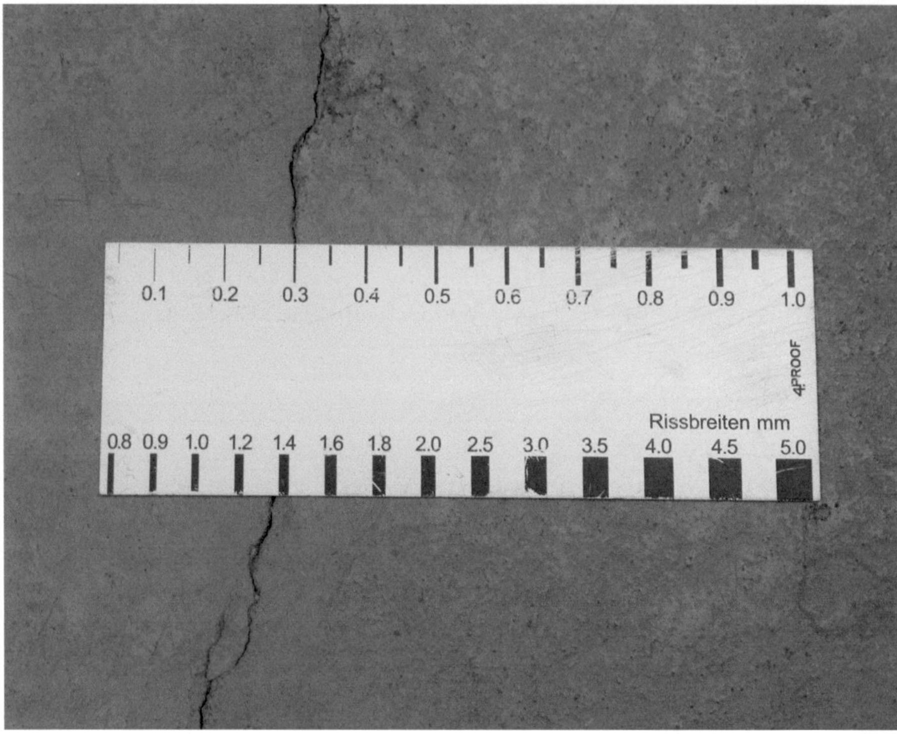

Abb. 4.19 Riss im Beton

zulässige Grenzwerte nicht überschreitet. Diese Grenzwerte können von verschiedenen Kriterien abhängen. Im Wesentlichen sind dies: die Tragfähigkeit, der Korrosionsschutz der Bewehrung, die Undurchlässigkeit gegenüber Gasen und Flüssigkeiten und in bestimmten Fällen auch die Ästhetik.

Besonders anfällig für die Rissbildung sind bestimmte Bauteile oder Bauwerksabschnitte aufgrund ihrer Lage im Bauwerk, des gewählten Bauablaufs, ihrer konstruktiven Durchbildung und ihrer Abmessung. Dazu zählen Arbeitsfugen, massive Bauteile, Anschlüsse von dicken Bauteilen an dünne Bauteile, einspringende Ecken, Querschnittssprünge und der Einleitungsbereich großer, konzentrierter Kräfte.

Oft kann die Entstehung von Rissen aber auch zurückgeführt werden auf Entwurfsfehler (siehe auch Abschn. 4.1), z. B.: zu große Fugenabstände, unzureichende betontechnologische Maßnahmen, unvollständige oder falsche Bemessungsgrundlagen, oder Ausführungsfehler (siehe auch Abschn. 4.3), z. B.: falsche Lage oder falsche Anordnung der Bewehrung, mangelnde Verdichtung und unzureichende oder fehlende Nachbehandlung.

Häufig kommen für die Rissentstehung mehrere Ursachen gleichzeitig infrage.

Risse können die Tragfähigkeit, die Gebrauchstauglichkeit und die Dauerhaftigkeit von Betonbauteilen beeinträchtigen, weshalb auch die Risse grundsätzlich von einem Sachkundigen Planer zu beurteilen sind. Risstypen und deren Ursachen sind genau zu unterscheiden. Darüber hinaus ist es wichtig, den Verlauf, die Tiefe, die Breite sowie die Rissbreitenänderungen festzustellen.

Risse, die sich überhaupt nicht bewegen, sind in der Praxis äußerst selten. Rissbreitenänderungen können kurzzeitig, beispielsweise infolge von Verkehrslasten, täglich durch Temperaturunterschiede zwischen Tag und Nacht oder langfristig durch jahreszeitliche Klimaschwankungen hervorgerufen werden. Häufig überlagern sich diese Einflüsse.

In der Beurteilung von Rissen wird zwischen oberflächennahen Rissen und Trennrissen unterschieden.

4.7.1 Oberflächennahe Risse

Oberflächennahe Risse erfassen nur geringe Querschnittsteile. Oberflächige Netzrisse verlaufen „wild" an den Oberflächen flächiger Bauteile oder folgen der Bewehrung und haben eine geringe Tiefe. Treten die Risse längs der Bewehrung auf, verlaufen sie meist an den nicht geschalten Bauteilflächen oberhalb der obenliegenden Bewehrungsstäben. Oft entstehen solche Risse durch das Setzen des Frischbetons oder durch Schwinden. In diesem Fall können auch Fehlstellen unter der Bewehrung entstehen.

Oberflächennahe Risse können beispielsweise in Bezug auf die Wasserdichtigkeit als Gebrauchseigenschaft unschädlich, jedoch hinsichtlich der Dauerhaftigkeit durchaus von Bedeutung sein.

Ähnlich verhalten sich Verbundrisse, die parallel zur Bewehrung verlaufen und in der Regel bis zur Bewehrung vordringen können.

4.7.2 Trennrisse

Trennrisse erfassen wesentliche Teile des Querschnitts oder den Gesamtquerschnitt. Sind sie durch Lasten und Zwang entstanden, und es ist zu unterscheiden, ob sie durch planmäßige oder durch unvorhergesehene Beanspruchungen entstanden sind.

Im Falle einer rissauslösenden Überbeanspruchung ist von besonderer Bedeutung, ob diese als einmalig oder als wiederkehrend einzustufen ist.

4.7.3 Zusammenfassung Risse

In Tab. 4.2 sind einige Beispiele für die Entstehung der Risse, für den Zeitpunkt der Entstehung und für die Ursachen von häufig anzutreffen Rissen aufgeführt.

Tab. 4.2 Häufige Ursachen für die Entstehung von Rissen

Risse entstanden infolge von	Merkmale der Rissbildung	Zeitpunkt des Entstehens	Ursache
Setzen des Frischbetons	Längsrisse über der oberen Bewehrung	Innerhalb der ersten Stunden nach dem Betonieren	Betonzusammensetzung (Wassergehalt, Sieblinie)
	Rissbreite mm		Verarbeitung
	Risstiefe gering, selten mehrere cm		Nachverdichtung
Frühschwinden (Plastisches Schwinden)	Oberflächenrisse, bei flächigen Bauteilen	Innerhalb der ersten Stunden nach dem Betonieren	Rasches Austrocknen
	Keine Richtungen		Betonzusammensetzung (Wassergehalt, Sieblinie),
	Rissbreite u. U.>1 mm		Verarbeitung des Betons
	Risstiefe gering		Nachverdichtung
Abfließen der Hydratationswärme	Oberflächenrisse	Innerhalb der ersten Tage nach dem Betonieren	Betonzusammensetzung, Art, Zusammensetzung und Festigkeitsklasse des Bindemittels
	Trennrisse		Nachbehandlung
	Biegerisse		Bewehrungsmenge
	Rissbreite u. U.>1 mm		Anordnung Bewehrung
			Betonierabschnitte
Schwinden (Trocknungsschwinden)	Oberflächenrisse	Einige Wochen bis Monate nach dem Betonieren	Betonzusammensetzung
	Trennrisse		Bewehrung
	Biegerisse		Starke Austrocknung
	Rissbreite u. U.>1 mm		Fehlende Fugen
Äußere Temperatureinwirkungen	Biege- und Trennrisse	Jederzeit	Bewehrungsmenge
	Rissbreite u. U.>1 cm	Bei Temperaturänderungen	Anordnung Bewehrung
	u. U. Oberflächenrisse		Betonzusammensetzung
			Fehlende Fugen
Äußere Lasten	Haarrisse	Jederzeit während der Nutzung	Anordnung der Bewehrung
	Biegerisse		
	Trennrisse		
	Sammelrisse		
	Schubrisse		
Frost	Risse längs der Bewehrung	Nach Frost	Wassergefüllte Hohlräume
	Absprengungen		

(Fortsetzung)

Tab. 4.2 (Fortsetzung)

Risse entstanden infolge von	Merkmale der Rissbildung	Zeitpunkt des Entstehens	Ursache
Korrosion der Bewehrung	Risse entlang der Bewehrung und an Bauteilecken,	Nach mehreren Jahren	Dicke der Betondeckung
	Absprengungen		Qualität der Betondeckung

Literatur

DIN EN 12350-7

DAfStb – Heft 526 Erläuterungen zu den Normen DIN EN 206-1, DIN 1045-2, DIN 1045-3, DIN 1045-4 und DIN 4226, Berlin, 2003

DAfStb – Vorbeugende Maßnahmen gegen schädigende Alkalireaktion im Beton (Alkali-Richtlinie), Ausgabe 2013

DIN 1055 Einwirkungen auf Tragwerke, Teil 100: Grundlagen der Tragwerksplanung, Sicherheitskonzept und Bemessungsregeln, Ausgabe 03/2001

DIN EN 1992 Bemessung und Konstruktion von Stahlbeton- und Spannbetontragwerken, Ausgabe 01/2011

DIN EN 1008 Zugabewasser für Beton – Festlegung, Prüfung und Beurteilung der Eignung von Wasser, einschließlich bei der Betonherstellung anfallendem Wasser als Zugabewasser für Beton, Ausgabe 10/2002

DIN EN 12620 Gesteinskörnungen für Beton, Ausgabe 07/2008

DIN EN 13670 Ausführung von Tragwerken aus Beton, Ausgabe 03/2011 und Nationale Anwendungsregel DIN 1045-3, Ausgabe 03/2012

DIN EN 197 Zement – Teil 1: Zusammensetzung, Anforderungen und Konformitätskriterien von Normalzement, Ausgabe 08/2004

DIN EN 206-1 Beton – Teil 1: Festlegung, Eigenschaften, Herstellung und Konformität, Deutsche Fassung 07/2001

DIN 1045-2:2008-08: Tragwerke aus Beton, Stahlbeton und Spannbeton – Teil 2: Beton – Festlegung, Eigenschaften, Herstellung und Konformität – Anwendungsregeln zu DIN EN 206-1

DIN 4030 Beurteilung betonangreifender Wässer, Böden und Gase – Teil 1: Grundlagen und Grenzwerte, Ausgabe 06/2008

Lohmeyer, G.: Stahlbetonbau, Teubner Verlag, Wiesbaden, 2004, S. 769

Nürnberger, U.: Korrosion und Korrosionsschutz im Bauwesen, Bauverlag, Wiesbaden und Berlin, Bd. 1, 1995, S. 643

Nachweis der Abbildungen

[1] Mit freundlicher Genehmigung von Herrn Prof. Dipl.-Ing. Bernd Neubert

[2] Mit freundlicher Genehmigung von Herrn Dr.-Ing. Diethelm Bosold, Informationszentrum Beton

5 Bestandsaufnahme und Schadensanalyse

Für die Bestandsaufnahme und die Schadensanalyse sind unterschiedliche Untersuchungen notwendig. Aus der Beurteilung des Istzustandes und dem Vergleich mit dem Sollzustand stellt der Sachkundige Planer fest, ob ein Schaden aufgetreten ist. Die darauffolgende Schadensanalyse ermöglicht Rückschlüsse auf den Schadenshergang und die Schadensursache.

Die Untersuchungen der Schäden und deren Analyse beruhen prinzipiell auf den gleichen Methoden wie die Bemessung eines Bauwerks während der Entwurfsphase. Im Rahmen der Normen und Regelwerke bedeutet dies, dass für die Basisvariablen probabilistische Modelle und für Lasten und Bauteileigenschaften mechanische Modelle entwickelt werden. Basisvariablen sind in diesem Zusammenhang die Abmessungen des Bauteils, die Belastungen sowie Über- und Unterlasten und die Materialeigenschaften, unter Berücksichtigung von Modellunsicherheiten. Die Ergebnisse der Berechnungsmethoden müssen anschließend in standardisierte Belastungs- und Widerstandsfaktoren transponiert werden.

Die Schadensanalyse beurteilt den Istzustand im Hinblick auf die Standsicherheit, die Dauerhaftigkeit und die Ästhetik. Aus dem Vergleich mit dem Sollzustand werden Erkenntnisse über aufgetretene Schäden und deren Ursachen abgeleitet. Zur Beurteilung sind umfassende Kenntnisse auf folgenden Gebieten erforderlich: Baustoffkunde, Bauchemie, Bauphysik, Betontechnologie, Stahlbeton- und Spannbetonbau.

Für die Beurteilung der Standsicherheit sind Erfahrungen mit statischen Berechnungen und auf dem Gebiet der Baukonstruktion unabdingbar. Die Beurteilung der Standsicherheit erfolgt als rechnerischer Nachweis nach den allgemeinen Regeln der Technik aus den jeweiligen Anforderungen und Bedingungen des Einzelfalls unter Berücksichtigung der konstruktiven Durchbildung.

Die Beurteilung der Dauerhaftigkeit erfolgt im Hinblick auf die Erstellung einer eventuellen Prognose betreffend die zu erwartende technische Nutzungsdauer des Bauwerks

S. Weber, *Betoninstandsetzung*,
https://doi.org/10.1007/978-3-658-33947-0_5

und beinhaltet die Beurteilung des Korrosionsschutzes der Bewehrung, charakterisiert durch die Betondeckung, die Carbonatisierungstiefe und den zeitlichen Fortschritt der Carbonatisierung bzw. die eingetretene Korrosion. Bei Bauteilen aus Stahl- und Spannbeton sind die Risse und deren Fortschritt für die Beeinträchtigung der Dauerhaftigkeit zu berücksichtigen. Im Falle des Kontakts mit Chloriden wird diese Gefährdung mit untersucht.

Auf Basis der Schadensanalyse plant der Sachkundige Planer die erforderlichen Schutz- und Instandhaltungsmaßnahmen.

In Zusammenhang mit der Bestandsaufnahme und der Schadensanalyse wird unterschieden in Routineuntersuchungen und Erhaltungsmaßnahmen bzw. Wiederherstellung.

a) Routineuntersuchungen

Routineuntersuchungen stellen eine einfache Inspektion dar. Für manche Bauten sind in regelmäßigen zeitlichen Abständen vorgeschriebene einfache oder erweiterte Prüfungen durchzuführen. Die Inspektionsintervalle hängen von der Stärke der Umwelteinflüsse und der Belastungen ab, die auf das Bauwerk wirken. Das Bauwerk wird zuerst visuell auf mögliche Schädigungen untersucht.

Bei der Bewertung der augenblicklichen Situation wird graduell unterschieden, ob lediglich das Aussehen beeinträchtigt ist oder ob eine Verminderung der Gebrauchsfähigkeit oder eine Gefährdung der Standsicherheit oder der Bausubstanz aufgetreten ist. Wenn das Ergebnis innerhalb der festgelegten Toleranzgrenzen liegt, ist das Tragverhalten nicht beeinträchtigt. Unter Berücksichtigung einer zeitabhängigen Vergrößerung des Schadensausmaßes leitet sich daraus die Dringlichkeit erforderlicher Instandhaltungsmaßnahmen ab.

b) Wiederherstellung

Bei der Wiederherstellung werden tiefer gehende Eingriffe zur Erneuerung der Bausubstanz vorgenommen. Zur Ermittlung der Tragfähigkeit des wiederhergestellten Bauwerks werden die Abmessungen und die Materialeigenschaften der schadhaften Struktur hinzugezogen.

Die Schwierigkeit in der Praxis liegt oft in der Abschätzung, ob und wann tiefer gehende Untersuchungen erforderlich sind. Oft sind äußerlich keine Anzeichen von Schäden vorhanden, aber es liegt der Verdacht einer Schädigung vor. In diesem Fall sind genauere Untersuchungen notwendig. Als besonders kritisch sind solche Bauwerke zu betrachten, die Chlorideinwirkungen ausgesetzt sind, sowie Bauwerke nach Beanspruchung durch Erdbeben oder durch Brand.

c) Bestandsaufnahme

Die Bestandsaufnahme ist von einem sachkundigen Planer vorzunehmen. Das Bauwerk wird in statischer, konstruktiver, werkstoff-, brandschutztechnischer und bauphysikalischer Hinsicht beurteilt. Zur Unterstützung sind gegebenenfalls weitere Fachingenieure oder Prüflaboratorien hinzuzuziehen.

5.1 Erhebungen zur Bauwerksgeschichte

Grundlagen zur Erhebung der Bauwerksgeschichte bzw. zur Bauteilgeschichte sind allgemeine Grundlagen wie Alter, Art und Zweck des Bauwerks. Es werden die wesentlichen statischen und konstruktiven Merkmale erfasst. Wichtig sind Kenntnisse über durchgeführte Umbau-, Ergänzungs- oder Instandsetzungsmaßnahmen. Aufschlussreich bei älteren Bauwerken sind die Normen, Regeln oder Richtlinien, nach denen das Bauwerk hergestellt, ergänzt oder instandgehalten wurde, sowie Baustoff- und Ausführungsdaten. Zu einer ausführlichen Recherche gehören auch die Ermittlung der Daten von Eignungs- und Güteprüfungen, der Witterungsbedingungen bei der Erstellung des Bauwerks und unmittelbar danach, die den Bautagebüchern und den Betoniernachweisen zu entnehmen sind.

Die Erhebungen zur Beanspruchung sollen Rückschlüsse auf die Dauerhaftigkeit erbringen. Es ist erforderlich, die Kenndaten von Beanspruchung und Einflüssen aus Konstruktion, Nutzung und Umwelteinflüsse zu erfassen.

▶ **Hinweis** Für jedes Ingenieurbauwerk wird ein Bauwerksbuch mit den wichtigsten Daten angelegt. Es dient zur Eintragung der vorgenommenen Prüfungen und Instandhaltungen. Für ältere Bauwerke gibt es häufig entweder keine Bauwerksbücher, oder sie sind lückenhaft geführt. In diesem Fall sind die zum Zeitpunkt der Entstehung geltenden Normen und Vorschriften von großer Hilfe.

5.1.1 Konstruktions- bzw. baustoffbedingte Lasten

Kenndaten von Beanspruchung und Einflüssen aus konstruktions- bzw. baustoffbedingten Lasten resultieren aus ständigen Lasten, Schwinden und Kriechen, Zwang und aufgetretenen Verformungen.

5.1.2 Nutzung

Nutzungsbedingte Größen sind: die planmäßigen Verkehrslasten, Überbelastung, Abrieb bzw. Verschleiß, Anprall, Erschütterungen, Explosion, Wasser (drückend, fließend), die Einwirkung von Taumittel oder Tauwasser, chemischer und/oder biologischer Angriff, aufgetretene extreme Temperaturen, Brandlast- und Branddauer sowie die Einwirkung von Gasen und Dämpfen.

5.1.3 Umwelt

Zu berücksichtigende umweltbedingte Größen sind: Temperaturwechsel, Feuchtigkeit, Regen, Schnee- und Eislast, chemischer oder biologischer Angriff, Bewuchs, Schadgase, Grundwasser und Baugrundbewegungen.

5.2 Erhebungen am Bauwerk

Die Erhebungen am Bauwerk haben als Ziel, entweder eine Prognose zur „Lebenserwartung" des Bauteils zu erteilen, eventuell vorbeugende Schutzmaßnahmen festzulegen oder Instandhaltungskonzepte vorzuschlagen. Wenn dies auf Basis der Erkenntnisse aus der ersten Besichtigung nicht möglich ist, werden durchzuführende Untersuchungen spezifiziert.

Eine erste Ortsbesichtigung liefert den ersten Überblick zum Zustand des Bauwerks. Sie wird mit relativ einfachen Hilfsmitteln wie Hammer, Fernglas, Lupe, Maßstab und Rissbreitenmesser durchgeführt. Bei manchen Bauwerken müssen vorab organisatorische Maßnahmen getroffen werden, um sich Zugang zum Bauteil zu verschaffen. Hilfreich sind Arbeitsbühnen, Rüstungen, bei Brücken mobile Brückenbesichtigungsgeräte und bei Hochhäusern Putzgondeln.

Bei der ersten Ortsbesichtigung wird Folgendes erfasst: das Vorhandensein von Schmutzfahnen, das Vorhandensein von biologischem Bewuchs, Durchfeuchtungen, Ausblühungen, Absonderungen, Aussinterungen (Abb. 5.1), Abwitterungen und Abplatzungen (Abb. 5.2), Rostflecken- und -fahnen, Rissen, Hohlstellen, Fehlstellen (Abb. 5.3).

Abb. 5.1 Kalkaussinterung [1]

Abb. 5.2 Abplatzung über korrodierter Bewehrung und Kalkausblühung [1]

Abb. 5.3 Schadhafte Fugen [1]

Bei den Abwitterungen ist deren Größe und Tiefe festzuhalten, ob der Zementstein an der Oberfläche noch vorhanden ist und ob die Gesteinskörnung erkennbar ist.

Es sind zu dokumentieren: Rostverfärbungen in Form von Flecken und Fahnen, erkennbare Korrosion an der Bewehrung, die Fläche, Tiefe und Gestalt der Betonabplatzungen, Fehlstellen im Betongefüge, sichtbare Hohlstellen im oberflächennahen Bereich und Schäden an Fugen.

Bei Rissen ist deren Länge, Breite und Richtung sowie das Rissbild anzugeben. Die überwiegende Anzahl von Rissen wird durch Eigen- und Zwängungsspannungen insbesondere in den ersten Stunden oder Tagen nach dem Betonieren verursacht.

In Abhängigkeit des Ortes, wo die Risse auftreten, ist oft schon bei der ersten Ortsbesichtigung eine Ursache für Schäden erkennbar (Tab. 5.1). Rissauslösende Zugbeanspruchungen treten auf aufgrund von: Lasten, Behinderung des plastischen Schwindens und des Setzens, Behinderung von Temperatur- und/oder Schwindverformungen, aufgezwungener Deformation durch ungleichmäßige Setzung des Baugrundes, Sprengwirkung des Rostes infolge der Korrosion der Bewehrung sowie von Treiberscheinungen hervorgerufen durch Volumenvergrößerung der Betonbestandteile.

Tab. 5.1 Ursachen für Risse und Ort des Auftretens

Ursache	Ort des Auftretens
Schnelles frühzeitiges Austrocknen zu dicker Lagen des Betons, starkes Absetzen des Betons	Längsrisse entlang bzw. über der oben liegenden Bewehrung, hoher Balken, dicker Platten oder Bügeln von Stützen
	Am oberen Ende von Stützen
	An Stellen von Änderungen der Bauteildicke
Schnelles frühzeitiges Austrocknen (mehlkornreiche Betone)	Große waagerechte Oberfläche, diagonal und als Netzrisse
	Stahlbetondecken, über der oben liegenden Bewehrung
Zu rasches Abkühlen stark erwärmten Betons (Zugbeanspruchung aus Zwang)	Bei dicken Wänden und Platten, als Trennrisse und Netzrisse (Schalenrisse)
Klimabedingte Temperaturunterschiede	Bei dünnen Platten und Wänden
Starkes Schwinden Schlechte Nachbehandlung	Bei dünnen Platten und Wänden
Nicht saugfähige Schalung Feinteilreiche Mischungen, schlechte Nachbehandlung	Gegen Schalung bei geschalten Flächen (Netzrisse)
Zu starkes Glätten Feinteilreiche Mischungen Unzureichende Nachbehandlung	Bei Platten (Netzrisse)
Unzureichende Dichte und Dicke der Betondeckung	Längs der Bewehrung

5.3 Untersuchungen am Bauwerk

Aus den Ergebnissen der visuellen Inspektion ergeben sich die Art und der Umfang der an einem Bauwerk durchzuführenden Untersuchungen. Diese hängen vom Zustand und der Art des Bauwerks ab und sollen den beabsichtigten Umfang der Instandhaltung, des Umbaus oder der Verstärkung berücksichtigen.

Für die Dokumentation und Beurteilung des Istzustandes, der Schadenserkennung des Bauwerks sowie für die Ermittlung von Qualität und Beständigkeit der Baustoffe werden einfache oder spezialisierte Prüfungen am Bauteil bzw. am Bauwerk durchgeführt, die genormt sind oder dem anerkannten Stand der Technik entsprechen.

Zu den allgemeinen Grundregeln der Bauwerksuntersuchungen gehört die Auswahl der Prüfstellen.

5.3.1 Auswahl der Prüfstellen

In der Praxis werden sowohl schadhafte Stellen als auch jene Stellen, an denen noch kein Schaden äußerlich festgestellt wurde, untersucht. Schadstellen werden grundsätzlich immer untersucht. Wenn keine visuellen Schäden vorhanden sind, werden nach der Regel der Statistik gleichmäßig über das Bauwerk oder das Bauteil verteilte Stellen ausgesucht.

Insgesamt sollen die Untersuchungen so zerstörungsarm wie möglich ablaufen. Vorab ist ein Prüfplan aufzustellen, in dem Ort, Termin und Methode der Untersuchungen klar dargelegt werden, die einzusetzenden Geräte spezifiziert sind und der Umfang der Untersuchungen festgelegt ist. Geplante Teilschritte und eine rechtzeitige Absprache der Teammitglieder untereinander führen dazu, dass nicht unter hohem Zeitdruck gearbeitet wird.

Wenn die Untersuchungen nicht mehr sinnvoll sind, die Zielrichtung nicht erreicht wird oder falsch ist, sind die Untersuchungen abzubrechen. Treten nicht erwartete Schäden in großem Umfang oder nicht erwarteter Art zutage oder reichen die im Prüfplan vorgesehenen Untersuchungen nicht aus, sollen zusätzliche Untersuchungen nur nach Absprache mit den Beteiligten vorgenommen werden.

Insgesamt ist der Zeit- und Kostenaufwand gering zu halten, und es ist zu beachten, dass bei Industriebauwerken unter Umständen mit Produktionsausfall zu rechnen und bei Verkehrsbauwerken eventuell eine Verkehrsbeschränkung vorzunehmen ist. Ein erheblicher Teil der Kosten für Bauwerksuntersuchungen wird durch die verwendeten Geräte, das eingesetzte Personal, die Sicherung von Gerüsten oder vorgenommene Behelfsmaßnahmen verursacht.

Die Untersuchungen am Bauwerk werden unterschieden in:

- Prüfungen an der Betonoberfläche,
- Prüfungen am oberflächennahen Beton,
- Untersuchungen an Fehlstellen und Hohlräumen,
- Untersuchungen an Rissen,
- Prüfungen an der Bewehrung,
- ggf. Untersuchungen der Gesamtkonstruktion,
- Untersuchungen in Labor.

Die Untersuchungen und deren Ergebnisse werden in einem Bericht dokumentiert.

► **Hinweis** Nach ZTV-ING reicht bei geringen Schäden in der Regel ein Prüfbericht nach der Richtlinie zur einheitlichen Erfassung, Bewertung, Aufzeichnung und Auswertung von Ergebnissen der Bauwerksprüfungen nach DIN 1076 (RI-BW-PRÜF).

5.3.2 Prüfung an der Betonoberfläche

Die Prüfungen an der Betonoberfläche beinhalten:

- Prüfungen nach Augenschein,
- Prüfung des Abriebs und der Abriebfestigkeit,
- Prüfung der Oberflächenhärte,
- Prüfung der Rauigkeit.

5.3.2.1 Prüfungen nach Augenschein

Bei diesen visuellen Prüfungen werden festgehalten: lokale oder großflächige Abblätterungen, Abschieferungen der Zementhaut bzw. des Feinmörtels, das Fehlen von Feinmörtel, das Auftreten von Blasen, die Auflösung oder Zermürbung des Betongefüges, das Auftreten von waschbetonähnlichen Oberflächen, das Ablösen größerer Gesteinskörner, kraterförmige Abplatzungen (Pop-out), größere Abplatzungen an Bauteilkanten und größere Abplatzungen in der Fläche über der korrodierten Bewehrung.

Die Prüfungen nach Augenschein geben die ersten Hinweise auf Schadensursachen. Die Schäden können in Abhängigkeit von der Tiefe der Abwitterung in die Schadenstufen gemäß Tab. 5.2 eingeteilt werden.

5.3.2.2 Prüfung des Abriebs und der Abriebfestigkeit

Wenn bei der Wischprobe mit der Handfläche über die Betonoberfläche der Zementstein bröselt oder sich die Gesteinskörnung löst, folgt die Abrissprobe mit dem Klebestreifen (Abb. 5.4), bei der ein Streifen Klebeband auf die Oberfläche gedrückt und dann abge-

Tab. 5.2 Klassifizierung der Schäden nach Schadensstufen

Schadensstufe	Beschreibung
0	Keine Veränderungen
1	Abwitterung der Zementhaut und der dünnen Feinmörtelschicht, sandpapierartige Oberfläche, keine Vertiefungen
2	Abwitterung der Feinmörtelschicht bis 1 mm Tiefe, feine Narbung, Sandkörner zu Teilen freiliegend
3	Stärkere Abwitterung bis 4 mm Tiefe, Narbung im Mörtel, grobe Sandkörner freiliegend
4	Starke Abwitterung bis 10 mm Tiefe, grobe Gesteinskörner freiliegend, Mörtel zwischen Gesteinskörnern ausgewaschen

zogen wird. Bleiben an dem Streifen kleine Partikel des Zementsteins bzw. Sandkörner kleben, ist dies ein erstes Indiz dafür, dass die Oberfläche keine ausreichende Festigkeit gegen Abrieb aufweist.

5.3.2.3 Prüfung der Oberflächenhärte

Die Oberflächenhärte wird anhand einer Ritzprobe mit einer Messerklinge oder mit einem Schraubenzieher vorgenommen. Lässt sich die Oberfläche leicht einritzen, ist der Beton nicht ausreichend hart.

Abb. 5.4 Abrissprobe mit dem Klebestreifen

Abb. 5.5 Prüfen mit dem Rückprallhammer nach Schmidt

Aussagefähigere Ergebnisse liefert die zerstörungsfreie Prüfung mit dem Rückprallhammer nach DIN EN 12504 Teil 2 (Abb. 5.5). Mithilfe einer geeigneten Korrelation liefert die Rückprallzahl einen Schätzwert für die Druckfestigkeit von Ortbeton. Bei der Beurteilung der Ergebnisse ist zu berücksichtigen, dass die ermittelte Festigkeit nur für die oberflächennahe Schicht gilt. Das Verfahren darf nicht auf Flächen angewandt werden, die Veränderungen aufweisen, die durch korrosive Einflüsse, durch Feuer, Frost oder chemischen Angriff ausgelöst wurden. Es eignet sich nicht zur Prüfung an Flächen mit Lunkerbildung, abgeblätterten Schichten, rauer Oberfläche oder hoher Porosität.

▶ **Hinweis** Dieses Prüfverfahren ist nicht als Alternative für die Bestimmung der Druckfestigkeit von Beton nach EN12390-3 (z. B. an Bohrkernen) vorgesehen.

5.3.2.4 Prüfung der Oberflächenrauheit

Zur Beurteilung der Oberflächenrauheit wird die mittlere Rautiefe R_t herangezogen. Da die mittlere Rautiefe ein entscheidender Parameter für die Haftung von Instandsetzungsmaterialien am Betonuntergrund darstellt, besteht die Möglichkeit, diese während der Ausführung von Instandhaltungsmaßnahmen, und zwar nach der Vorbereitung des Untergrundes, zu prüfen.

Für horizontale und schwach geneigte Flächen eignet sich dafür das Sandverfahren nach DIN EN 1766 (Referenzverfahren) und für stark geneigte Flächen und über Kopf das Lasermessverfahren nach DIN EN ISO 13473-1. Es können auch Messungen mit Sonden und Tiefenlehre, mittels induktiven Wegaufnehmers oder Messuhren mit besonders ausgebildeten Tastbolzen vorgenommen werden, bei deren Anwendung ist der Nachweis zur Korrelation mit dem Referenzverfahren erforderlich.

Beim Sandverfahren nach DIN EN 1766 wird auf die zu prüfende horizontale, trockene und saubere Betonfläche eine definierte Menge trockener Quarzsand der Körnung 0,1–0,3 mm (Volumen V = 25–50 cm^3) auf eine kreisförmige Fläche mit Durchmesser d (in cm) eingerieben, sodass die Vertiefungen gefüllt werden (Abb. 5.6).

Die mittlere Rautiefe R_t wird aus der verbrauchten Sandmenge (in cm^3) als Höhe einer gedachten Zylinderscheibe mit Durchmesser d berechnet und in [mm] im Prüfbericht angegeben und den Rautiefeklassen entsprechend Tab. 5.3 zugeordnet

$$R_t = \frac{40 * \mathrm{V}}{\pi * \mathrm{d}^2}$$

Abb. 5.6 Messen der Rautiefe mit dem Sandflächenverfahren

Tab. 5.3 Rautiefeklasse

Rautiefeklasse RT	Anforderung an die mittlere Rautiefe R_t in [mm]
RT0,3	$0{,}3 \leq R_t < 0{,}5$
RT0,5	$0{,}5 \leq R_t < 1{,}0$
RT1,0	$1{,}0 \leq R_t < 1{,}5$
RT1,5	$1{,}5 \leq R_t < 3{,}0$
RT3,0	$R_t \geq 3{,}0$

5.3.3 Prüfungen am oberflächennahen Beton

Die wichtigsten Prüfungen in diesem Bereich betreffen: Dichtigkeit, Feuchtegehalt, Oberflächenfestigkeit, Carbonatisierungstiefe, Lage der Bewehrung und Betondeckung, Chloridgehalt.

5.3.3.1 Prüfen der Dichtigkeit

Die Dichtigkeit von Beton lässt sich grob anhand seiner Saugfähigkeit von Flüssigkeiten bzw. Permeabilität von Gasen abschätzen. Die Saugfähigkeit von Flüssigkeiten hängt von der Kapillarporosität ab.

Für eine Vorabbewertung der Sauffähigkeit wird die Benetzbarkeit der Betonoberfläche durch die Beurteilung des Abperleffektes von aufgespritztem Wasser geprüft. Dafür wird die trockene und saubere Oberfläche mit einer Wasserspritzflasche befeuchtet. Bei dichtem Beton und bei Vorhandensein einer Hydrophobierung perlt das Wasser ohne Verfärbungen der Oberfläche ab. Der Abperleffekt wird als nicht, schwach oder ausgeprägt abperlend eingestuft. Je höher die Kapillarporosität des Betons ist, umso mehr Flüssigkeit wird aufgenommen, wobei die besprühte Oberfläche dunkler wird. Je dunkler sich der Beton an der besprühten Stelle verfärbt, umso höher ist die Kapillarporosität (Abb. 5.7).

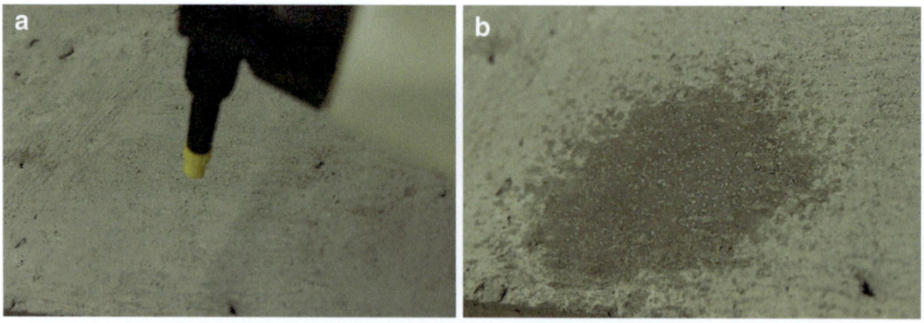

Abb. 5.7 Dunkelfärbung nach Besprühen der Oberfläche mit Wasser

Eine genauere Methode zur Prüfung der Dichtigkeit ist die Bestimmung der kapillaren Wasseraufnahme mit dem Wassereindringprüfgerät nach Karsten (Abb. 5.8). Bei dieser Prüfung wird die kapillare Wasseraufnahme pro Zeiteinheit ermittelt. Die Methode eignet sich zur Prüfung an waagerechten und senkrechten Flächen, erfordert jedoch eine Durchführung durch erfahrenes Prüfpersonal und ist daher auf Baustellen nur in Sonderfällen sinnvoll.

Das verfeinerte ISAT-Verfahren (ISAT = Initial Surface Adsorption Test) wird in der Regel seltener auf Betonoberflächen angewandt. Das Verfahren eignet sich besser als Verfahren zur Beurteilung der Wirksamkeit von Hydrophobierungen oder der Dichtigkeit von Fugen.

Abb. 5.8 Prüfröhrchen nach Karsten

5.3.3.2 Prüfen des Feuchtegehalts

Die Feuchte spielt nicht nur bei physikalischen, chemischen, elektrochemischen und biologischen Schädigungsmechanismen eine entscheidende Rolle, sondern auch für die dauerhafte Haftung eines Instandsetzungssystems am Untergrund. Dafür wird der Beton in drei Feuchtezustände „trocken“, „feucht“ und „nass“ eingeteilt (siehe Tab. 5.4). Für die Einteilung der Betonfeuchte wird kein Grenzwert der Betonfeuchte angegeben. Es wird jedoch darauf hingewiesen, dass der zulässige Wassergehalt u. a. vom Zementgehalt, Wasserzementwert und Porenvolumen abhängt und die Bewertung und Zuordnung besondere Sachkenntnis erfordert.

Ein Schnellverfahren zum qualitativen Nachweis von Feuchte ist das Erwärmen der Oberfläche mit einem Warmluftgebläse oder einer ca. 2 cm tiefen frisch hergestellten Bruchfläche. Feuchte Stellen trocknen ab und werden heller.

Sind genauere Untersuchungen des Feuchtegehalts notwendig, können auch einfachere Untersuchen an Bruchstücken oder Bohrkernen durchgeführt werden. Um Verfälschungen durch Austrocknung zu vermeiden, werden die Proben sofort nach ihrer Entnahme luftdicht verpackt.

Eine quantitative Methode ist die gravimetrische Bestimmung der Bauteilfeuchte mithilfe der Calciumcarbidmethode (CM-Gerät) (Abb. 5.9). Diese Methode erlaubt es, den Feuchtegehalt vor Ort zu bestimmen. Dazu wird eine Probe sorgfältig zerkleinert und gesiebt. Das Pulver wird zusammen mit einer Glaspatrone, in der sich Calciumcarbid befindet, und einigen Stahlkugeln in einen Druckbehälter mit Manometer gefüllt. Durch Schütteln zerschlagen die Stahlkugeln die Glaspatrone, und das in der Probe enthaltene Wasser reagiert mit dem Calciumcarbid. Dabei entsteht Acetylen. Der entstandene Gasdruck wird an einem Manometer abgelesen. Zur Bestimmung der vorhandenen Feuchte wird der abgelesene Druck Werten in den Tabellen der DAfStb Rili-SIB zugeordnet.

Tab. 5.4 Definition des Feuchtezustands

Feuchtezustand	Definition
„Trocken“	Eine rd. 2 cm tiefe frisch hergestellte Bruchfläche wird infolge Austrocknens nicht augenscheinlich heller. Der Beton unter einer am Rand aufgeklebten PE-Folie 500 × 500 mm färbt sich über Nacht nicht dunkel, und es bildet sich kein Kondenswasser
„Feucht“	Die Oberfläche hat ein mattfeuchtes Aussehen, weist keinen glänzenden Wasserfilm auf, das Porensystem des Betonuntergrunds ist nicht wassergesättigt, d. h., aufgebrachte Wassertropfen werden eingesogen, und nach kurzer Zeit erscheint die Oberfläche wieder matt
„Nass“	Das Porensystem des Betonuntergrunds ist wassergesättigt, die Betonoberfläche wirkt glänzend, weist jedoch keinen tropfbaren Wasserfilm auf

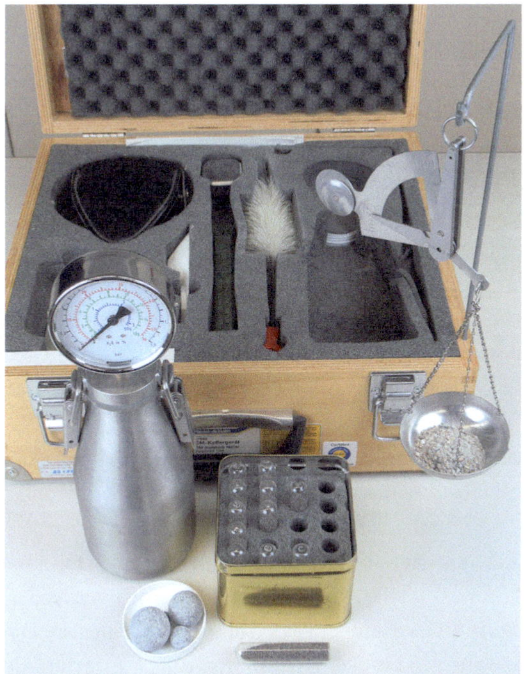

Abb. 5.9 CM-Gerät zur Messung des Feuchtegehalts

► **Hinweis** Die dem CM-Gerät beiliegenden Tabellen gelten nicht für Beton. Die Werte der Rili-SIB und der ZTV-ING stimmen überein.

Ein genauerer Wert des Feuchtegehalts resultiert durch Trocknung bei 105 °C und Wägung von Betonproben im Labor. Dazu können Bruchstücke oder Bohrkerne verwendet werden. Bei der Beurteilung des Feuchtegehalts von Bohrkernen ist zu beachten, dass das angewandte Bohrverfahren zu verfälschten Ergebnissen führt. Trockenes Bohren führt zu niedrigeren Werten des Feuchtegehalts, während Nassbohren zu höheren führt. Je größer der Bohrkerndurchmesser und je dichter der Beton ist, desto kleiner sind die Verfälschungen infolge der angewandten Bohrmethode.

Für die großflächige Ortung von feuchten Stellen oder feuchten Bauteilen eignen sich zerstörungsfreie thermografische Verfahren, die mit speziellen Kameras feuchtebedingte Temperaturunterschiede aufzeichnen (siehe Abschn. 5.3.4.8 und 5.3.4.9).

Für die Bestimmung von Tiefenprofilen wasserstoffhaltiger Substanzen eignet sich die Wasserstoffkernspinresonanz (H-NMR-Methode), die auch den Wassertransport im Beton charakterisiert. Neben der Wasserdurchlässigkeit der Betondeckung kann die Restfeuchte im Beton bestimmt und der Trocknungsfortschritt beobachtet werden. Die maximale Messtiefe für Tiefenprofile beträgt 100 mm. Die Messgenauigkeit liegt im Bereich 0,5 bis

1 M.-%. Bei mit den üblichen Stahlmatten bewehrtem Beton hat die Bewehrung keinen Einfluss auf die Messergebnisse.

Beim Aufbringen von Oberflächenschutzsystemen, Kleber, Mörtel etc. ist oft ein Grenzwert des Feuchtegehalts des Betonuntergrundes einzuhalten. Zum Ermitteln der tiefenabhängigen Feuchte wird in Bohrlöchern (Durchmesser von 8 bis 18 mm) mittels Sensoren die relative Luftfeuchte tiefenabhängig gemessen. Im Bohrlochabschnitt werden Messkammern abgegrenzt, in die kombinierte Temperatur-Luftfeuchte-Sensoren eingebaut werden, die mit einer Datenverarbeitungseinheit und eingebauten Plotvorrichtung verbunden sind. Nach jeder Messung wird der Sensor aus dem Bohrloch kurz entfernt, damit er sich auf die relative Luftfeuchte der Umgebung einstellen kann. Wird das Loch nach jedem Beenden der Messungen mit einem Dichtgummi luftdicht verschlossen, können im gleichen Bohrloch zu späteren Zeitpunkten Messungen wiederholt werden.

5.3.3.3 Prüfen der Oberflächenfestigkeit

Die Festigkeit des Betons im oberflächennahen Bereich wird charakterisiert durch die Druckfestigkeit und die Oberflächenzugfestigkeit.

Die **Druckfestigkeit** an der Oberfläche kann zerstörungsfrei anhand einer Rückprallprüfung (Schmidt-Hammer) (siehe Abschn. 5.3.1) geprüft werden.

Vor dem Aufbringen eines Betonersatzsystems oder eines Oberflächenschutzsystems ist die **Oberflächenzugfestigkeit** des Betonuntergrunds zu ermitteln. Sie wird mit dem geregelten Abreißprüfgerät, mindestens Klasse 2 nach DIN EN ISO 7500-1, ermittelt. Üblicherweise kommt das Abreißverfahren nach DIN EN 1542 (Abb. 5.10) zum Einsatz. Auf eine durch eine Ringnut begrenzte Prüffläche wird mittels eines schnellhärtenden, pastösen Reaktionsharzes ein Prüfstempel aus Stahl mit Durchmesser = 50 mm $\pm$ 2 mm aufgeklebt, auf den eine Zugkraft aufgebracht wird. Es können folgende Versagensarten und Bruchformen auftreten:

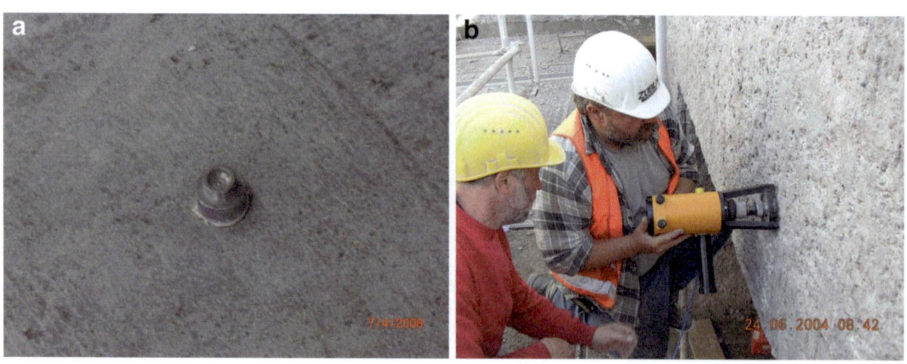

Abb. 5.10 Prüfen der Oberflächenzugfestigkeit. **a** Aufgeklebter Stempel [2]. **b** Prüfen [2]

a) Kohäsionsversagen:
   - Bruchform A: im Beton bzw. im Untergrund,
   - Bruchform Y: in der Klebschicht.
b) Adhäsionsversagen:
   - Bruchform A/Y: zwischen Beton (bzw. Unterlage) und der Klebschicht,
   - Bruchform Y/Z: zwischen Klebschicht und Stempel.

Die Bruchfläche ist nach Augenschein zu beurteilen. Bei der Bruchform A kann die Oberflächenzugfestigkeit des Betonuntergrundes berechnet werden. Bei nicht ausreichend hoher Oberflächenzugfestigkeit des Betons ist eine Überprüfung des Festigkeits- und Verformungsverhaltens vorzunehmen.

Die **Haftzugfestigkeit** ist ein wichtiger Parameter bei der Auswahl des geeigneten Instandsetzungsproduktes oder -systems und zur Beurteilung der Dauerhaftigkeit der Haftung von Oberflächenschutzsystemen an der Betonoberfläche. Unter Haftzugfestigkeit versteht man die Zugkraft, die erforderlich ist, um eine Beschichtung vom Untergrund zu trennen. Für die Bestimmung der Oberflächenzugfestigkeit des Betonuntergrunds und der Haftzugfestigkeit harter Beschichtungen wird mit einem Kernbohrer in die Prüffläche eine Ringnut um die Aufklebestelle für den Prüfstempel eingefräst. Bei weichen Beschichtungen kann die Prüffläche nach dem Aufkleben des Prüfstempels bis zum Beton z. B. mit einem scharfen Messer durchtrennt werden.

Für die Beurteilung der Haftzugfestigkeit ist das Bruchbild zu beschreiben. Dabei werden folgende Bruchbilder unterschieden:

Kohäsionsversagen:

- Bruchform A: im Beton bzw. im Untergrund,
- Bruchform B: in der ersten Schicht des zu prüfenden Systems,
- Bruchform C: in der zweiten Schicht des zu prüfenden Systems,
- …
- Bruchform Y: in der Klebschicht.

Adhäsionsversagen:

- Bruchform A/B. zwischen Beton (bzw. Unterlage) und der ersten Schicht des zu prüfenden Systems.
- Bruchform B/C: zwischen der ersten und zweiten Schicht des zu prüfenden Systems.
- Bruchform …/Y: zwischen der letzten Schicht des zu prüfenden Systems und der Klebschicht.
- Bruchform Y/Z: zwischen Klebschicht und Stempel.
- Die Haftzugfestigkeit kann nur bei den Bruchformen A/B und B/C berechnet werden.

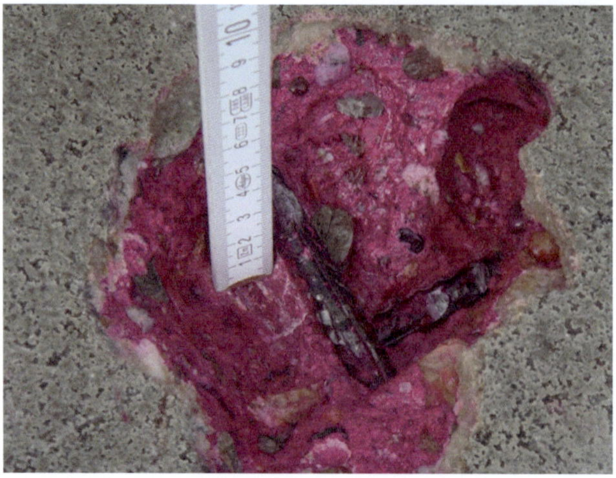

Abb. 5.11 Messung der Carbonatisierungstiefe

5.3.3.4 Bestimmen der Carbonatisierungstiefe

Die einfachste Methode zur Bestimmung der Carbonatisierungstiefe am Bauwerk erfolgt nach DIN EN 14630 und DAfStb-Heft 422 durch die Bestimmung des pH-Werts. Bei dieser Methode wird eine frische Bruchfläche mit einer Indikatorflüssigkeit besprüht.

Als Farbindikator wird in der Regel eine 1 %ige alkoholische Phenolphthaleinlösung (70 %iger Alkohol) verwendet. Sie ändert bei einem pH-Wert zwischen 8,2 und 10 ihre Farbe. Der alkalische (nichtcarbonatisierte) Beton färbt sich lila, während der carbonatisierte Bereich (sauer) farblos bleibt (Abb. 5.11). Alternativ kann als Indikatorflüssigkeit Thymolphtalein verwendet werden, dessen Farbumschlag blau ist. Die Tiefe des nichtverfärbten Betons wird mit einem Meterstab gemessen.

Die Carbonatisierungstiefe kann auch an aus dem Bauwerk entnommenen Bohrkernen mit einem Durchmesser von 5 bis 15 cm ermittelt werden. Die Messung erfolgt auf einer frisch erzeugten Spaltfläche.

Hinweis

Die Bestimmung der Carbonatisierung mittels Aufsprühen eines Farbindikators darf nicht auf geschnittenen Oberflächen angewendet werden.

Die Festlegung der größten Carbonatisierungstiefe beruht auf dem Wert der 90 %-Quantile.

5.3.3.5 Lage der Bewehrung und Betondeckung

Um aussagefähige Ergebnisse zur Lage der Bewehrung und zur Betondeckung zu erhalten, ist in der Regel eine große Anzahl an Prüfungen erforderlich. Deshalb bietet es sich an, zuerst zu überprüfen, ob zerstörungsfreie Untersuchungsmethoden angewendet werden können.

Die zerstörungsfreien Methoden nutzen die magnetischen und/oder elektrischen Eigenschaften der Bewehrung, um deren Lage im Beton zu bestimmen. Diese ermöglichen die Ortung der Bewehrung (manche messen auch den Durchmesser) und liefern in der Regel Messwerte zur Betondeckung mit.

Eine Orientierungshilfe einfacher Art zur Ortung der Bewehrung stellen **Haftmagnete** dar. Ein starker Magnet wird über die Betonoberfläche geführt. Ein erfahrener Prüfer spürt die Veränderungen durch die Anziehung des Magnetes senkrecht zur Bewehrung und kann dadurch die Bewehrung orten. Diese Methode liefert keine Aussage zur Betondeckung der Bewehrung.

Zur Ortung oberflächennaher Bewehrung und zur Messung der Betondeckung werden magnetische, induktive und Wirbelstromverfahren eingesetzt.

Die lokale Ortung der Bewehrung und eine grobe Abschätzung der Betondeckung erlauben **Bewehrungssuchgeräte** (Abb. 5.12). Die handelsüblichen Messgeräte arbeiten mit magnetischem Gleichfeld oder Wechselfeld oder mit Wirbelstrom und sind für eine

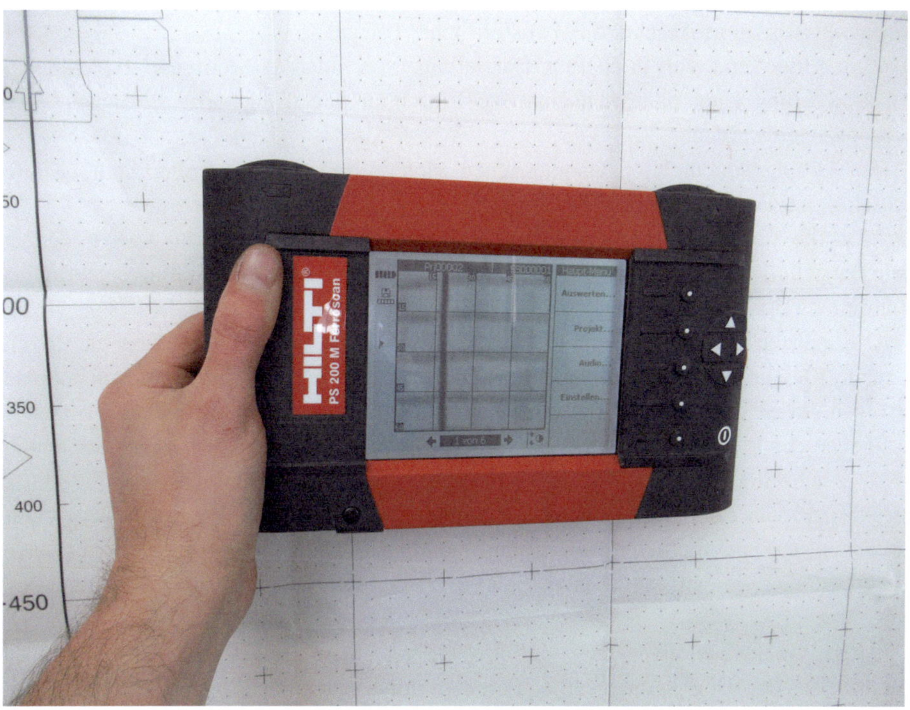

Abb. 5.12 Bewehrungssuchgerät

leichte und schnelle Handhabung auf der Baustelle konzipiert. Sie müssen den Anforderungen des „Merkblatts für Bewehrungsnachweis und Überdeckungsmessung bei Stahl- und Spannbeton“ der DGZfP entsprechen. Die Messungen der Betondeckung werden nach Merkblatt „Betondeckung und Bewehrung“ des DBV qualitativ und/oder quantitativ durchgeführt und statistisch ausgewertet.

Neuere Entwicklungen sind elektromagnetische Bewehrungssuchgeräte und **Induktionsthermografen,** mit deren Hilfe der Verlauf der Bewehrung sehr schnell und genau ermittelt werden kann. Sie liefern gleichzeitig auch genaue Angaben zur Dicke der Betondeckung. Infolge der Erwärmung der Bewehrung durch elektromagnetische Induktion zeichnen sich in der Regel die beiden obersten Bewehrungslagen als Wärmebild ab. Die Betondeckung wird in Abhängigkeit von der Dauer, mit der sich die Wärme ausgehend von der Bewehrung bis zur Betonoberfläche ausbreitet, bestimmt. Da die Induktionsthermografie große und schwere Anlagen benötigt und deren Ergebnisse mit weniger Aufwand auch mit anderen Verfahren erzielt werden können, wird die Induktionsthermografie nur in Sonderfällen angewendet.

Zur Ortung tiefer liegender Stahl- und Spannbewehrung können Mikrowellen, Radarverfahren, Durchstrahlungsverfahren mit Röntgen- und Gammastrahlen sowie Verfahren beruhend auf Induktionsthermografie oder Ultraschall zum Einsatz kommen. Einige dieser Verfahren werden in Abschn. 5.3.3 ausführlicher behandelt.

Zum Orten und zur bildhaften Darstellung von Spanngliedern und tiefer liegender Bewehrung kann ohne nennenswerte Einschränkungen auch das **Radarverfahren** herangezogen werden.

Zur Ortung von nichtferromagnetischen Materialien (z. B. rostfreier Stahl, Kupfer, Messing) ist das **Wirbelstromverfahren** geeignet.

Moderne Verfahren mit gleichzeitiger Erfassung des Messweges und einer bildgebenden Darstellung ermöglichen eine großflächige Untersuchung und eine ingenieurmäßige Beurteilung der Betondeckung.

Die meisten baustellentauglichen Geräte messen bis in eine Tiefe von ca. 10 cm. Genaue Messungen der Betondeckung im oberflächennahen Bereich können nur dann erfolgen, wenn der Abstand zwischen benachbarten Bewehrungsstäben mindestens das 2,5-Fache der Betondeckung aufweist und der Durchmesser der Bewehrung bekannt ist. Wird gleichzeitig auch der Durchmesser der Bewehrung zerstörungsfrei ermittelt, dürfen im Abstand von ca. 10 bis 15 cm keine weiteren Bewehrungsstäbe liegen. Es ist darauf zu achten, dass bei mehreren Bewehrungslagen nur die beiden obersten sich kreuzenden Lagen erkannt werden, wodurch der Messwert der Betondeckung erheblich beeinflusst wird.

Ältere Geräte benötigen eine Kalibrierung an einem freigelegten Bewehrungsstab. Auch bei moderneren Geräten sollte jedoch an mindestens einer Stelle die Betondeckung zerstörerisch geprüft und die Ergebnisse mit denen der zerstörungsfreien Untersuchungen abgeglichen werden. Dazu wird eine Bohrung an der Kalibriermessstelle vorgenommen und mittels Tiefenlehre die Dicke der Betondecke gemessen.

Abb. 5.13 Messung der Bewehrung mit der Schiebelehre

Als Alternative steht die zerstörerische Prüfung zur Auswahl, die wegen der benötigten großen Anzahl an Ergebnissen stark in die Bausubstanz eingreift, denn die Bewehrung wird freigelegt und der Durchmesser mittels **Schiebelehre** (Abb. 5.13) und die Betondeckung mittels **Tiefenlehre** gemessen.

5.3.3.6 Ermittlung des Chloridgehaltes

Der Chloridgehalt wird nur bei Verdacht auf Chloridkorrosion der Bewehrung ermittelt. Davon betroffen sind vorwiegend Straßenverkehrsbauwerke wie: Brückenplatten mit schadhaften Fugen und/oder Abdichtungen, Brückenkappen, Fußbereich von Pfeilern, Spritzbereich von Tiefgaragen, Parkhäuser, ungeschützte Parkdecks, Bauten an befahrenen Straßen, Meeresbauwerke im Bereich der Wasserwechselzone und Meeresbauwerke im Bereich von Spritzwasser- und Sprühnebel.

Zur Beurteilung des Chloridgehaltes stehen eine qualitative Methode oder halbquantitative Methoden zur Verfügung.

I. Qualitative Methode

Die qualitative Methode liefert nur die Aussage, ob Chloride vorhanden sind. Sie beruht auf dem Nachweis von Chloriden mittels Aufsprühen von Silbernitrat- und Kaliumchromatlösung als Indikatoren. Im Sprühtest wird eine schwach salpetersaure Silbernitratlösung pH = 5 auf eine Bruchfläche gesprüht. Nach Antrocknen erfolgt eine Besprühung mit einer Kaliumchromatlösung. Wenn keine Chloride vorhanden sind, färbt sich der Beton braun. Auf chloridhaltigem Beton hingegen entsteht wasserunlösliches Silberchlorid.

II. Halbquantitative Methoden

Halbquantitative Methoden sind das Quantab-Verfahren, Aqua-Quant und Micro-Quant. Sie zeigen an, ob der kritische Chloridgehalt im Beton überschritten ist oder nicht.

Beim Quantab-Verfahren wird schwach konzentrierte Salpetersäure über ein Bruchstück gegossen und die Suspension mit Natriumhydrogencarbonat versetzt. Nach Abfiltern der Suspension wird ein Teststreifen eingetaucht und ein Skalenwert abgelesen. Der Chloridgehalt resultiert aus der Umrechnung des Skalenwertes auf der Eichtabelle der Quantab-Packung.

Bei Verdacht auf Gefährdung der Bewehrung infolge eines erhöhten Chloridgehaltes im Beton müssen Laboruntersuchungen zur genauen Bestimmung des Chloridgehaltes und der Eindringtiefe vorgenommen werden.

Zur Bestimmung der Chlorideindringtiefe werden tiefenabhängige chemische Untersuchungen an Bohrmehl im Labor vorgenommen (siehe Abschn. 5.4) und daraus ein Chloridprofil erstellt.

Der Chloridgehalt wird in Massenprozente bezogen auf den Zementgehalt des Betons angegeben.

Hinweis

Bei Überschreitung im Bereich der Betondeckung der Bewehrung des Chloridgehaltes von 0,5 M.-% bei Stahlbeton und 0,2 M.-%. bei Spannbeton ist zur Beurteilung der erforderlichen Maßnahmen ein Sachkundiger Planer einzuschalten. Laut Technischer Regel „Instandhaltung von Betonbauwerken“ ist der Chloridgehalt von 0,5 M.-% im Stahlbeton nicht unbedingt gleichzusetzen mit einem kritischen korrosionsauslösenden Chloridgehalt, der zu einer Depassivierung der Bewehrung führt, sondern er stellt den „Schwellenwert“ für das Hinzuziehen eines Sachkundigen Planers dar.

5.3.4 Untersuchen von Fehlstellen und Hohlräumen

In den oberflächennahen Zonen und bei unbewehrtem Beton können Fehlstellen und Hohlräume durch Abklopfen mit dem Hammer, der sogenannten Raschelmethode, lokalisiert werden.

Tiefer gelegene Fehlstellen und/oder Hohlräume treten häufig auf bei: Bauteilen mit enger Bewehrungsführung, in der Umgebung von Einbauteilen mit Verankerungselementen, Verguss- oder Stopffugen von Lagerplatten, Fugen zwischen Stahlbetonfertigteilen, bei Hüllrohren von Spanngliedern.

Zur Untersuchung von Hohlräumen und Fehlstellen stehen folgende zerstörerische und nichtzerstörerische Verfahren zur Verfügung: Kernbohrungen, Endoskopie, Hohlraumbestimmung, Ultraschall-Echo-Verfahren, Impact-Echo-Verfahren, Impuls-Radar-Verfahren, Durchstrahlverfahren, Infrarotthermografie, Impulsthermografie und Pulsphasenthermografie.

5.3.4.1 Kernbohrungen

Bei der Kernbohrung werden Bohrlöcher erstellt, die dem Einführen von Umlenkspiegeln und kleinen Beleuchtungskörpern dienen, mit deren Hilfe Fehlstellen und/oder Hohlräume visuell beurteilt werden. Kernbohrungen stellen einen Eingriff in die Bausubstanz dar und sind bei eng liegender Bewehrung schwer durchzuführen.

5.3.4.2 Endoskopie

Bei der Endoskopie erfolgt die visuelle Untersuchung und Beurteilung von Hohlräumen via Okular oder bei der Videoendoskopie am Bildschirm. In Bohröffnung von geringem Durchmesser (10–20 mm) werden flexible (Fibreskope) oder starre (Boreskope) Endoskope eingeführt, die einen Blickwinkel von 30 bis 60° erlauben. Der Eingriff in die Bausubstanz ist gering.

5.3.4.3 Bestimmung des Hohlraumvolumens mittels Vakuumverpresseinrichtung

Bei diesem Verfahren wir mithilfe einer Pumpe (Mindestunterdruck von ca. 0,5 bar) die Luft aus den Hohlräumen abgesaugt. Durch Messung der zurückströmenden Luftmenge kann das Volumen des Hohlraumes mit einer Genauigkeit von 0,5 l ermittelt werden. Diese Untersuchung wird im Sonderfall auch bei Spanngliedern angewendet, bei denen der Verdacht einer unvollständigen Verpressung der Hüllrohre besteht.

5.3.4.4 Ultraschall-Echo-Verfahren

Das Ultraschall-Echo-Verfahren ist ein zerstörungsfreies Prüfverfahren, das großflächige vergleichende Untersuchungen bezüglich der Eigenschaften des Betongefüges, einer Gefügeänderung oder -schädigung und die Ortung von Inhomogenitäten ab einem Durchmesser von 10 cm ermöglicht. Bei dichter schlaffer Bewehrung kann die Bewehrung geortet und die Betondeckung gemessen werden. Erfahrungsgemäß können Bauteile bis zu einer Dicke von 1 m untersucht werden.

Das Verfahren erlaubt eine präzise Lokalisierung von: Poren, Hohlräumen (z. B. unter Beschichtungen), Verdichtungsfehlern, Verpressungsfehlern in Hüllrohren von Spanngliedern, Kiesnestern, Bindefehlern, Rissen inklusive der Erfassung der Risstiefen von oberflächenverbundenen Rissen.

Diese Methode ermöglicht auch die Messung von Dicken und Ermittlung der Geometrien von einseitig zugänglichen Bauteilen und kann im Gegensatz zum Radarverfahren auch für Untersuchungen an durchfeuchteten Bauteilen eingesetzt werden.

Wegen der zahlreichen anderen Einflussgrößen ist die Einsatzmöglichkeit vom sachkundigen Verfahrensanwender zu beurteilen.

5.3.4.5 Impact-Echo (Impuls-Echo) Verfahren

Beim Impact-Echo-Verfahren findet eine kurze, stoßartige und nahezu punktförmige Kraftübertragung mittels einer Kugel statt. Die im Bauteil erzeugte Welle wird an den

Grenzflächen reflektiert und erzeugt an der Bauteiloberfläche eine Resonanz, die von der Bauteildicke und der Ausbreitungsgeschwindigkeit abhängt. Die Untersuchung des Laufzeit- und Frequenzverhaltens der Longitudinalwelle an verschiedenen Messpunkten wird von spezialisierten Prüflaboren durchgeführt.

Die auf dem Markt angebotenen modularen Baustellenscannersysteme mit multifunktionellem Prüfkopf zur automatisierten Durchführung von Messungen kombinieren Radar-, Ultraschallecho und Impact-Echo-Verfahren und ermöglichen baupraktisch eine schnelle Untersuchung größerer Flächen ohne großen Personaleinsatz.

Dieses Verfahren eignet sich zur Lokalisierung von: Hohlstellen, Fehlstellen, Ablösungen, Kiesnestern sowie zur Messung von Bauteildicke und Rissen.

Das im Merkblatt 4 DGZfP beschriebene Verfahren kann als eigenständiges Verfahren oder in Kombination mit Ultraschallverfahren zur Bestimmung von Materialkennwerten verwendet werden und ermöglicht besonders vorteilhaft Untersuchungen an einseitig zugänglichen Betonbauteilen und Spannkanälen sowie die Bewertung des Verbundes zwischen Betonschichten.

5.3.4.6 Impuls-Radar-Verfahren

Im Prinzip ist das Verfahren vergleichbar mit dem Ultraschallverfahren, nur werden anstelle von akustischen Wellen elektromagnetische Wellen emittiert. Die Messungen werden an der Oberfläche des Bauteils entlang eines vorher aufgezeichneten Rasters durchgeführt. Der Sender sendet elektromagnetische Wellen aus, die nach Teil- oder Vollreflexion an Materialübergängen vom Empfänger aufgenommen werden. Die Darstellung erfolgt farbcodiert in einem Radargramm, das Hinweise auf die Größe und die Tiefe der Fehlstellen gibt.

Das Impuls-Radar-Verfahren eignet sich zur Ortung von: Bewehrung, Einbauteilen (Dübel, Hölzer), Tiefenortung von Hohlstellen (Kiesnester) und tief liegenden durchfeuchteten Bereichen.

Die Messungen lassen sich zwar zügig durchführen, sind jedoch trotz kommerzieller Auswertungsprogramme wegen der Inhomogenität des Stahlbetons anspruchsvoll auszuwerten und nicht immer deutlich interpretierbar.

5.3.4.7 Durchstrahlungsprüfung

Bei der Durchstrahlungsprüfung befindet sich auf der einen Seite des Bauteils eine Strahlenquelle und auf der anderen Seite das zu schwärzende Filmmaterial. Die Filmbearbeitung ist computergestützt, wodurch die Auswertung vor Ort, direkt an Monitoren erfolgt. Mit dieser Methode können Bauteile von max. 1,60 m Dicke untersucht werden. Details dazu sind dem „Merkblatt B1 für die Durchstrahlprüfung von Stahlbeton und Spannbeton" der Deutschen Gesellschaft für zerstörungsfreie Prüfmethoden zu entnehmen.

Die Durchstrahlung mit Röntgen- oder Gammastrahlen oder mit einem Linearbeschleuniger ist mit einem sehr hohen Aufwand verbunden und wird daher nur bei

Untersuchungen von besonders bedeutenden Bauteilen angewendet, wie zum Beispiel bei der Feststellung des Verfüllgrades von Spanngliedhüllrohren. Bei extrem dichter Bewehrung oder bei sehr tief liegenden Spanngliedern ist die Durchstrahlungsmethode oft die einzige Lösung, die Bewehrung zerstörungsfrei zu orten.

5.3.4.8 Infrarotthermografie

Die Infrarotthermografie misst die Temperaturverteilung auf der Oberfläche eines Körpers und kann zur Ortung von oberflächennaher Inhomogenität wie Hohlstellen und Rissen sowie zum Nachweis von Feuchtestellen und Tauwasserschäden angewendet werden. Auch Gegenstände im Beton oder Konstruktionen unter Putzoberflächen werden durch den gestörten Wärmefluss sichtbar.

5.3.4.9 Impulsthermografie

Die Impulsthermografie ist eine Weiterentwicklung der Infrarotthermografie. Die neue Generation von Infrarotkameras hat die Thermografie wesentlich vereinfacht und die Kosten für die Untersuchungen und die Auswertung der Ergebnisse erheblich reduziert. Solche Kameras können aus einem Abstand von ca. 3 m eine Fläche von 1,5 m × 1,5 m aufnehmen. Die thermischen Bilddaten werden mithilfe einer geeigneten Software aufbereitet, visuell ausgewertet und beurteilt. Sie eignet sich zur Ortung von Hohlstellen, Kiesnestern und Inhomogenitäten im oberflächennahen Bereich bis in eine Tiefe von 10 cm sowie zur Ortung von Ablösungen von Oberflächenschutzsystemen und von CFK-Lamellen.

Für Messungen auf der Baustelle sind für die Einrichtung der Messgeräte und deren Bedienung mindestens zwei Personen erforderlich. Sie müssen entsprechende Kenntnisse und Erfahrungen im Umgang mit der Strahlungseinheit und der Kamera aufweisen.

5.3.4.10 Pulsphasenthermografie

Die Pulsphasenthermografie ist eine Weiterentwicklung der Impulsthermografie, die dazu dient, Fehlstellen und Kiesnester im Beton nachzuweisen und den Verbund von CFK-Lamellen auf Beton zu untersuchen. In Abhängigkeit der Größe der Fehlstellen können Fehlstellen auch in Tiefen größer als 10 cm untersucht werden. Untersuchungen können auch an stark verschmutzten Oberflächen stattfinden. Das Verfahren erlaubt neben der Ortung auch quantitative Aussagen über geometrische und thermische Parameter der Defekte.

5.3.5 Untersuchung von Rissen

Bei der visuellen Untersuchung des Bauwerks werden der Zustand und der Verlauf einzelner Risse bzw. die Rissbilder beschrieben und dokumentiert. Dabei interessieren: die Unterscheidung in oberflächennahe Biegerisse oder Trennrisse, die Länge, die Tiefe, die Rissbreite *w*, die Änderung der Rissbreiten Δw, der Verlauf, der Zustand und das entstandene Rissbild.

5.3.5.1 Lage, Art, Verlauf, Rissbild und Zustand

Zum leichteren Lokalisieren der Risse und deren Verlauf kann die zu untersuchende Fläche angefeuchtet werden. Die Risse bleiben nach dem Trocknen der Oberfläche länger feucht und daher dunkler und sind besser sichtbar.

Es wird eine Unterscheidung in oberflächige Risse, oberflächennahe Risse, Biegerisse oder Trennrisse vorgenommen (siehe auch Abschn. 4.7.), und der Verlauf der Risse wird visuell beurteilt und zeichnerisch dargestellt.

Oberflächige Risse sind netzartig oder gerichtet ausgebildet und nur wenige Millimeter tief. Oberflächennahe Risse sind häufig netzartig oder gerichtet ausgebildet, und ihre Tiefe geht bis max. Unterkante der äußeren Bewehrungslage. Biegerisse erfassen wesentliche Teile des Querschnitts, es verbleibt jedoch eine Betondruckzone ohne Risse. Trennrisse erfassen den gesamten Querschnitt des Bauteils.

Es wird beurteilt, ob die Risse einem bestimmten Rissmuster oder einer Vorzugsrichtung zugeordnet werden können, ob die Risse netzartig verbreitet, kurz oder lang oder als Krakeleerisse einzustufen sind, und es werden Angaben zum Feuchtezustand, zur Verschmutzung und Aussinterung gemacht.

Zur Beurteilung des Feuchtezustandes der Risse wird eine qualitative Unterscheidung vorgenommen.

Risse an Innenbauteilen, an Bauteilen ohne Möglichkeit des Wasserzutritts oder wenn seit ausreichend langer Zeit keine Wasserzufuhr stattgefunden hat, werden dem **Feuchtezustand „trocken“** zugeordnet.

Risse an frei bewitterten und erdberührten Bauteilen entsprechen dem **Feuchtezustand „feucht“**. Diese Risse sind deutlich als feucht oder matt-feucht erkennbar oder weisen durch Wasser hervorgerufene Farbtonveränderungen im Riss- oder Hohlraumbereich auf, ohne dass jedoch Wasser austritt. Aussinterungen und Kalkfahnen an Rissen sind ein Anzeichen auf einen unmittelbar zurückliegenden Wasseraustritt.

Bei **Feuchtezustand „nass“** sind die Risse drucklos mit Wasser gefüllt, das als feine Tröpfchen im Rissbereich erkennbar ist oder aus dem Riss perlt.

Beim **Feuchtezustand „fließendes Wasser (druckwasserführend)“** tritt ein zusammenhängender Wasserstrom aus dem Riss aus.

► **Hinweis** In der ZTV-ING und in DIBt TR werden die Risse mit **XCR** bezeichnet. Für den Feuchtezustand der Risse werden folgende Bezeichnungen verwendet: **trocken = DY, feucht = DP, Nass = WT** und **fließendes Wasser = WF**.

Zu berücksichtigen sind auch Angaben aus dem Bauwerksbuch zu früheren Instandhaltungen wie z. B. Füllung von Risse.

5.3.5.2 Rissbreiten *w*, Rissbreitenänderung *Δw*

Nach dem Entfernen von Verschmutzungen der Rissufer wird die **Rissbreite *w*** [mm] mit dem Strichstärken- und Rissbreitenvergleichsmaßstab (Abb. 5.14) bestimmt. Mit freiem Auge sind Unterschiede der Rissbreiten von 0,05 mm erfassbar. Alternativ können Risslupen mit Messskala und Fadenzähler verwendet werden (Abb. 5.15). Das Abdunkeln der Prüfstelle und/oder die Verwendung von modernen Risslupen mit integrierter Beleuchtung ermöglichen ein einfacheres und genaueres Ablesen der Rissbreiten.

Da sich die Rissbreiten unter Umständen verändern können, ist die Angabe von Datum, Uhrzeit, Wetterlage, Bauteiltemperatur und Orientierung des Bauteils unbedingt erforderlich.

Unstabile Risse weisen eine **Rissbreitenänderung *Δw*** [mm] auf, bei der unterschieden wird in kontinuierliche (stetige) oder zyklische (periodische) Änderung der Rissbreite.

Langzeitige Rissbreitenänderungen entstehen vorwiegend infolge von Schwinden oder Setzungen und erfolgen daher in großen Zeitabständen. Die langzeitigen Rissbewegungen werden auf einfache Weise durch das Aufbringen von 2 bis 3 mm dicken kunststoffmodifizierten Gipsmarken nachgewiesen. Diese werden auf die kleinsten Risse aufgeklebt. Es ist auf eine gute Haftung des Gipses auf der Betonoberfläche zu achten. Die Gipsmarke wird mit einer Strichmarkierung und Angabe des Datums und der Witterungsbedingungen versehen. Reißt die Gipsmarke, hat sich die Rissbreite vergrößert. Werden

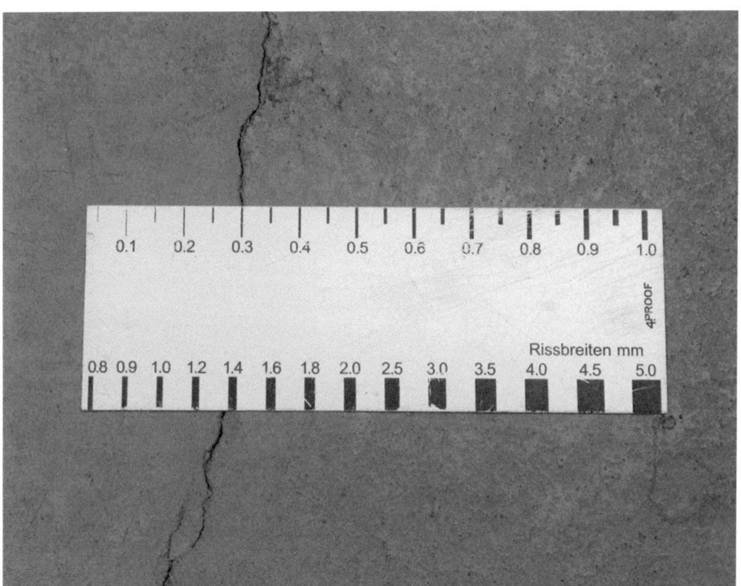

Abb. 5.14 Rissbreitenvergleichsmaßstab

Abb. 5.15 Risslupe

zusätzlich Messuhren (Abb. 5.16) angebracht, kann die Rissbreitenänderung direkt abgelesen werden. Zur langzeitigen Rissbreitenmessung können auch Setzdehnungsmesser oder Sensoren verwendet werden.

Periodische Änderung der Rissbreite werden unterteilt in die kurzzeitige oder die tägliche Änderung der Rissbreite.

Kurzeitige Rissbreitenänderungen treten zum Beispiel infolge von Verkehrslasten auf. Die Wegänderungen werden z. B. mit Wegaufnehmer für langzeitige Rissbreitenmessungen ermittelt, die an ein Datenerfassungssystem angeschlossen sind. Dokumentiert wird die Höchständerung mit Datum, Uhrzeit und Witterungsbedingungen.

Abb. 5.16 Messuhr

Tab. 5.5 Messgeräte zur Messung von Bewegungen am Bauwerk

Messgerät	Messgröße	Max. Messwert, -bereich	Messgenauigkeit
Mechanische Messuhr	Abstandsänderungen	50 mm	0,01 mm
Setzdehnungsmesser	Längenänderungen	bei Basis 20 bis 400 mm: 1–4 mm	0,001 mm
Dehnungsmessstreifen	Bezogene Längenänderungen	Messgitterlänge 0,6–150 mm	bis 10^{-6} mm
Induktive Wegaufnehmer	Absolute Längenänderungen	1–1500 mm	bei 1 mm Messweg: 10 – 4 mm
Schwingungsmesser	Periodische Bewegungsgrößen	–	–

Tägliche Rissbreitenänderungen sind zurückzuführen auf Temperaturunterschiede zwischen Tag und Nacht oder z. B. auf Änderungen des Wasserstandes.

Für die Ermittlung der täglichen Rissbreitenänderungen finden morgens und abends in einem Zeitabstand von ca. 12 h Messungen mittels Messuhr, Setzdehnungsmesser, Wegaufnehmer oder Sensoren statt, und es werden Datum, Witterungsbedingungen und Bauteiltemperatur erfasst.

Die kurzfristige Rissbreitenänderung kann mit induktiven Wegaufnehmern als Funktion der Zeit gemessen werden. Neuere Entwicklungen auf diesem Gebiet sind digitale Computeraufnahmen.

Da an direkt bewitterten Bauwerken die langzeitigen Änderungen der Rissbreiten die täglichen Änderungen überlagern, sind die Messzeiträume so zu wählen, dass zum vorgesehenen Zeitpunkt einer vorgesehenen Rissfüllung ausreichende Informationen zu den zu erwartenden kurzzeitigen und täglichen Rissbreitenänderungen vorliegen.

Bei Rissen in Koppelfugen am Überbau von Spannbetonbrücken tritt typischerweise eine Kombination von kurzfristigen und längerfristigen Verbreitungen auf.

Tab. 5.5 zeigt eine Übersicht zu Messgrößen, Messbereichen und Messgenauigkeit der zur Messung von Bewegungen am Bauwerk üblicherweise eingesetzten Messgeräte.

▶ **Hinweis** In ZTV-ING und in DIBt TR werden für die Rissbreitenänderungen folgende Bezeichnungen verwendet: **langzeitig** = **CON** (kontinuierliche Rissbreitenänderung), **kurzeitige** = **HFR** (zyklisch hochfrequente Rissbreitenänderungen) und **täglich** = **LFR** (zyklisch niedrigfrequente Rissbreitenänderungen).

5.3.5.3 Risstiefe und Rissentstehung

Bei breiten Rissen ist in der Regel die Risstiefe bis zur Risswurzel messbar.

Dünnere Risse werden vorab mit Epoxidharz gefüllt. Nach Aushärten des Harzes werden Bohrkerne mit Durchmesser 50 mm entnommen, die diese verfüllten Risse enthalten. Beim sorgfältigen Aufspalten des Bohrkerns bleibt der Abguss des Risses erhalten, und die Risstiefe kann gemessen werden.

Als zerstörungsfreie Methode eignet sich das Ultraschallverfahren.

Der Zeitpunkt des Entstehens der Risse gibt Hinweise über die Schadensursache. Hilfreich dabei sind Informationen zum Auftreten bzw. zur ersten Wahrnehmung der Risse. Der Feuchtezustand der Risse (trocken, feucht, nass, wasserführend) liefert zusätzliche Informationen über den Zeitpunkt ihrer Entstehung.

5.3.6 Prüfungen an der Bewehrung

5.3.6.1 Prüfungen am Betonstahl

Bei Bauteiloberflächen mit optischen Veränderungen kann bei flächenhafter Korrosion und beim Abtrag der abgeplatzten Betonüberdeckung eine visuelle Beurteilung der Korrosion der Bewehrung erfolgen. Am freigelegten Bewehrungsstab wird mit der Schiebelehre der Durchmesser im korrodierten Bereich und im nichtkorrodierten Bereich gemessen und daraus der querschnittbezogene Abrostungsgrad ermittelt.

Bei Bauteiloberflächen ohne optische Veränderung kann die korrodierte Bewehrung mittels elektrochemischer Messung der Potentialdifferenz zerstörungsfrei geortet und die Korrosion bestimmt werden.

Das Prinzip der Potentialdifferenzmessung basiert auf unterschiedlichen chemischen Potentialen der korrodierenden Stelle der Bewehrung (Anode) und des intakten Bereichs der Bewehrung (Kathode). Die Korrosion von Stahl in Beton ist ein elektrochemischer Prozess, der einen elektrischen Strom liefert, welcher an der Oberfläche des Betons als elektrisches Feld messbar ist. Dazu muss ein elektrischer Anschluss zur Bewehrung hergestellt werden. Dies kann durch z. B. durch Einschlagen eines Stahlstiftes im Bereich einer Bohrung im Beton auf die Bewehrungsoberfläche oder durch Anklemmen an die Bewehrung im Bereich einer kleinen Sondieröffnung erfolgen.

Üblicherweise wird eine Kupfer- oder Kupfersulfatelektrode als Bezugselektrode verwendet. Die Bewehrung wird mit einem hochohmigen Voltmeter in Kontakt gebracht, der mit der Bezugselektrode verbunden ist. Die Bezugselektrode wird über das angefeuchtete Bauteil geführt. Dadurch können Potentialdifferenzen am Voltmeter abgelesen werden. Zur Vereinfachung der Untersuchungen werden die elektrischen Potentiale an einem auf der Betonoberfläche aufgezeichneten Raster gemessen. Mithilfe eines Tabellenkalkulationsprogramms mit grafischer Darstellungsmöglichkeit werden die Potentiale entsprechend dem Verlauf der Äquipotentiallinien dargestellt.

Je nach Einsatzgebiet gibt es für die Messung und Speicherung der Potentialwerte vor Ort speziell entwickelte Geräte (Abb. 5.17). Die Messdaten können vor Ort gespeichert, später auf einen PC übertragen und dann ausgewertet werden. Die Potentialfeldmessung

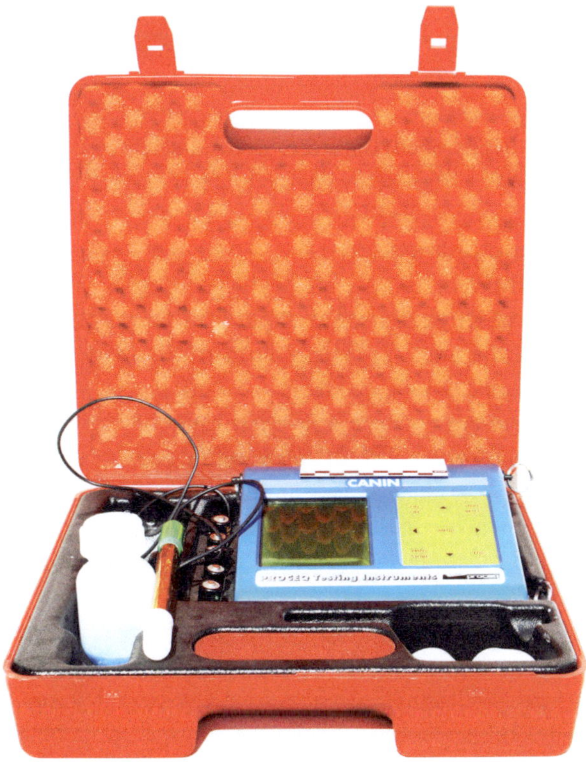

Abb. 5.17 Potentialfeldmessgerät

erfolgt nach RILEM TC 154. Es ist das „Merkblatt B3 für elektrochemische Potentialfeldmessung zur Ermittlung von Bewehrungsstahlkorrosion in Stahlbetonbauwerken“ der DGZfP zu beachten.

Nach ASTM C 876 ermöglichen die Absolutwerte der Potentialdifferenzen eine erste Einschätzung der Wahrscheinlichkeit einer existierenden Korrosion zum untersuchten Zeitpunkt: Bei Spannungen unter 200 mV ist mit einer Wahrscheinlichkeit von 90 % keine Korrosion aufgetreten, bei Werten über 350 mV ist mit einer Wahrscheinlichkeit von 90 % eine Korrosion vorhanden, und bei Werten zwischen 200 und 350 mV liefert die Methode keine Aussagen.

Die Potentialfeldmessung mit Kupfersulfathalbzellen ist ein etabliertes Verfahren zur Untersuchung von chloridinduzierter Bewehrungskorrosion. Sowohl die Durchführung als auch die Bewertung erfordern Erfahrung, denn die Messergebnisse werden beeinflusst durch: die Betonfeuchte, die Dicke der Betondeckung, die relative Luftfeuchte, die Leitfähigkeit des Betons, die verwendete Zementart, den Feuchte- und Salzgehalt, den Sauerstoffzutritt und die Diffusionspotentiale. Bei der Interpretation der Ergebnisse werden werkstoffspezifische Informationen über Chloridgehalt, Carbonatisierung und Bauteilgeometrieangaben in Betracht gezogen und sind zu dokumentieren.

Die Potentialdifferenzmessung ist besonders bei größeren Objekten eine Alternative zu den zerstörerischen Stichproben, sie liefert jedoch begrenzt aussagefähige Ergebnisse, denn sehr kleine korrodierte Bereiche werden mit dieser Methode nicht erfasst.

5.3.6.2 Prüfungen am Spannstahl

Die Lage und der Durchmesser der Spannstähle können zerstörungsfrei mit der Durchstrahlungsmethode mit Gammastrahlen, mit dem Impuls-Echo-Verfahren, mit dem Ultraschall-Echo-Verfahren und mit dem Remanenz-Magnetismus-Verfahren ermittelt werden (siehe auch Abschn. 5.3.4.).

Zum Prüfen des Spannstahls können Anker und Hüllrohre freigelegt und – wie Betonstahl – visuell untersucht werden. Die Methode liefert zwar sehr zuverlässige Aussagen über den Zustand des Spannstahls, ist aber mit massiven Eingriffen in die Substanz, mit großem Aufwand und mit hohen Kosten verbunden. Untersuchungen mit Endoskopen verursachen eine geringere Zerstörung und ermöglichen eine Beurteilung via Okular oder am Bildschirm und liefern aussagefähige Ergebnisse.

Bei Spannbetonbauwerken mit bruchgefährdeten vergüteten Spannstählen (nicht korrosionsgeschützt) kann als einziges Verfahren das Remanenz-Magnetismus-Verfahren Brüche des Spannstahls nachweisen, deren Anzahl ermitteln und ihre räumliche Verteilung aufzeigen. Diese Informationen benötigt der Tragwerkplaner zur Bestimmung der Resttragfähigkeit des Bauteils.

Die Betondeckung, die Anordnung von Stahlbetonbewehrung sowie von Ein- und Anbauten aus Stahl beeinflussen die Genauigkeit der Messungen. Zuverlässige Ergebnisse hinsichtlich eines Bruchs werden bei einem Spannglied, das nur aus einem Spanndraht besteht, bis zu einer Betondeckung von 30 cm erreicht. Bei Spanngliedern, die aus mehreren Einzeldrähten bestehen, und wenn eine dichte Stahlbewehrung vorliegt, beschränkt sich die Erkennbarkeit von Brüchen auf eine Betondeckung von 10 cm oder weniger. Die Genauigkeit der Ergebnisse dieses Verfahrens steigt mit Anzahl der gebrochenen Litzen/Drähte.

5.3.7 Prüfen der Gesamtkonstruktion

Wenn die Untersuchungen am Baustoff keine gezielten Aussagen über die globale Tragsicherheit des gesamten Bauwerks liefern, sind unter Umständen zusätzliche Untersuchungen notwendig.

5.3.7.1 Belastungsversuche

Belastungsversuche werden in Ergänzung zu statischen Berechnungen vorgenommen und dienen der Kontrolle. Bei älteren Bauwerken, bei denen statische Systeme schwer nachvollziehbar sind, oder wenn Baustoffeigenschaften nur mit unverhältnismäßig hohem Eingriff in die Bausubstanz ermittelt werden können, stellen die Belastungsversuche oft die einzige Möglichkeit dar, aussagefähige Ergebnisse zu erhalten. Sie werden auch zur Ermittlung der tatsächlichen Baustoffbeanspruchung oder auftretenden Verformungen durchgeführt oder zur Überprüfung der Wirksamkeit von Verstärkungen.

Als Belastungsgut können eingesetzt werden: Sand- oder Kiesschüttungen, aufgestautes Wasser, palettierte Sackware, Eichgewichte, beladene Fahrzeuge und hydraulische Pressen.

In Ausnahmefällen können – nach Absprache mit dem Tragwerksplaner – bei vielfach vorhandenen Konstruktionselementen einzelne Elemente von der Gesamtkonstruktion getrennt und zu Bruch gefahren werden.

5.3.7.2 Messungen der Bauwerksbewegungen und Temperaturen

Vertikale bzw. horizontale Verschiebungen, die Rückschlüsse auf Zwangsbeanspruchungen infolge unterschiedlicher Setzungen oder Auflagerverschiebungen ermöglichen, werden mit geodätischen Messgeräten wie Nivelliergeräten bzw. Theodoliten gemessen.

Hilfreich bei der Messung von Bauwerkssetzungen ist auch die aus der Vermessungskunde hervorgegangene Fotogrammmetrie. Auch moderne GPS-Systeme erlauben beispielsweise die Messung temperaturbedingter Verformungen von Bauwerken.

5.3.7.3 Schwingungsuntersuchungen

Schwingungsanalysen werden an Tragwerksbauten wie Brücken oder Dämmen durchgeführt. Das Bauteil oder Bauwerk wird zum Schwingen angeregt und die Untersuchung in gewissen Abständen wiederholt. Um das Schwingverhalten des Bauwerks bzw. Bauteils bestimmen zu können, werden Weg-, Beschleunigungs- und Kraftaufnehmer am Bauwerk angeordnet. Veränderungen der Eigenfrequenzen oder der Schwingungsformen sind Hinweise auf Schäden.

5.3.8 Besonderheiten der Prüfungen an Brücken

Grundlagen der Bauwerksprüfungen für Brücken ist DIN 1076. Die Bauwerksprüfungen bestehen aus einfachen Prüfungen, die alle drei Jahre, und Hauptprüfungen, die in jedem sechsten Jahr durchzuführen sind, sowie aus Prüfungen aus besonderem Anlass. Die Untersuchungen nach DIN 1076 sind von Fachpersonal mit der Qualifikation Bauwerksprüfingenieur durchzuführen.

Die einfache Prüfung ist eine intensive, erweiterte Sichtprüfung, die auch alle Funktionsteilen berücksichtigt und meistens ohne die Zuhilfenahme von Geräten stattfindet.

Bei der Hauptprüfung sind alle, auch schwer zugängliche Bauwerksteile (z. B. Fahrbahnübergangskonstruktionen, Brückenlager) handnah ggf. durch Unterstützung mit Geräten zu prüfen und die Tragfähigkeit zu überprüfen.

Die Untersuchungen erfolgen in drei Stufen:

Stufe 1 = Prüfungen, die mit dem erforderlichen Fachwissen mit einfachen Hilfsmitteln durchführbar und durch die Sinnesorgane wahrnehmbar sind z. B. Augenschein, Abklopfen, Geruch, Abtasten, Geschmack etc.

Stufe 2 = Prüfung mit Geräten, wenn Prüfung nach Stufe 1 nicht mehr ausreichend bzw. ein Verdacht auf Schäden vorhanden ist, z. B. Schichtdeckenmessgerät, Thermografie, Endoskopie etc.

Stufe 3 = zusätzliche Prüfungen und Laboruntersuchungen wie z. B. Magnetresonanzverfahren, Potentialfeldmessungen, Radaruntersuchungen, Durchstrahlungen etc. und durch Dritte (z. B. Vermesser, Prüfanstalten, Gutachter, etc.)

Grundsätzliche Methoden sind: Inaugenscheinnahme; Abklopfen der Oberfläche; Öffnen der Hohlstellen an oberflächennahen Bereichen;Lage und Zustand der Bewehrung; Messungen der Temperatur, der Feuchte, der Risse, der Carbonatisierung und der Betondeckung.

Optionale Methoden sind: Probeentnahme (Bruchstücke, Bohrkerne, Bohrmehl); Ermittlung der Chloridbelastung (Kontakt-, Spritzwasser- und Sprühnebelbereich von Chloriden); Lage und Zustand der tiefer gelegenen Bewehrung mittels Endoskopie; Lage und Zustand der Spannglieder mittels Endoskopie und Prüfen der Verpressung der Spannglieder mit dem Vakuumverfahren.

Bei Prüfungen aus besonderem Anlass können auch weitere Mess- und Prüfverfahren eingesetzt werden, wie z. B. Ultraschallprüfung, Durchstrahlungsmethoden, Infrarotthermographie, Durchbiegungsmessungen, Schwingungsanalysen etc.

▶ **Hinweis** Treten Schäden auf, deren Ursache unbekannt ist oder die mit den Methoden der Bauwerksprüfung nach DIN 1076 nicht ausreichend erfassbar sind, ist eine Objektbezogene Schadensanalyse (OSA) gemäß Richtlinien für die Erhaltung von Ingenieurbauten RI-ERH-ING erforderlich.

5.3.9 Besonderheiten der Prüfungen an Wasserbauwerken

Bei Wasserbauwerken treten in den Zonen mit wechselndem Wasserstand häufig Frostschäden auf. Bei Meereswasser sind in dieser Zone eine Chloridanreicherung und das Ansiedeln von Muscheln zu beobachten.

Die Untersuchungen solcher Bauwerke erfolgen durch spezialisierte Taucher, die unterwassertaugliche Spezialgeräte einsetzen. Die visuellen Untersuchungen erfolgen mittels unterwassertauglichen Foto- und Videokameras mit Übertragung auf Bildschirm und Kommentaren via Tauchermikrofon. Via Manipulatoren werden Proben entnommen.

5.3.10 Besonderheiten der Prüfungen bei Verdacht auf Alkalireaktion

Zur Untersuchung von Bauwerken und Bauteilen, deren Beton präkambrische Grauwacke oder andere alkaliempfindliche Gesteinskörnungen enthält, hat der Unterausschuss „Alkalireaktion im Beton“ des Deutschen Ausschusses für Stahlbeton seine „Empfehlungen für die Bauwerksdiagnose und Instandsetzung von Betonbauwerken, die infolge einer Alkali-Kieselsäure-Reaktion geschädigt sind“ ausgesprochen.

Bei Brücken werden die nach DIN 1076 geforderten Durchbiegungsmessungen „aus besonderem Anlass“ im verringerten Zeitabstand durchgeführt. Da es sich um sehr spezielle Untersuchungen handelt, wird für eine zutreffende Schadensanalyse und eine Beurteilung des Bauteils hinsichtlich einer schädigenden Alkalireaktion auf den Leitfaden hingewiesen.

5.3.11 Dokumentation der Untersuchungen

Die Dokumentation von Prüfstellen und Schadensbildern enthält einen Übersichtsplan und Übersichtskizzen mit Angabe der Nordrichtung. In die Pläne und Skizzen werden die Prüfstellen eingetragen. Die Risse werden mit Angabe der maximalen Rissbreite maßstabsgerecht in die Bewehrungspläne eingezeichnet. In die Dokumentation werden exemplarisch aussagefähige fotografische Aufnahmen aufgenommen.

5.4 Untersuchungen im Labor

Im Gegensatz zu den meisten qualitativen Überprüfungen am Bauwerk liefern Laboruntersuchungen quantitative Messergebnisse. Auch hier gilt: Der Umfang der zerstörenden Eingriffe soll so gering wie möglich gehalten werden.

5.4.1 Probenentnahme

Da bei den Probenentnahmen die Gefahr der Veränderungen von Materialeigenschaften besteht, sind Proben von sachkundigem Personal und unter Aufsicht zu entnehmen.

Proben müssen im repräsentativen Umfang an charakteristischen Stellen nach den Regeln der Statistik gleichmäßig bzw. zufällig verteilt über das Bauteil entnommen werden. Die Stelle der Entnahme ist in Plänen oder Skizzen zu dokumentieren.

Auf dem Behältnis oder dem Begleitzettel der Proben wird mit wasserfestem Stift der Entnahmeort, das Entnahmedatum, der Name des mit der Probeentnahme Beauftragten, das Bauwerk, das untersuchte Bauteil und im Zweifelsfall die an der Probe durchzuführende Untersuchung notiert. Für viele Untersuchungen im Labor genügt die Entnahme von Betonbruchstücken.

Zur Bestimmung mechanischer Eigenschaften von Festbeton werden Bohrkerne entsprechend DIN EN 12504 entnommen und im Labor geprüft. Der Durchmesser der Bohrkerne ist vom Größtkorn der Gesteinskörnung abhängig. Für ein Größtkorn von 16 mm soll der Bohrkern einen Mindestdurchmesser von 30 mm und für ein Größtkorn von 32 mm von mindestens 50 mm aufweisen (Abb. 5.18). In der Regel werden die Bohrkerne nass gebohrt und haben einen Durchmesser von 100 mm.

Bei Untersuchungen der Risse kann es sinnvoll sein, die Risse vor dem Bohren mit Epoxidharz zu füllen. Dadurch wird sichergestellt, dass sich die Risse während der Entnahme der Bohrkerne nicht verändern.

Für die Ermittlung des Chlorid- und Bindemittelgehaltes an Bohrkernen werden größere Bohrkerne entnommen. Es ist darauf zu achten, dass beim Bohren wenig Kühlwasser verwendet wird. Bohrkerne mit kleinem Durchmesser können auch trocken gebohrt werden. Nach jeder Entnahme sind die Geräte mit chloridfreiem, destilliertem Wasser zu spülen und mit einem Gebläse zu trocknen.

Der Chlorid- und Bindemittelgehalt kann auch an aus verschiedenen Tiefen entnommenen Bohrmehlproben ermittelt werden. Teilproben können bei Verwendung von immer

Abb. 5.18 Bohrkerne mit einem Durchmesser von 50 mm bzw. von 100 mm

kleineren Bohrern auch aus dem gleichen Loch gewonnen werden. Besonders hier ist darauf zu achten, dass nach jeder Entnahme die Geräte mit chloridfreiem, destilliertem Wasser gespült und mit Gebläse getrocknet werden.

Für die Beurteilung der Bewehrung ist die Probeentnahme in größerem Umfang unter Umständen schwierig, da dies zu einer Beeinträchtigung der Standsicherheit führen kann. Bei größeren Bauwerksuntersuchungen sind deshalb sehr gute Kenntnisse in Tragwerksplanung und Konstruktion erforderlich.

5.4.2 Prüfungen nach Augenschein

Bei den Prüfungen nach Augenschein wird an Bruchstücken oder Bohrkernen mittels Skizzen, Fotos und Messungen Folgendes dokumentiert: das Gefüge, die Porigkeit, die Art der verwendeten Gesteinskörnung, das Größtkorn der verwendeten Gesteinskörnung, der Zustand vorhandener sichtbarer Bewehrungsabschnitte, der Durchmesser sichtbarer Bewehrungsabschnitte und die Betonüberdeckung.

5.4.3 Prüfungen am Beton

Die Prüfverfahren zum Prüfen am Beton sind im Heft 422 des Deutschen Ausschusses für Stahlbeton genauer beschrieben.

5.4.3.1 Prüfungen der Betondruckfestigkeit und des E-Moduls

Als zerstörungsfreie Methode zur Prüfung der Druckfestigkeit von Beton in Bauwerken oder Bauteilen eignet sich die Prüfung mit dem Rückprallhammer (siehe Abschn. 5.3.2.3). Nach DIN EN 12504 Teil 2 kann aus den Untersuchungen eine Rückprallzahl ermittelt werden. Sie erlaubt eine Zuordnung des Betons zu Festigkeitsklassen.

Zum Nachweis der Tragfähigkeit und Gebrauchstauglichkeit wird die Betondruckfestigkeit am Bauteil nach DIN EN 12504 ermittelt. Die Betondruckfestigkeit wird an Bohrkernen bestimmt. Gestalt, Größe, Entnahme, Vorbereitung und Lagerung sowie die Durchführung der Prüfung sind in DIN EN 12504 Teil 1 geregelt. Die Bewertung der Druckfestigkeit erfolgt nach DIN EN 13791. Hilfreich bei der Beurteilung der Druckfestigkeit sind Angaben zu der verwendeten Zementart und zum Betonalter.

Die Würfeldruckfestigkeit wird in Abhängigkeit von der Probekörperschlankheit h/d ermittelt. Da mit einem abnehmenden Feuchtegehalt die Druckfestigkeit zunimmt, ist vorab der Feuchtegehalt zu ermitteln und zu protokollieren.

Der statische E-Modul kann mithilfe empirischer Formeln aus dem dynamischen E-Modul abgeschätzt werden. Der dynamische Elastizitätsmodul berechnet sich aus der Laufzeit von Ultraschall durch eine genau vermessene Betonprobe (Abb. 5.19). Die Bestimmung der

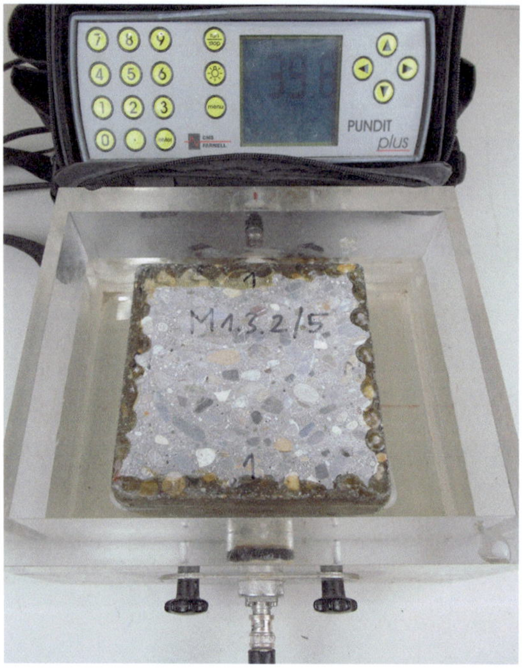

Abb. 5.19 Bestimmung des dynamischen E-Moduls mit Ultraschall

Ultraschallgeschwindigkeit erfolgt nach DIN EN 13791 Teil 4. Der dynamische Elastizitätsmodul ist von den elastischen Eigenschaften des Zementsteins und der Gesteinskörnung, von den Abmessungen des Probekörpers bzw. Bauteils, von der Porosität, vom Wassergehalt und vom Korrosionsgrad des Betons abhängig. Rechtwinklig zur Messrichtung verlaufende Bewehrungsstähle beeinflussen die Messergebnisse nicht.

5.4.3.2 Prüfung der Formänderungen

Zur Bestimmung von zeit- und feuchteabhängigen Formänderungen wie Schwinden und Quellen werden an den Bohrkernen Messungen nach DIN 52 450 mit Messuhren (Abb. 5.20) oder mit Dehnungsmessstreifen (Abb. 5.21) vorgenommen.

5.4.3.3 Prüfen des Feuchtegehalts

Eine einfache Methode zur Ermittlung des Feuchtegehalts ist das Darren oder das Trocknen im Exsikkator. Die zu untersuchenden Bruchstücke werden mit Hammer und Meißel entnommen und luftdicht verschlossen transportiert. Die Proben werden gewogen und anschließend bei 105 °C oder im Exsikkator bis zur Gewichtskonstanz getrocknet. Der Feuchtegehalt wird in Vol.-% oder M.-% bezogen auf das trockene Gewicht angegeben.

Abb. 5.20 Schwindmessungen mit Messuhr

Abb. 5.21 Schwindmessungen mit Dehnungsmessstreifen

Normalbetone bei Normklima haben einen Feuchtegehalt von ca. 3 bis 5 Vol.-% Feuchte, das entspricht 1,5–2 M.-%.

Zusätzliche Hinweise zu den Prüfmethoden enthält DAStb Heft 422.

5.4.3.4 Prüfen der Gesamtporosität und der Wasseraufnahme

Die Gesamtporosität und die Wasseraufnahme einer Probe geben Hinweise zum Wasserzementwert, zum Hydratationsgrad des Zementsteins, zur Kornporosität der Gesteinskörnung und zur Verdichtung des Betons.

Bei Bohrkernen mit Mindestdurchmesser von 8 cm und geometrisch einfach geformten Probekörpern mit einer Dicke von mindestens 2 cm kann die Porosität vereinfacht über die **eindimensionale Wasseraufnahme** bestimmt werden. Beträgt die Wasseraufnahme mehr als 2 M.-%, ist ein Schutz des Betons erforderlich.

Neben der Gesamtporosität hat auch die Verteilung der Porenradien einen Einfluss auf den Feuchtegehalt und das Wasseraufnahmevermögen. Zur genaueren Analyse des Porengefüges empfehlen sich die geräteaufwendigeren und kostenintensiveren Methoden, wie die Quecksilberdruckporosimetrie, die Dünnschliffmikroskopie und die Rasterelektronenmikroskopie.

Die **Quecksilberdruckporosimetrie** ermöglicht es, Porenradien von 0,002 bis 200 μm zu erfassen, und eignet sich zur zuverlässigen Bestimmung der Porengrößenverteilung und des Porenvolumens sowie der scheinbaren und wahren Dichte des zu untersuchenden Betons, unabhängig von der Art und der Form der Prüfkörper.

Interessiert auch die Form der Poren, werden lichtmikroskopische Bildanalysen von Dünnschliffen getrockneter Betonproben oder rasterelektronenmikroskopische Aufnahmen gemacht. Der Messbereich der **Lichtmikroskopie** reicht von 5 bis 1000 μm. Bei **Rasterelektronenmikroskopie** werden Poren von 0,1 bis 1000 μm sichtbar.

Permeabilitätsmessungen mit Sauerstoff weisen jenen Anteil an Poren aus, die durchströmbar sind und daher eine Transportmöglichkeit von Gasen oder Flüssigkeiten im Beton bieten. Dafür wird ein zylindrischer Prüfkörper (z. B. die Scheibe eines Bohrkerns) in einer Prüfeinrichtung einem Druckgefälle ausgesetzt. Aus dem gemessenen Volumen des Durchflusses je Zeiteinheit und der Prüfkörperabmessung lässt sich die Permeabilität K errechnen, die als Maß für die offene Porigkeit von Beton gilt.

5.4.3.5 Messen des Mikroluftporengehaltes

Der Mikroluftporengehalt A_{300} stellt den Gehalt an kugeligen Luftporen mit einem Durchmesser von maximal 300 μm und einem Abstandsfaktor von 200 μm dar. Der Luftporenkennwert wird durch Auszählen ermittelt.

5.4.3.6 Prüfen des Frost-Tausalz-Widerstandes

Zur Prüfung des Frost-Tausalz-Widerstandes von Beton sind verschiedenartige Prüfverfahren entwickelt worden. Die Prüfkörper werden einer vorgegebenen Anzahl von Frost-Tau oder Frost-Tausalz-Zyklen ausgesetzt, und anschließend wird die Masse der abgewitterten Betonbestandteile der Probe ermittelt.

Die Prüfverfahren basieren auf der Abwitterung der Oberflächen und unterscheiden sich in der Anzahl der Zyklen, der Temperatur und der Art der Salzbeanspruchung. In Deutschland kann dafür DIN V CEN/TS12390-9 (CF/CDF) angewendet werden. Der Grad der Schädigung durch den Frost- bzw. Frost-Tausalz-Angriff wird entweder durch den prozentualen Masseverlust des Probekörpers oder durch die abgewitterte Masse, bezogen auf die zu prüfende Oberfläche, angegeben.

▶ **Hinweis** Für Wasserbauten gelten die im Merkblatt „Frostprüfung von Beton" der Bundesanstalt für Wasserbau angegeben Grenzwerte für Abwitterungen nach dem CF-CDF-Verfahren und die Grenzwerte für die innere Gefügeschädigung (CIF-Verfahren).

5.4.3.7 Carbonatisierungstiefe des Betons

Die Carbonatisierungstiefe des Betons wird in der Regel mit dem Sprühtest mittels einer Indikatorflüssigkeit (Phenolphtalein oder Thymolphtalein) (siehe auch Abschn. 5.3.1) ermittelt.

Ergänzend zum Sprühtest und zur genaueren Bestimmung der Alkalität des Betons kann der pH-Wert auch mittels einer elektrometrischen Methode ermittelt werden. Dabei wird die zu untersuchende Baustoffprobe bei 105 °C bis zur Massenkonstanz getrocknet und anschließend auf eine Korngröße von kleiner als 2 mm zerkleinert. Das zerkleinerte Material wird in speziellen Flaschen mit frischem destilliertem Wasser aufgeschlämmt. Das Aufschlämmen wird nach 18 bis 20 h wiederholt. Nach vollständigem Absetzen des Betonschlamms wird mit einer Einstabglaselektrode, die mit einem pH-Messgerät kombiniert ist, eine Messung durchgeführt. Der pH-Wert wird auf eine Dezimalstelle hinter dem Komma angegeben.

5.4.3.8 Chlorid- und Bindemittelgehalt

Die Ermittlung des Chlorid- und Bindemittelgehaltes erfolgt an Bohrmehl, das in verschiedenen Tiefen entnommen wurde, oder an Bohrkernen. Die Abb. 5.22 zeigt das Gerät zur Entnahme von Bohrmehl.

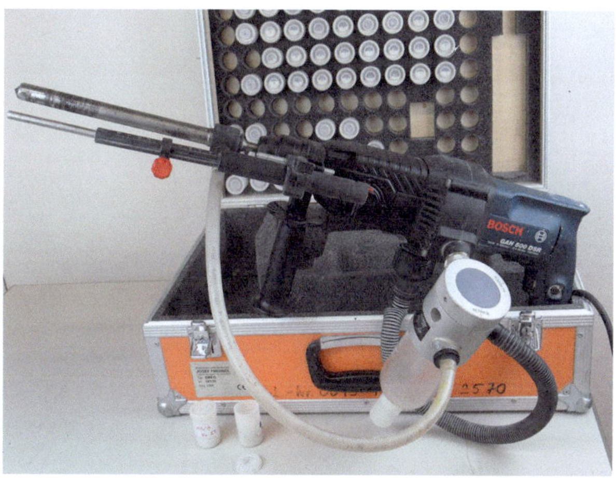

Abb. 5.22 Gerät zur Entnahme von Bohrmehl

Der Chloridgehalt im Beton wird am Bohrmehl mit dem „Küvettentest LCK 311“ der Hach Lange GmbH Berlin fotometrisch ermittelt. Dazu wird das Bohrmehl mit Kaltaufschlusslösung versetzt und die Lösung gefiltert. Die Braunverfärbung der chloridhaltigen Lösung ist in Abb. 5.23 gezeigt.

Die nachträgliche Bestimmung des Zementgehalts erfolgt nach DIN 52170. Dafür wird die Betonprobe in verdünnter Salzsäure gelöst und der unlösliche Rückstand ermittelt.

Der Chloridgehalt bezogen auf den Zementgehalt wird mit der Formel

$$Cl_z^- = \frac{\rho_{b,od}}{Z} * Cl_b^-$$

ermittelt. Darin ist $\rho_{b.od}$ die Trockenrohdichte des Betons, Z der Zementgehalt und C_{lb}^- der Chloridgehalt bezogen auf die Betonmasse.

Das Verfahren kann nicht für Beton mit kalksteinhaltiger Gesteinskörnung angewandt werden.

Zur Bestimmung des Gesamtchloridgehaltes sowie der Zementart von Betonproben eignet sich auch die laserinduzierte Breakdownspektroskopie (LIBS). Die Untersuchungen werden an Oberflächen von Baustoffproben durchgeführt. Durch wiederholte punktuelle Messungen an der gleichen Stelle kann im Bereich von wenigen Millimetern ein Tiefenprofil des Chloridgehaltes erstellt werden. Da baupraktisch Tiefen im Bereich von mehreren Zentimetern interessieren, eignet sich das Verfahren nicht für die Anwendung bei Bauwerksuntersuchungen.

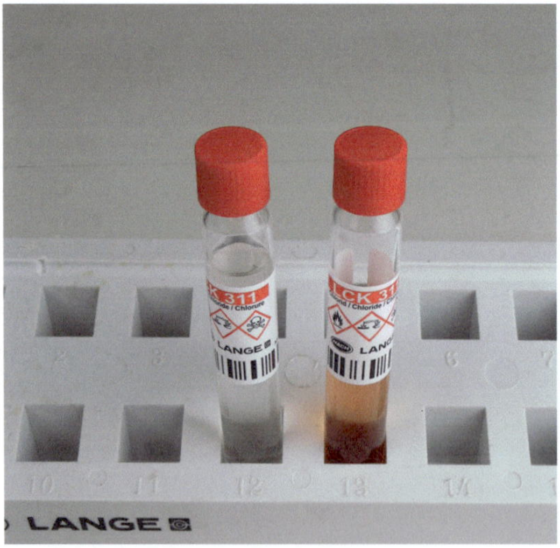

Abb. 5.23 Fotometrische Ermittlung des Chloridgehaltes

5.4.3.9 Chemische Zusammensetzung

a) Röntgenfluoreszenz und Röntgenbeugung

Beide Verfahren ermöglichen eine qualitative und quantitative Erfassung der chemischen Elemente einer Probe und bieten die Möglichkeit, schnell quantitativ Haupt-, Neben- und Spurenelemente zu bestimmen.

b) Thermogravimetrie

Die Thermogravimetrie ist ein analytisches Verfahren zur Bestimmung physikalisch-chemischer Eigenschaften von Substanzen. Bei diesem Verfahren wird eine Probe erwärmt und kontinuierlich die Gewichtsänderungen in Abhängigkeit von der Temperatur gemessen. Die Gewichtsänderungen geben Rückschlüsse auf die flüchtigen Komponenten der Probe, die chemischen Bestandteilen zugeordnet werden können.

Anhand der Thermogravimetrie kann z. B. der Hydratationsgrad des erhärteten Betons ermittelt werden.

5.4.3.10 Nachweis von Schadstoffen

Schadstoffe können einen lösenden Angriff oder einen treibenden Angriff bewirken. Zum qualitativen Nachweis von Ionen, Elementen oder Atomgruppen steht eine Vielzahl von unterschiedlichen Indikatorenmessungen, Flammenfärbungen, chemisch-analytischen Verfahren und Mikroskopuntersuchungen zur Verfügung.

Zu den quantitativen Verfahren gehören Röntgenbeugung, thermogravimetrische Untersuchungen, Differenzialthermoanalyse (DTA), Atomabsorptionsspektrometrie, VIS- und UV-Spektroskopie u. v. m. Die Durchführung der quantitativen Verfahren ist aufwendig und erfordert Spezialgeräte und spezialisiertes Personal.

a) Nachweis baustoff- und umweltschädigender organischer Verbindungen

Zum Nachweis von organischen Verbindungen, die Baustoffe und/oder die Umwelt schädigen, werden Chromatogramme erstellt. Mithilfe eines inerten Trägergases werden die einzelnen Verbindungen getrennt und mit einem Massenspektrometer die organischen Verbindungen identifiziert.

b) Identifizierung einer unbekannten organischen Verbindung

Bei der Infrarotspektroskopie wird eine trockene Probe mit Infrarotstrahlen durchstrahlt. Die absorbierten Wellenlängen werden bestimmten Molekülgruppen zugeordnet, und diese ermöglichen die Identifizierung von organischen Verbindungen.

c) Nachweis schädigender metallischer und halbmetallischer Elemente

Für die Untersuchung von Betonbauten hinsichtlich schädigender metallischer und halbmetallischer Elemente werden Bauwerksproben mittels Atomabsorptionsspektroskopie chemisch analysiert. Dafür wird die Betonprobe in eine Gasphase überführt und mit einer Spektrallampe für das zu untersuchende chemische Element bestrahlt. Aus der Lichtschwächung lässt sich die Elementkonzentration berechnen. Mit der Atomabsorptionsspektroskopie kann z. B. die Bindemittelzusammensetzung eines Betons untersucht werden.

d) Nachweis des Gehaltes an Salzen
Bei der Ionenchromatografie wird der wässrige Auszug aus einer Betonprobe untersucht. In Abhängigkeit von der Wanderungsgeschwindigkeit von Ionen durch eine Trennsäule ergibt sich ein charakteristisches Chromatogramm, das den Nachweis über Schadstoffe (SO_4^-, Cl^-, NO_3^-, NO_2^-) im Beton erbringt.

5.4.3.11 Mikroskopische Untersuchungen des Gefüges

Sind mikroskopische Untersuchungen durchzuführen, eignen sich für die Untersuchung des Gefüges die Stereomikroskopie, die Durchlichtmikroskopie, die Auflichtmikroskopie, die Rasterelektronenmikroskopie oder petrografische Analysen. Da die Untersuchungen von spezialisierten Instituten an eigens dafür vorbereiteten Dünnschliffen durchgeführt werden, wird auf diese Untersuchungen nicht näher eingegangen.

5.4.4 Untersuchungen an der Bewehrung

Bei flächenhaftem Abtrag infolge Korrosion erfolgt das Sandstrahlen der Probe und das Vermessen des Querschnitts mit der Schiebelehre. Daraus wird der Abrostungsgrad ermittelt und ein Vergleich der Kennwerte mit DIN 488 vorgenommen.

Bei Untersuchungen nach Brandereignissen ist zu beachten, dass die Werte der Streckgrenze infolge von Extremtemperatur sich verändern. Bei etwa 500 °C erreicht der Stahl seine Fließgrenze, dabei sind hochwertige Stähle ganz allgemein empfindlicher gegen Brandtemperaturen. Bleiben die Temperaturen bei vergüteten Stählen unter 400 ° und bei Spannstählen unter 350 °C, treten keine nachträglichen Veränderungen ein.

Bei lokaler Korrosionserscheinung, z. B. Lochfraßkorrosion, sind kritische Werte zu beachten. Für Spannstähle sind die oberen zulässigen Narbentiefen 20–40 μm, bei warmgewalzten und vergüteten Spannstählen beträgt der kritische Wert der Narbentiefe 1,0 mm, bei gezogenem Draht 0,5 mm.

5.5 Prüfen durch den Sachkundigen Planer

Die Untersuchungen am Bauwerk werden vertraglich zwischen dem Bauherrn und dem Sachkundigen Planer geregelt und müssen vom ausführenden Unternehmen unabhängig sein. Diese in der VOB verankerte Trennung wird durch die Möglichkeit des Planens und Bauens „aus einer Hand“ aufgehoben. Bei der Betoninstandhaltung besteht auch die Möglichkeit, dass die Schadensdiagnose, Schadensdokumentation und das Instandhaltungskonzept vom Unternehmen geliefert wird, das auch die Instandhaltungsmaßnahmen durchführt. In diesem Fall ergeben sich rechtliche Konsequenzen, über die sich alle Beteiligten vorab ausführlich informieren sollten.

Die für die Beurteilung des Istzustandes erforderlichen Prüfungen und die Anzahl der Untersuchungen werden in einem Angebot aufgeführt. Sie werden in einzelnen Positionen mit Angabe des jeweiligen Einheitspreises angegeben, sind aber nur als eine grobe Schätzung zu betrachten.

Stellt der Sachkundige Planer – während der Durchführung der Prüfungen – fest, dass die Art, der Umfang oder neue Kenntnisse der Schäden zusätzliche Untersuchungen am Bauwerk oder im Labor erfordern, können diese Positionen erweitert werden oder die Anzahl der Untersuchungen abweichen. Der Sachkundige Planer informiert den Auftraggeber und beauftragt nach Absprache mit allen Beteiligten die notwendigen weiteren Untersuchungen.

Die Bestandsaufnahme wird zwischen Gutachter und Bauherr durch einen gesonderten Werkvertrag geregelt, in dem die anzuwendenden Methoden und die Geräte für die notwendigen Untersuchungen aufgeführt werden.

Nach Aufwand und Geräte können die Prüfverfahren unterteilt werden in Prüfverfahren mit geringem technischem Aufwand (Tab. 5.6), Prüfverfahren mit erhöhten Anforderungen (Tab. 5.7) und Prüfverfahren mit hohem technischem Aufwand und Geräteeinsatz (Tab. 5.8).

Tab. 5.6 Prüfverfahren mit geringem technischem Aufwand

Untersuchungsziel	Prüfung
Verfärbungen, Risse, Besonderheiten	Augenschein
Oberflächenrauigkeit	Sandflächenverfahren
Betonfeuchtigkeitszustand an der Oberfläche	Trocknen mit Warmluft
Wasseraufnahme bzw. Dichtigkeit der Betonoberfläche	Wasserspritzflasche
	Prüfröhrchen nach Karsten
	ISA-Test
Rissbreiten	Rissbreitenvergleichsmaßstab
	Risslupe
Rissbreitenänderung (qualitativ)	Gipsmarke
Rissbreitenänderung (quantitativ), Rissmonitoring	Eurogard
	Scratch-a-Track
Lage der Bewehrung	Magnet

Tab. 5.7 Prüfverfahren mit erhöhten Anforderungen

Untersuchungsziel	Prüfung
Betonfeuchtegehalt	Wägung, Trocknung
	CM-Gerät
Gasdurchlässigkeit, Dichtigkeit	Permeabilitätsmessgerät
Härte bzw. Druckfestigkeit des oberflächennahen Betons	Rückprallhammer (Schmidt)
Oberflächenzugfestigkeit, Haftzugfestigkeit	Haftzugprüfung
Druckfestigkeit, E-Modul, Betongefüge, Chloridprofil, Alkalikieselgel, Rissart und Risszustand	Kernbohrgerät
Carbonatisierungstiefe	Farbumschlagprüfung mit Indikatorlösung Phenolphtalein/Tymolphtalein
Chloridgehalt (qualitativ)	Farbumschlagprüfung mit Silbernitrat- und Kaliumchromatlösung
Chloridgehalt (quantitativ)	Lasa-Gerät
Betondeckung, Bewehrungsortung und -verlauf	Überdeckungsmessgeräte
Korrosion der Bewehrung	Potentialmessung mit Kupfer-/Kupfersulfatelektrode
Rissbreitenänderung	Messuhr
	Induktiver Wegaufnehmer
Haftung und Güte von Beschichtungen	Gitterschnittverfahren

Die für die Bestandaufnahme erforderlichen Prüfungen im Labor und die Entnahme der dafür notwendigen Proben werden in gesonderten Positionen aufgeführt.

Das Angebot enthält in gesonderten Positionen den zeitlich geschätzten Aufwand des Sachkundigen Planers für:

- Ermittlungen zur Herstellung des Bauwerks/Bauteils,
- Einsicht in Bauwerksunterlagen bei Behörden,
- Ermittlungen zum Herstellungsdatum,
- Bestimmung Art und Zeck des Bauwerks/Bauteils,
- Ermittlungen der Nutzung evtl. Nutzungsänderung,
- Recherchieren von Kenndaten der verwendeten Baustoffe,
- Recherchieren von Regelwerken, nach denen das Bauwerk erstellt wurde,
- zeichnerische Darstellungen,
- Schadenskartierung.

Tab. 5.8 Prüfverfahren mit hohem technischem Aufwand und Geräteeinsatz

Untersuchungsziel	Prüfung
Einsicht in Hohlräume, Dokumentation von Schäden, Rissen und Korrosion im Inneren von Bauteilen	Endoskop (flexibel), Boreskop (starr)
Spannstahlortung, Dickenmessung von Bauteilen, Ortung von Inhomogenitäten	Radar
Ortung von Hohlstellen und Rissen	Ultraschall
	Impact-Echo
Ortung von Inhomogenitäten	Infrarotthermografie
Betondeckungsmessung, Lokalisierung der Bewehrung	Induktionsthermografie
Ortung von Hohlstellen, Rissen und Einbauteilen, Beurteilung des Verpresszustandes von Hüllrohren	Röntgen-, Gammastrahlgerät
Ortung von Brüchen in Spannstahldrähten im Inneren von Hüllrohren	Remanenzmagnetismus
Bauteil- bzw. Bauwerkverschiebung	Geodätische Messverfahren, Baulaser
Schwingungsverhalten eines Bauteils oder Bauwerks	Weg- und Beschleunigungsaufnehmer
Dehnungen von jungem und erhärtetem Beton, Rissbewegungen	Glasfasersensoren

Eine gesonderte Position enthält die Aufwendungen für das Hinzuziehen von Sonderfachleuten, wie z. B.: Tragwerksplaner, Bauchemiker, Bauphysiker, Vermesser, Untersuchungen des Baugrundes (Gründung, Grundwasseranalysen), Experten für zerstörungsfreie Prüfungen etc.

5.6 Dokumentation der Untersuchungen und Prüfergebnisse

Der Untersucher am Bauwerk oder im Labor ist in der Regel nicht der Beurteiler des Istzustandes. Deshalb sind klar formulierte, objektive und vollständige schriftliche Berichte sowohl über die Bauwerksuntersuchungen als auch über die Materialprüfungen im Labor erforderlich.

Der jeweilige Bericht muss alle zur Beurteilung notwendigen Pläne und Skizzen enthalten. Konsequent angewandte Symbolik und Abkürzungen sowie qualitativ gute und aussagefähige Fotos erleichtern das Verständnis. Einzelwerte und Mittelwerte von Prüfungen sind in Tabellen und Diagrammen vollständig anzugeben.

Die durchgeführten Untersuchungen und Prüfungen sowie die festgestellten Schäden werden in einem Schadensplan oder Schadenskataster dargestellt. Auch hier sind Symbolik und Abkürzungen konsequent anzuwenden. Bei einer großen Anzahl von Untersuchungen kann es sinnvoll sein, diese in einen eigenen Plan – getrennt vom Schadenskataster – aufzunehmen.

Literatur

ASTM C 876 Standard Test Method for Half-Cell Potentials of Uncoated Reinforcing Steel in Concrete, 1991

Bauphysik-Kalender Teil C, Ernst & Sohn Verlag, Berlin 2004, S. 305–420

Betonkalender Teil 2, Ausgabe 1999, Ernst & Sohn Verlag, Berlin

BAWMerkblatt: Frostprüfung von Beton, Bundesanstalt für Wasserbau, Ausgabe 2012

DAfStb – Heft 565 Zerstörungsfreie Prüfverfahren und Bauwerksdiagnose im Bauwesen, Berlin, 2006

DAfStb Empfehlungen für die Bauwerksdiagnose und Instandsetzung von Betonbauwerken, die infolge einer Alkali-Kieselsäure-Reaktion geschädigt sind

DAfStb – Heft 401 Anleitung zur Bestimmung des Chloridgehaltes von Beton, Berlin, 1989

DAfStb – Heft 422 Prüfungen von Beton. Empfehlungen und Hinweise als Ergänzung zu DIN 1048, Berlin 1991

DafStb – Heft 539 Alkalireaktion im Bauwerksbeton, Berlin, 2003

DAfStb Richtlinie Belastungsversuche an Betonbauwerken, Berlin 2000

DBV-Merkblatt, Betondeckung und Bewehrung, Deutscher Beton-Verein e. V., Wiesbaden, 07/2002

DGZfP-Merkblatt Merkblatt B1 für Durchstrahlungsprüfung von Stahl- und Spannbeton

DGZfP-Merkblatt Merkblatt B2 für Bewehrungsnachweis und Überdeckungsmessung bei Stahl- und Spannbeton

DGZfP-Merkblatt Merkblatt B3 für elektrochemische Potentialfeldmessung zur Ermittlung von Bewehrungsstahlkorrosion in Stahlbetonbauwerken

DGZfP-Merkblatt Merkblatt B4 für das Ultraschall-Impulsverfahren zur zerstörungsfreien Prüfung mineralischer Baustoffe und Bauteile, 1999

DIBt Technische Regel Instandhaltung von Betonbauwerken, Mai 2020

DIN 1076 Ingenieurbauwerke im Zuge von Straßen und Wegen, Überwachung und Prüfung, Ausgabe 11/1999

DIN 52170 Nachträgliche Bestimmung des Zementgehalts, Ausgabe 02/1980

DIN 52450 Prüfung anorganischer nichtmetallischer Baustoffe, Bestimmung des Schwindens und Quellens an kleinen Probekörpern, Ausgabe 08/1985

DIN EN 12390 Prüfung von Festbeton – Teil 3: Druckfestigkeit von Probekörpern, Deutsche Fassung 2017

DIN EN 12504 Prüfung von Beton in Bauwerken – Teil 1: Bohrkernproben – Herstellung, Untersuchung und Prüfung der Druckfestigkeit, Fassung 07/2008

DIN EN 12504 Prüfung von Beton in Bauwerken – Teil 2: Zerstörungsfreie Prüfung, Bestimmung der Rückprallzahl, Fassung 2012

DIN EN 12504 Prüfung von Beton in Bauwerken – Teil 4: Bestimmung der Ultraschallgeschwindigkeit, Fassung 12/2005

DIN EN 13791 Bewertung der Druckfestigkeit von Beton in Bauwerken oder in Bauwerkstellen, Fassung 02/2020

DIN EN 14630 Produkte und Systeme für den Schutz und die Instandsetzung von Betontragwerken – Prüfverfahren – Bestimmung der Carbonatisierungstiefe im Festbeton mit der Phenolphtalein-Prüfung, Fassung 01/2007

DIN EN 1542 Produkte und Systeme für den Schutz und die Instandsetzung von Betontragwerken – Prüfverfahren – Messung der Haftfestigkeit im Abreißversuch, Deutsche Fassung 1999

DIN EN 1766 Produkte und Systeme für den Schutz und die Instandsetzung von Betontragwerken – Prüfverfahren – Referenzbetone für Prüfungen, Deutsche Fassung 2017

DIN V CEN/TS 12390 Prüfung von Festbeton – Teil 9: Frost- und Frost-Tausalz-Widerstand, Ausgabe 08/2006

Karsten, R.: Bauchemie, 10. Auflage, Verlag C.F. Müller, Karlsruhe, 1997

RILEM TC 154-EMC Half-Cell Potential Measurements – Potential Mapping on Reinforced Concrete Structures, Material and Structures (RILEM) Heft 36, 2003

ZTV-ING Zusätzliche Technische Vertragsbedingungen und Richtlinien für Ingenieurbauten Teil 3 Massivbau, Kapitel 4 Schutz und Instandsetzung von Betonbauteilen, BAST, 2017

Nachweis der Abbildungen:

[1] Besemer, A., Fuchs, M.: Schadensuntersuchungen und Schadensanalyse am Beispiel eines Parkhauses. Diplomarbeit an HFT-Stuttgart, Sommersemester 2005

[2] Mit freundlicher Genehmigung von Herrn Dipl.-Ing. U. Hammer, Ed. Züblin AG

6 Planen der Instandhaltungsmaßnahmen

Bei der Planung von Instandhaltungsmaßnahmen ist darauf zu achten, dass während der Nutzungsdauer zu keinem Zeitpunkt der Istzustand den Mindestsollzustand (Abnutzungsgrenze) unterschreitet. Der mit der Planung von Instandhaltungsarbeiten beauftragte Sachkundige Planer übernimmt in diesem Zusammenhang folgende Aufgaben:

- Beurteilung des Istzustandes des Bauteils bzw. Bauwerks,
- Festlegung der Ursachen für Schäden und Mängel,
- Festlegung des Mindestsollzustandes,
- Planung der Instandhaltung/Instandsetzung.

Zu der erfolgreichen Planung einer Instandhaltungsmaßnahme gehören klare Vorstellungen über den vorhandenen Istzustand und den anzustrebenden Mindestsollzustand bzw. Sollzustand. Dafür muss die Zugänglichkeit und Einsehbarkeit des Bauteils oder Bauwerksbereichs gegeben sein oder hergestellt werden.

Die Ermittlung, Darstellung und Beurteilung des Istzustandes beinhaltet:

- die Überprüfung der Übereinstimmung mit Bestandsplänen,
- die Auswertung der Vorgeschichte des Bauwerks,
- die Festlegung des Grades und des Ausmaßes der Schädigung,
- die Festlegung der dauerhaftigkeitsrelevanten Einwirkungen,
- die Festlegung der statischen Beanspruchung.

Für die Auswertung der Vorgeschichte werden alle verfügbaren Informationen zu den folgenden Aspekten hinzugezogen:

S. Weber, *Betoninstandsetzung*,
https://doi.org/10.1007/978-3-658-33947-0_6

- Zeitpunkt der Erstellung,
- Nutzung, Umnutzungen, bauliche Veränderungen,
- Erfassung der bisherigen relevanten Einwirkungen,
- Sichten und Auswerten von Plänen, Dokumenten, Berichten über den Zustand des Bauwerks/Bauteils,
- schadensrelevante bzw. außergewöhnliche Ereignisse (Brand, Anprall etc.),
- vorangegangene Instandsetzungsmaßnahmen,
- verwendete Baustoffe und Bauverfahren.

Aus der Schadensdiagnose, beruhend auf der Festlegung der Ursachen für Schäden und Mängel, kann unter Umstände eine Prognose der weiteren Entwicklung des Istzustandes erstellt werden, und es ergeben sich unter Umständen die Anforderungen für eine Instandhaltungsmaßnahme. Gegebenenfalls sind weitergehende Untersuchungen erforderlich.

In Abstimmung mit dem Auftraggeber werden die Anforderungen an die Standsicherheit, die Gebrauchstauglichkeit, die Verkehrssicherheit und an den Brandschutz festgelegt, die während der Restnutzungsdauer gewährleistet werden müssen. Aus dem Vergleich von Ist- und Mindestsollzustand kann eine Prognose der Restnutzungsdauer abgeleitet werden.

Der Sachkundige Planer erstellt ein Instandhaltungskonzept, das den Istzustand, den vereinbarten Mindestsollzustand und die Aspekte Wartung/Inspektion und Instandsetzung (inklusive Verbesserung) berücksichtigt, und erstellt ein Instandhaltungskonzept. Der Sachkundige Planer erarbeitet geeignete Maßnahmen und ausführbare Lösungen (ggf. mehrere Varianten), die den technischen, finanziellen und ästhetischen Anforderungen des Auftraggebers genügen, und stellt dem Bauherrn die Vor- und Nachteile für die möglichen Varianten der zu planenden Instandhaltung im Hinblick auf eine technisch und wirtschaftlich begründete Lösung gegenüber. Die Entscheidung über die auszuführende Maßnahme trifft der Bauherr.

Der Sachkundige Planer berät den Bauherrn bei der Wertung unterschiedlicher Instandhaltungsvarianten im Hinblick auf die Optimierung der Gebrauchsdauer, die Erhöhung der Gebrauchsfähigkeit, die Erhöhung der Restnutzungsdauer, die Berücksichtigung späterer Instandsetzungsmöglichkeiten und die Folgen einer späteren Durchführung der Maßnahme bzw. von Rückbaumaßnahmen. Es erfolgt auch eine Beratung hinsichtlich der Wirtschaftlichkeit der Maßnahmen und der eventuell anfallenden Begleitkosten sowie zur Qualitätssicherung bei der Ausführung, Fragen zu Materialien, Bauphysik, Entsorgung, Belangen des Arbeitsschutzes, zur Ökologie und zum Denkmalschutz.

Der Instandhaltungsplan enthält auch Angaben zum Umfang und zur Häufigkeit von Wartungen und Inspektionen und zu planmäßigen Instandsetzungen.

Das Prüfen von Betonbauwerken kann z. B. in Anlehnung an das Merkblatt der Wissenschaftlichen Technischen Arbeitsgemeinschaft für Bauwerkserhaltung und Denkmalpflege erfolgen, welches auch einen Mustervertrag für die Wartung enthält. Der

Abschluss eines Wartungsvertrages kann als Ergänzung zum Vertrag für die Instandsetzung oder als getrennter Auftrag erfolgen und ist eine gesondert zu vergütende Aufgabenstellung. In diesem Vertrag verpflichtet sich der Sachkundige Planer, im Rahmen der Inspektion in bestimmten vereinbarten zeitlichen Abständen das Objekt zu begehen und die Inspektion zu protokollieren, ggf. aufgetretene Schäden fotografisch zu dokumentieren und einen Vorschlag für die Durchführung einer ggf. erforderlichen Instandsetzung vorzulegen.

Die Ergebnisse der Wartungstermine werden protokolliert und in einem Schriftstück gesammelt. Nach Beendigung der Vertragszeit werden die gesamten Unterlagen zusammengefasst und dem Auftraggeber übergeben.

Die Feststellungen und Festlegungen des Instandhaltungsplans sollten in ein Bauwerksbuch eingepflegt werden.

Ist eine Instandsetzung erforderlich, erstellt der Sachkundige Planer ein Instandsetzungskonzept und einen Instandsetzungsplan.

Das **Instandsetzungskonzept** hat das Ziel, die Funktion des Bauwerkes wiederherzustellen und die geplante technische Nutzungsdauer zu sichern. Im Instandsetzungskonzept werden die Vor- und Nachteile von möglichen Varianten der Anwendung von Instandsetzungsprinzipien und -verfahren im Hinblick auf eine technisch und wirtschaftlich begründete Lösung gegenübergestellt.

Das Instandsetzungskonzept enthält folgende Angaben:

- Vorbehandlung des Untergrunds,
- Instandsetzungsprinzipien für die einzelnen Bauteile,
- Spezifikationen der zu verwendenden Materialien,
- Abschätzung der Massen der zu erwartenden Schadstellen,
- Abschätzung der Instandsetzungs- und Anstrichflächen,
- Maßnahmen zur Qualitätssicherung,
- Kostenschätzung/-berechnung.

Bei Instandsetzungsmaßnahmen können Massen nicht mit der gleichen Genauigkeit wie im Neubau ermittelt werden, denn oft kann der Schadensgrad nur geschätzt werden. Eine genauere Planung wird nur durch das Öffnen einer gestrahlten Oberfläche ermöglicht.

Der **Instandsetzungsplan** berücksichtigt zusätzlich zu den im Instandsetzungskonzept aufgeführten technischen Maßnahmen auch die Durchführbarkeit und nichttechnische Randbedingungen wie z. B. Ökologie, Denkmalpflege, Aufwand bei Umweltschutzmaßnahmen.

Zu einem Instandsetzungsplan gehören insbesondere:

- Angaben zum Istzustand,
- Sicherstellung der Standsicherheit während der Ausführung,
- umzusetzende Instandsetzungsprinzipien und -verfahren,

- vorzusehende Bauverfahren,
- einzusetzende Stoffe,
- Brandschutz,
- besondere Anforderungen an die Ausführung,
- Zeitplanung für die Ausführung,
- Qualitätssicherung (Eigen- und Fremdüberwachung), Dokumentation,
- Anforderungen an Unternehmen und Personal,
- Arbeits-, Gesundheits- und Umweltschutz, Hinweise zur Entsorgung.

Der Instandsetzungsplan enthält auch die technischen Anforderungen für die Auswahl der Baustoffe und den Umfang der Eigenüberwachung. Dies sind: einzusetzende Systeme, Beschreibung der Applikationsverfahren unter Berücksichtigung der örtlichen Gegebenheiten und der Witterungsbedingungen, die Sicherstellung der Standsicherheit während der Ausführung sowie besondere Anforderungen an die Qualitätssicherung, an die Baustelleneinrichtung oder an Gerüste. Enthalten sind auch erforderliche Schutzmaßnahmen, besondere Vorgaben zum Umgang mit Gefahrstoffen und die Materialentsorgung.

Das Ziel der Maßnahmen bei Instandsetzungsarbeiten kann sein:

- die Wiederherstellung der Standsicherheit,
- die Erhöhung der Tragfähigkeit,
- die Erhaltung oder Wiederherstellung des Korrosionsschutzes,
- die Wiederherstellung bzw. Ergänzung des Betonquerschnitts,
- die Wiederherstellung oder die Erhöhung des Widerstands der Betonoberfläche gegen Frostbeanspruchung, Frost-Tausalz-Beanspruchung, definierte Witterungseinflüsse, das Eindringen von beton- oder stahlangreifenden Stoffen und mechanische Angriffe,
- Wiederherstellung oder Erhöhung des Reibungswiderstandes der Betonoberfläche,
- Wiederherstellung oder Erhöhung des Widerstandes der Bauteile gegen Feuer,
- die Steigerung der Wärmedämmung,
- das Verschließen von Rissen mit statischer oder abdichtender Funktion.

Die Wahl der geeigneten Maßnahme beruht auf der Anwendung der in Abschn. 6.3 dargestellten Prinzipien und Verfahren zum Erreichen der Instandsetzungsziele.

Für das Erreichen des Planungsziels gibt es nach Absprache mit dem Bauherrn verschiedene weitere Möglichkeiten, wie zum Beispiel: ständige Beobachtung (Monitoring), Einschränken der Belastung, Anbringen von Schutz, Instandsetzen, Verstärken, Austausch von schadhaften Teilen oder Elementen bis hin zur Grunderneuerung oder zum Rückbau.

Die in der Regel wirtschaftlichste Lösung ist es, erste Schutzmaßnahmen wenn möglich schon vor dem Einsatz nennenswerter Korrosion der Bewehrung zu ergreifen. Außerdem ist zu beachten, dass die neu aufgebrachten Stoffe verformungsfähiger sind als der Beton des Bauteils und sich meistens nur in den oberflächennahen Bereichen vorteilhaft auswirken.

▶ **Hinweis** Der Sachkundige Planer ist für die Einschaltung von Sonderfachleuten verantwortlich, sofern er für Teilbereiche fachlich nicht kompetent ist, und sollte bereits im Zuge der Bestandsaufnahme Experten mit heranziehen.

Neben der Planung der eigentlichen Betoninstandsetzung sind erfahrungsgemäß weitere Gewerke für die Reparatur oder Erneuerung erforderlich, die nicht unmittelbar mit der Betoninstandsetzung zusammenhängen, jedoch im Zuge einer Grunderneuerung mit einbezogen werden müssen. Im Einzelnen sind solche Bereiche: Mauerwerk, Brüstungen, Abdeckungen, Geländer, Abläufe, Rinnen, Gefälle, Estrich, Abdichtungen, Übergangskonstruktionen, Einbauteile, Stahlkonstruktionen, Beläge und Verkehrseinrichtungen.

6.1 Grundsätze der Planung von Instandsetzungsmaßnahmen

Bei der Beurteilung des Istzustandes berücksichtigt der Sachkundige Planer die Ergebnisse der Bauwerksuntersuchungen (Betondeckung, Carbonatisierung, Oberflächenzugfestigkeit und Druckfestigkeit des Betons) und die Einwirkungen aus der Umgebung und aus dem Untergrund.

Berücksichtigt bei der Beurteilung des Istzustandes werden Umgebungs- und Nutzungsbedingungen wie mechanische, physikalische, chemische und betriebsbedingte Einwirkungen, die durch Inaugenscheinnahme, Messungen oder Auswertungen von Protokollen und Berichten beurteilt werden. Weitere Kriterien sind Bauwerks- und Bauteileigenschaften, die aus dem Bauwerksbuch, den Bauwerksakten oder den statischen Berechnungen hervorgehen, die aus Schal- und Bewehrungsplänen zu recherchierende statische Systeme oder die Ableitung der Herstellungsbedingungen aus dem Bautagebuch, den Bauwerksakten oder aus den Statistiken des Wetteramtes. Von großer Bedeutung für die Dauerhaftigkeit sind die Beurteilung der Betondeckung, der Verteilung der Bewehrung, der Korrosionszustand der Bewehrung, Veränderungen der Baustoffeigenschaften wie Risse im Beton, Abplatzungen, Aussinterungen, Hohlräume, Gefügeänderungen, Verfärbungen, Rauheit.

Am Bauwerk durchgeführte Materialuntersuchungen ermöglichen die Bestimmung der Druckfestigkeit, des E-Moduls, der Oberflächenzugfestigkeit und der Haftzugfestigkeit des Betons. In die Beurteilung des Istzustandes gehen auch die Carbonatisierungstiefe, das Chloridprofil, der Feuchtegehalt, die mechanischen Kennwerte für die Bewehrung (Stahlsorte, Zugfestigkeit, Streckgrenze, der Restquerschnitt nach Korrosion) sowie die Feststellung der Gefährdung und Ortung von Spanngliedbrüchen ein.

Aus der Beurteilung des Istzustandes geht hervor, ob und in welchem Ausmaß die Standsicherheit, die Dauerhaftigkeit, die Verkehrssicherheit (hauptsächlich bei Ingenieurbauwerken), die Gebrauchstauglichkeit und die Ästhetik des Bauteils oder des Bauwerks beeinträchtigt sind. Davon hängt die Wahl der Instandhaltungsmaßnahmen ab.

6.1.1 Beurteilung des Untergrundes nach Technischer Regel „Instandhaltung von Betonbauwerken" und nach ZTV-ING

Die **Einwirkungen aus der Umgebung** entsprechen den Expositionsklassen nach DIN EN 206-1 in Verbindung mit DIN 1045 Teil 2 (siehe Tab. 3.5). Bei den Einwirkungen aus der Umgebung gelten ggf. zusätzlich die Einwirkung XW1 für Bauteile mit ständiger Wasserbeaufschlagung durch Süß- oder Meerwasser oder XW2 für Bauteile, die durch Beaufschlagung mit Süß- oder Meerwasser wechselnd nass und trocken sind.

▶ **Hinweis** Für alle Betonbauteile ist zusätzlich immer auch die Expositionsklasse XALL anzusetzen.

Für die **Einwirkung aus dem Untergrund** ergibt sich eine Beurteilung, ob der Untergrund statisch mitwirkend ist (XSTAT) oder dynamisch beansprucht wird (XDYN) und die Beurteilung des Zustandes der Durchfeuchtung. Der Zustand der Durchfeuchtung XBW1 ist hervorgerufen durch eine rückseitige Durchfeuchtung oder erhöhte Restfeuchtigkeit, verursacht durch die Beanspruchung des Untergrundes mit drückendem Wasser, aber ohne Durchströmung, und XBW2 kennzeichnet eine flächige rückseitige Durchfeuchtung mit Durchströmung infolge der Beanspruchung mit drückendem Wasser. Zu den Einwirkungen aus dem Untergrund zählen auch die Einwirkung der Risse(XCR) und der Hohlräume.

Im Bereich der Instandsetzungsebene erfolgt eine Einordnung des Betons in Altbetonklassen (siehe Tab. 6.1). Die Einteilung erfolgt unter Berücksichtigung des Mittelwertes der Druckfestigkeit ermittelt nach DIN EN 12504-1 und des kleinsten Einzelwertes und des Mittelwertes der Oberflächenzugfestigkeit bestimmt nach DIN EN 1542. Maßgeblich ist der ungünstigere der beiden Parameter. Zur Altbetonklasse A1 enthält die DIBt TR keine abschließende Regelung.

Falls die Anforderungen an den Betonuntergrund nicht erfüllt sind, untersucht der Sachkundige Planer, ob und wie, mit angemessenem Aufwand, durch vorbereitende

Tab. 6.1 Altbetonklassen

	1	2	3	4
	Altbetonklasse	**Druckfestigkeit** [1]	**Oberflächenzugfestigkeit** [2]	
			Mittelwert	**Kleinster Einzelwert**
		MPa	**MPa**	**MPa**
1	A1	≤ 10	—	---
2	A2	> 10	≥ 0,8	≥ 0,5
3	A3	> 20	≥ 1,2	≥ 0,8
4	A4	> 30	≥ 1,5	≥ 1,0
5	A5	> 55	≥ 2,5	≥ 2,0

[1] Mittelwert der Druckfestigkeit (Bestimmung nach DIN EN 12504-1)
[2] Kleinster Einzelwert / Mittelwert (Bestimmung nach DIN EN 1542)

Arbeiten am Betonuntergrund oder an der Bewehrung geeignete Bedingungen geschaffen werden können.

6.1.2 Beurteilung der Standsicherheit

Die Standsicherheit eines Bauwerkes bzw. einzelner Bauwerksteile ist die Eigenschaft, die planmäßigen Beanspruchungen (bei Nutzungsbeschränkungen entsprechend reduziert) schadlos aufnehmen zu können.

Die Standsicherheit eines Bauteils oder Bauwerks ist dann gewährleistet, wenn sein Zustand, seine Abmessungen, die Qualität der Baustoffe und die Beanspruchungen aus der planmäßigen Bauwerksnutzung mit den Annahmen der Bemessung bzw. Nachrechnung übereinstimmen. Ist dies nicht der Fall, ist die Standsicherheit des Bauwerkes bzw. Bauteils nicht gegeben. Die Technische Regel „Instandhaltung von Betonbauwerke“ des DIBt enthält keine Regeln, nach denen die Nachweise der Standsicherheit zu erfolgen haben, sondern verweist auf die Regeln für standsicherheitsrelevante Nachweise des DBV-Merkblatts „Bauen im Bestand – Leitfaden“.

Für den rechnerischen Nachweis zur Beurteilung der Standsicherheit sind nur statisch erlaubte Methoden anzuwenden. Gefordert sind auch die Ermittlung einer mit ausreichender Sicherheit vorhandenen Mindestfestigkeit und das Nachrechnen konstruktiver Details (Schwachstellen). Die Rechnungen erfolgen auf Basis der ermittelten Festigkeits- und Verformungseigenschaften von Beton und Bewehrung. Bei älteren Bauwerken oder wenn keine Planungsunterlagen vorliegen, ist die Ermittlung solcher charakteristischer Rechenwerte oft mit einem großen Eingriff in die Bausubstanz verbunden. Im DAfStb-Heft 616 „Sachstandsbericht Bauen im Bestand Teil 1“ sind mechanische Kennwerte historischer Beton, Betonstähle und Spannstähle enthalten, die für die Anwendung nach DIN EN 1992 umgerechnet sind. Hilfreich bei der Nachrechnung von bestehenden Bauwerken und für die Annahmen der ursprünglichen Bemessung sind jene Normen und Richtlinien, die zum Zeitpunkt der Herstellung des Bauwerks/Bauteils angewendet wurden.

Ist die Standsicherheit gefährdet, müssen umgehend Sicherungsmaßnahmen wie Verkehrsbeschränkung, Nutzungsbeschränkung, Anbringen von Abstützungen oder Hilfskonstruktionen getroffen werden. Ist eine sofortige Instandsetzung nicht möglich, müssen ggf. temporäre Maßnahmen wie Absperrungen und Schutzgerüste angebracht werden.

Ist die Standsicherheit beeinträchtigt, hat die Instandsetzung einen hohen Schwierigkeitsgrad und stellt hohe Anforderung an die Sachkunde des Personals. Die Instandsetzung erfolgt nach den Grundsätzen des Neubaus. In jeder Phase des Planens und der Ausführung ist seitens des Auftraggebers die Verantwortung für die Beurteilung der Standsicherheit, der Planung der Maßnahmen und ihrer Ausführung festzulegen.

▶ **Hinweis** Für Brücken gilt die Richtlinie für die Nachrechnung von Straßenbrücken im Bestand (Nachrechnungsrichtlinie).

Für vor 1981 erstellte Bauwerke aus Spannbeton ist eine Überprüfung der Ermüdungssicherheit gemäß der „Handlungsanweisung zur Beurteilung der Dauerhaftigkeit vorgespannter Bewehrung von älteren Spannbetonüberbauten" auch dann durchzuführen, wenn kein ausgeprägtes Rissbild detektiert wird.

Bei älteren Spannbetonbauwerke, bei denen hochfeste vergütete Spannstähle älterer Produktion zum Einsatz kamen, besteht die Gefahr eines plötzlich auftretenden verformungsarmen Bruchs der beanspruchten Stähle infolge von Spannungsrisskorrosion. Da bei einer Bauwerksuntersuchung in den meisten Fällen mit bloßem Auge keine Korrosionsausbildung erkennbar ist, wird das Ankündigungsverhalten solcher Spannstähle gemäß „Handlungsanweisung zur Überprüfung und Beurteilung von älteren Brückenbauwerken, die mit vergütetem, spannungsrisskorrosions-gefährdetem Spannstahl erstellt wurden" (Handlungsanweisung Spannungsrisskorrosion) rechnerisch überprüft.

6.1.3 Beurteilung der Dauerhaftigkeit

Die Dauerhaftigkeit kennzeichnet die Widerstandsfähigkeit des Bauwerkes bzw. einzelner Bauwerksteile, bei planmäßiger Nutzung und Bauwerksunterhaltung unter definierten Einwirkungen eine möglichst lange Nutzungsdauer zu erreichen.

Die Dauerhaftigkeit ist gegeben, wenn das Bauteil/Bauwerk maximal Mängel und Schäden aufweist, die im Rahmen der Instandhaltung mit geringem Aufwand behoben werden können. Sind jedoch umfangreiche Instandsetzungsmaßnahmen oder Erneuerung erforderlich oder würde die Nutzungsdauer oder Nutzung ohne die Ausführung solcher erheblich eingeschränkt werden oder zu einer vorzeitigen Erneuerung führen, ist die Dauerhaftigkeit nicht mehr gegeben.

6.1.4 Beurteilung der Verkehrssicherheit

Die Verkehrssicherheit ist dann nicht gegeben, wenn das Bauwerk Mängel/Schäden aufweist, von denen eine nicht erkennbare Gefahr bei der planmäßigen Bauwerksnutzung ausgeht.

6.1.5 Beurteilung der Gebrauchstauglichkeit

Laut DIN 1055-100 muss ein Bauwerk „so entworfen und ausgeführt werden, dass es während der vorgesehenen Nutzungsdauer neben seiner Tragfähigkeit auch seine

Gebrauchstauglichkeit und Dauerhaftigkeit bei angemessenem Unterhaltungsaufwand behält“.

Typische Anforderungen an die Gebrauchstauglichkeit sind z. B. Rissbreitenbeschränkung, Wasserdichtigkeit sowie Verformungs- oder Schwingungsbegrenzung – Eigenschaften, die zu einer einwandfreien Funktion des gesamten Bauwerkes, zum Wohlbefinden der Personen, die zur planmäßigen Nutzung des Bauwerkes gehören oder zu einem Erscheinungsbild in optisch einwandfreiem Zustand beitragen. Ist eines oder mehrere dieser Merkmale nicht erfüllt, so ist die Gebrauchstauglichkeit nicht oder nicht mehr gegeben.

6.2 Planen nach Richtlinien für die Erhaltung von Ingenieurbauten (RI-ERH-ING)

Beruhend auf den regelmäßigen Bauwerksprüfungen nach DIN 1076 wird der Bauwerkszustand von Bauwerken des Bundesfernstraßennetzes durch eine Zustandsnote mit Notenskala von **1 (sehr gut)** bis **4 (nicht ausreichend)** dargestellt. Diese wird durch ein automatisiertes Verfahren ermittelt, das alle Einzelschäden betreffend die Aspekte der **Standsicherheit (S)**, der **Verkehrssicherheit (V)** und der **Dauerhaftigkeit (D)** einbezieht.

Bei komplexen, schwerwiegenden oder unklaren Schadensbildern oder wenn die objektbezogenen Informationen aus den Grunddaten bzw. Bauwerksprüfungen nicht ausreichen, kann für eine genauere Beurteilung des Schadensausmaßes und der -ursache bzw. für eine sichere Bewertung der Schäden und somit auch für die Festlegung geeigneter Erhaltungsmaßnahmen zusätzlich zu der Bauwerksprüfung eine detaillierte Objektbezogene Schadensanalyse (OSA) erforderlich werden.

Im Rahmen einer OSA werden die für die Auswertung und Bewertung von Schäden erforderlichen zusätzlichen Untersuchungen festgelegt und ggf. Expertenwissen hinzugezogen. Eine OSA enthält auch Empfehlungen von durchzuführenden Maßnahmen einschließlich einer Kostenschätzung.

Der Ablauf der objektbezogenen Schadensanalyse gliedert sich in:

- Ermittlung und Festlegung von Zielgrößen,
- Auswahl geeigneter Untersuchungsmethoden,
- Durchführung der Untersuchung,
- Auswertung der Untersuchungsergebnisse.

Das Ergebnis der Objektbezogenen Schadensanalyse ist ein Gutachten mit einer textlichen Bewertung nach den Erfordernissen der Erhaltungsplanung und einem Vorschlag für eine erneute Schadensbewertung nach RI-EBW-PRÜF, die eine automatische Aktualisierung der Zustandsnote des Bauwerks zur Folge hat.

Damit die Informationen für die Aktualisierung der Bauwerksdaten bereitgestellt und für die Unterstützung der Erhaltungs- und Ausführungsplanung verwendet werden können, ist in dem Leitfaden „Objektbezogene Schadensanalyse" der Richtlinien für die Erhaltung von Ingenieurbauten (RI-ERH-ING) des Bundesministeriums für Verkehr, Bau und Stadtentwicklung eine einheitliche Vorgehensweise und inhaltliche Gestaltung des Gutachtens vorgegeben.

6.3 Prinzipien und Verfahren für die Instandsetzung

Die Prinzipien und Verfahren beruhen auf chemischen oder physikalischen Wirkungsmechanismen, die für Beton und Bewehrungsstahl schädliche Prozesse verhindern oder neutralisieren. Daraus leiten sich verschiedene Methoden ab, die allein oder in Kombination angewendet werden.

Die **Richtlinie „Schutz und Instandsetzung von Betonbauteilen" des Deutschen Ausschusses für Stahlbeton** definiert vier Instandsetzungsprinzipien:

- Instandsetzungsprinzip R (Repassivierung)
  - Grundsatzlösung R1 (Alkalisierung mit alkalischem Beton),
  - Grundsatzlösung R2 (örtliches Instandsetzen mit alkalischem Beton),
- Grundsatzlösung W (Begrenzung des Wassergehaltes),
- Grundsatzlösung C (Coating als Korrosionsschutz durch Beschichtung der Bewehrung),
- Grundsatzlösung K (Kathodischer Korrosionsschutz).

DIN EN 1504-9 enthält elf Prinzipien und Verfahren, nach denen korrodierter Beton und korrodierte Bewehrung instand gesetzt werden. Die Prinzipien 1 bis 6 beziehen sich auf den Schutz und die Instandsetzung des Betons bzw. der Betonkonstruktionen. Die Prinzipien 7 bis 11 beziehen sich auf den Schutz und die Instandsetzung der korrodierten Bewehrung.

In der Technischen Regel „Instandhaltung von Betonbauwerken" des DIBt sind die Prinzipen zwar ähnlich aufgebaut wie in DIN EN 1504-9, weichen jedoch dadurch ab, dass zusätzliche Verfahren und Anforderungen eingeführt wurden oder Verfahren nur mit Einschränkungen übernommen wurden oder in Deutschland nicht angewendet werden dürfen.

▶ **Hinweis** Zur Erleichterung des Lesens wird in diesem Buch für die nach Technischer Regel „Instandhaltung von Betonbauwerken" des DIBt anzuwendenden Prinzipien und Verfahren die Nummerierung aus der Tab. 5 (Prinzipien und Verfahren zum Schutz und zur Instandsetzung von Schäden im Beton) und Tab. 6

(Prinzipien und Verfahren zum Schutz und zur Instandsetzung von Bewehrungskorrosion) übernommen.

6.4 Prinzipien und Verfahren bei Korrosion des Betons

Die Prinzipien dienen der vorbeugenden Abwehr von Korrosionsschäden von Beton, hervorgerufen vorwiegend durch das Eindringen von betonangreifenden Flüssigkeiten und Gasen oder der Wiederherstellung der Dichtigkeit von Beton bzw. des Querschnitts von Betonbauteilen.

6.4.1 Schutz gegen Eindringen von Stoffen

Ziel dieser Maßnahmen ist es, für eine festgelegte Nutzungsdaue, das Eindringen von betonangreifenden korrosionsfördernden Stoffen (Wasser, in Wasser gelöste Salze, Gase, chemisch angreifende und biologische Stoffe) in gerissenen und ungerissenen Beton zu reduzieren bzw. zu verhindern.

DIN EN 1504 Prinzip 1: Protection against Ingress (PI), Schutz gegen Eindringen von Schadstoffen
Geeignete Verfahren zum Schutz gegen das Eindringen von Stoffen sind:

- versiegelnde Imprägnierungen,
- starre oder rissüberbrückende Beschichtung,
- Montage von Vorsatzplatten,
- Aufbringen von Folien und Membranen.

Wenn Risse vorhanden sind, müssen diese vorab abgedeckt, versiegelt oder verfüllt werden, ggf. können sie in Dehnungsfugen umgewandelt werden. Sind die Risse infolge von Korrosion der Bewehrung entstanden, sind die Verfahren nach Prinzip 7 bis Prinzip 11 der DIN EN 1504 anzuwenden.

DIBt TR-IH Prinzip 1: Schutz gegen das Eindringen von Stoffen
Geeignete Verfahren zum Schutz gegen das Eindringen von Stoffen sind:

1.1 Hydrophobierung,
1.3 Beschichtung,
1.4 örtliches Abdecken der Risse (Bandagen),
1.5 Füllen von Rissen oder Hohlräumen.

1.1 Hydrophobierung

Die Hydrophobierung verhindert das Eindringen von Wasser während der zukünftigen Nutzung nur dann, wenn das Wasser planmäßig von der Betonoberfläche abgeführt wird. Als Hydrophobierung eignen sich Oberflächenschutzsysteme OS 1/OS A (siehe Abschn. 11.4).

Es ist Folgendes zu beachten:

- OS 1/OS A eignen sich nur auf trockenem Betonuntergrund mit Rissen mit einer Rissbreite bis 0,1 mm. Für größere Rissbreiten ist eventuell zusätzlich eine Rissbehandlung erforderlich.
- Der Sachkundige Planer legt die Mindestauftragsmenge und Mindesteindringtiefe fest.
- Die Eindringtiefe ist abhängig vom Feuchtegehalt und von der Porosität des Betons.
- Die Aufnahmefähigkeit der Hydrophobierung ist auf Musterflächen zu überprüfen.
- Da die Wirkung der hydrophoben Eigenschaften zeitlich begrenzt ist, sind im Instandhaltungsplan regelmäßige Kontrollmessungen ihrer Wirksamkeit vorzusehen.

▶ **Hinweis** Hydrophobierungen verhindern nicht das Eindringen von Gasen wie z. B. Kohlendioxid oder Sauerstoff. Es besteht die Gefahr einer Zunahme der Geschwindigkeit der Carbonatisierung. Treten nach dem Aufbringen der Hydrophobierung Risse auf, ist die Wirksamkeit des Oberflächenschutzsystems nicht mehr gegeben.

1.3 Beschichtung

Beschichtungen bewirken eine Regulierung des Wasserhaushaltes über die Betonoberflächen. Für dieses Verfahren eignen sich die Oberflächenschutzsysteme OS 2/OS B, OS 4/OS C, OS 5a/OS DII, OS 5b/OS DI, OS 8 und in besonderen Fällen OS 11a /OS Fa oder OS 11b/OS Fb und OS 14 (siehe Abschn. 11).

Es ist Folgendes zu beachten:

- Bei gerissenem Beton muss das gewählte Oberflächenschutzsystem für die erforderliche Rissüberbrückungsfähigkeit unter Berücksichtigung der örtlich vorliegenden Bedingungen (Klima, Rissbreite und Rissbreitenänderung) geeignet sein.
- Bei einem gerissenen Betonuntergrund mit größeren Rissbreiten ist eventuell vorab eine Rissbehandlung erforderlich (Tränken).
- Bei rückseitiger Durchfeuchtung des Bauteils oder erhöhter Restfeuchtigkeit (Einwirkung XBW1) sind gegebenenfalls zusätzliche Maßnahmen erforderlich, und vorhandene Risse sind vorab durch Tränken zu behandeln.
- Sind im Betonuntergrund eine große Anzahl an Rissen oder Risse mit großer Rissbreite vorhanden, kann der Sachkundige Planer anstatt der Beschichtung eine Grundierung oder eine Reprofilierung mit Reaktionsharzmörtel vorsehen.
- Der Sachkundige Planer legt für die Anwendung von OS 8, OS 11 oder OS 14 die Anforderung an die Rutschhemmung oder die Rauheit fest. Diese sind nachzuweisen.

> **Hinweis** Dieses Verfahren gilt nicht zur Verhinderung des Eindringens von Kohlendioxid und Chloriden.

1.4 Lokale Abdeckung von Rissen (Rissbandagen)

Rissbandagen dienen der Abdeckung von beweglichen Trennrissen, Arbeitsfugen oder Zonen mit hoher Risswahrscheinlichkeit. Es handelt sich um lokale Maßnahmen zum dauerhaften Schutz vor dem Eindringen schädlicher Substanzen. Die Wahl der Bandagen erfolgt abhängig von der Rissbreite, den zu erwartenden Rissbewegungen und den Einwirkungen (insbesondere Temperatur und Verkehr). Für diese Maßnahmen eignen sich die Oberflächenschutzsysteme OS 11a/OS Fa und OS 11b/OS Fb oder OS 14 (siehe Abschn. 11).

Es ist Folgendes zu beachten:

- Um eine mechanische Schädigung und Wasseransammlungen an den Rändern zu vermeiden, müssen Bandagen oberflächenbündig ausgeführt werden.
- Bei rückseitiger Durchfeuchtung des Bauteils oder erhöhter Restfeuchtigkeit (Einwirkung XBW1) ist gegebenenfalls eine mehrlagige Grundierung erforderlich, und vorhandene Risse sind vorab in geeigneter Weise zu behandeln.
- Bei rückseitiger Durchfeuchtung des Bauteils und bei Einwirkung von Druckwasser muss ein Nachweis der Verwendbarkeit der Produkte für diesen Betonuntergrund vorliegen. Vorhandene Risse sind vorab in geeigneter Weise zu behandeln.

1.5 Füllen von Rissen oder Hohlräumen

Das Füllen von Rissen oder Hohlräumen mit Rissfüllstoffen hat zum Ziel, auch bei zu erwartenden Rissbreitenänderungen das Eindringen oder das Durchdringen von betonangreifenden Stoffen oder von Wasser auf ein unschädliches Maß zu reduzieren. Diese Maßnahme unterscheidet in „Druckloses Füllen von Rissen und Hohlräumen" und „Füllen von Rissen und Hohlräumen unter Druck (Injektion)", die im Abschn. 8 ausführlich beschrieben werden.

Es ist Folgendes zu beachten:

- Diese Verfahren sind nicht für Risse anzuwenden, die infolge von Korrosion der Bewehrung entstanden sind.
- Das Verfahren dient nicht der Wiederherstellung der Tragfähigkeit eines ungerissenen Querschnitts.
- Durch druckloses Vergießen mit Rissfüllstoffen kann eine Rissbreitenbegrenzung und eine Abdichtung nur von jenen Rissen stattfinden, deren Feuchtezustand zum Zeitpunkt der Maßnahme als „trocken" oder „feucht" einzustufen ist.
- Druckloses Füllen von Rissen und Hohlräumen kann auch als Bestandteil der Vorbereitung des Untergrundes angewendet werden, z. B. vor dem Aufbringen eines Oberflächenschutzsystems.

- Bei feuchtem Untergrund ist für die Begrenzung der Rissbreiten und die Abdichtung der Risse unabhängig vom Feuchtegehalt ein Füllen von Rissen unter Druck (Injektion) erforderlich.

6.4.2 Kontrolle und Regulierung des Wassergehaltes im Beton

Ziel dieser Maßnahme ist die Reduzierung oder Verhinderung von feuchteabhängigen Schädigungsprozessen durch Regulierung des Feuchtegehaltes im Beton, bei gleichzeitiger Gewährleistung des Entweichens von Wasser aus dem Beton, z. B. über Wasserdampf.

DIN EN 1504 Prinzip 2: Moisture Control (MC), Kontrolle des Betonfeuchtegehalts
Geeignete Verfahren zur Kontrolle der Betonfeuchte sind:

- Aufbringen hydrophobierender Versiegelungen oder Beschichtungen,
- Anordnung von belüfteten Vorhängekonstruktionen,
- elektrochemische Verfahren.

Den Anforderungen dieses Prinzips genügt unter Umständen auch das Aufbringen von zementgebundenem, polymergebundem oder polymermodifiziertem Mörtel oder Beton. Ein geeignetes elektrochemisches Verfahren ist die Potentialdifferenz, die in bestimmten Bereichen des Betons die „Wanderung“ des Wassers fördert oder verhindert.

Bei Verdacht auf Alkali-Kieselsäure-Reaktion führt die Kontrolle des Feuchtegehaltes auch zur Kontrolle dieser Treiberscheinung.

DIBt TR-IH Prinzip 2: Regulierung des Wasserhaushaltes des Betons
Zu den Verfahren zur Regulierung des Wassergehaltes zählen:

2.1 Hydrophobierung,
2.3 Beschichtung,
2.6 Füllen von Rissen oder Hohlräumen.

2.1 Hydrophobierung
Bei diesem Verfahren erfolgt eine Regulierung des Wasserhaushaltes für eine festgelegte Nutzungsdauer über die Regulierung des Wasserzutritts über die Betonoberfläche mittels Oberflächenschutzsystemen OS 1/OS A. Die Oberflächenschutzsysteme verhindern das Eindringen von Wasser während der zukünftigen Nutzung nur dann, wenn das Wasser planmäßig von der Betonoberfläche abgeführt wird.

Es ist Folgendes zu beachten:

- OS 1/OS A eignen sich nur auf trockenem Betonuntergrund mit Rissen mit einer Rissbreite bis 0,1 mm. Für größere Rissbreiten ist eventuell eine zusätzliche Rissbehandlung erforderlich.
- Der Sachkundige Planer legt die Mindestauftragsmenge und Mindesteindringtiefe fest.
- Die Eindringtiefe ist abhängig vom Feuchtegehalt und der Porosität des Betons.
- Die Aufnahmefähigkeit der Hydrophobierung ist auf Musterflächen zu überprüfen.
- Da die Wirkung der hydrophoben Eigenschaften zeitlich begrenzt ist, sind im Instandhaltungsplan regelmäßige Kontrollmessungen ihrer Wirksamkeit vorzusehen.

▶ **Hinweis** Treten nach dem Aufbringen der Hydrophobierung Risse auf, ist die Wirksamkeit des Oberflächenschutzsystems nicht mehr gegeben.

2.3 Beschichtung

Bei diesem Verfahren werden Beschichtungssysteme für die Regulierung des Wasserhaushaltes über die Betonoberflächen eingesetzt. Als Beschichtung für ungerissene Betonbauteile eignen sich die Oberflächenschutzsysteme OS 2/OS B ansonsten OS 4/OS C, OS 5a/OS DII, OS 5b/OS DI, OS 8 und in besonderen Fällen OS11a /OS Fa, OS 11b/OS Fb und OS14.

Es ist Folgendes zu beachten:

- Ermöglichen die vorherrschenden Umgebungsbedingungen eine Austrocknung des Betons, müssen Oberflächenschutzsysteme der Wasserdampfdurchlässigkeitsklasse I verwendet werden (siehe Abschn. 11).
- Ist der Beton bereits vor dem Auftrag der Beschichtung ausreichend ausgetrocknet, können Oberflächenschutzsysteme der Wasserdampfdurchlässigkeitsklasse II und III verwendet werden (siehe Abschn. 11).
- Bei der Ermittlung der Schichtdickenzuschläge sind die vom Sachkundigen Planer vorzugebenden Rautiefen zu berücksichtigen.
- Bei einem gerissenen Betonuntergrund mit größeren Rissbreiten ist eventuell vorab eine Rissbehandlung erforderlich.
- Sind im Betonuntergrund eine große Anzahl an Rissen oder Risse mit großer Rissbreite vorhanden, kann der Sachkundige Planer anstatt einer Beschichtung eine Grundierung oder eine Reprofilierung mit Reaktionsharzmörtel vorsehen.
- Bei rückseitiger Durchfeuchtung des Bauteils oder erhöhter Restfeuchtigkeit (Einwirkung XBW1) sind gegebenenfalls zusätzliche Maßnahmen erforderlich, und vorhandene Risse sind vorab zu behandeln.
- Der Sachkundige Planer legt für die Anwendung von OS 8, OS 11 oder OS 14 die Anforderung an die Rutschhemmung oder die Rauheit fest. Diese sind nachzuweisen.

▶ **Hinweis** Bei Verdacht auf Schädigung des Bauteils durch Alkali-Kieselsäure-Reaktion führt die Kontrolle des Feuchtegehaltes mittels OS 5a/OS DII und

OS 5b/OS DI mit einer wasserdampfdiffusionsäquivalenten Luftschichtdicke $s_d \leq 2{,}5$ m auch zur Kontrolle dieser Treiberscheinung.

2.6 Füllen von Rissen oder Hohlräumen
Das Füllen von Rissen oder Hohlräumen mit Rissfüllstoffen hat zum Ziel die Vermeidung von örtlicher Betonkorrosion hervorgerufen durch das Eindringen von Wasser. Bei dieser Maßnahme erfolgt das Füllen von Rissen und Hohlräumen unter Druck (Injektion). Es gelten die Details aus Abschn. 8.2.3.

6.4.3 Betonersatz

Ziel dieser Maßnahme ist es, die Dauerhaftigkeit von geschädigten Bauteilen komplett oder partiell durch Reprofilieren oder Ergänzung des Querschnittes, also durch einen Betonersatz, so wiederherzustellen, dass die Bauteile für die geplante Restnutzungsdauer ihre ursprüngliche Struktur und Form behalten und ihre Funktion erfüllen.

Im Ausnahmefall ist als Verfahren auch das Auswechseln von Bauteilen möglich, bei dem das instand zu setzende Bauteil komplett rückgebaut und auf Basis der einschlägigen Regelwerke für Stahlbetonbauwerke neu erstellt wird.

DIN EN 1504 Prinzip 3: Concrete Restoration (CR), Betonersatz
Geeignete Verfahren sind:

- Reparatur örtlicher Fehlstellen im Handeinbau,
- großflächiges Auftragen von Beton,
- ggf. der Einsatz von Spritzbeton- bzw. Spritzmörtel.

DIBt TR-IH Prinzip 3: Reprofilierung oder Querschnittsergänzung, Betonersatz
Bei diesem Prinzip ist sicherzustellen, dass ein ausreichender Verbund zwischen dem Betonersatzstoff und dem Untergrund hergestellt wird. Dieser Verbund wird entweder ausschließlich über Adhäsion oder aber über Verankerung und Bewehrung gesichert.

Bei der Reparatur kleinflächiger örtlicher Fehlstellen im Handeinbau von zementgebundem Mörtel oder Beton mit einer maximalen Schichtdicke von 60 mm bei Reprofilierung und von 100 mm bei Auffüllung von lokalen Fehlstellen gewährleistet die Adhäsion den Verbund des Betonersatzes zum Untergrund.

Bei großflächigem Auftragen von Beton durch Betonieren oder Vergießen erfolgt die Sicherstellung des Verbundes über Adhäsion nur dann, wenn die minimale Schichtdicke >30 mm ist, und bei der Reprofilierung eine maximalen Schichtdicke von 60 mm und bei Auffüllung von lokalen Fehlstellen von 100 mm eingehalten wird.

Erfolgt ein großflächiger Betonersatz in größerer Schichtdicke (Vorsatzschale), sorgt die Anordnung von Verankerungen und Bewehrung für die Sicherstellung des Verbundes. Die Einlage von Bewehrung gewährleistet eine Feinverteilung von Rissen aus dem Untergrund in das Instandsetzungssystem und die Überbrückung lokal vorhandener Fehlstellen.

▶ **Hinweis** Die Anwendung von Polymermörtel und Polymerbeton ist nur im Ausnahmefall gestattet, z. B. für die Reprofilierung in sehr dünnen Schichten.

6.4.4 Verstärkung

Das Ziel dieser Maßnahme ist die Verstärkung oder Wiederherstellung der Tragfähigkeit eines Betonbauteils bzw. unter Umständen auch die Erhöhung der Tragfähigkeit gegenüber dem Istzustand.

Bei der Anwendung ist zu berücksichtigen, dass durch die Instandsetzungsmaßnahme keine Zwangsbeanspruchung in den Betonbauteilen hervorgerufen wird.

Falls statisch erforderlich, kann Bewehrungsstahl zugefügt oder ausgewechselt werden. Außerdem ist der Einbau von Verbindungs- und Bewehrungsstäben in den Beton in vorgebildete Nuten oder gebohrte Löcher möglich (siehe Abschn. 12.3) sowie die Verstärkung mittels angeklebter Stahllaschen bzw. Faserlamellen (siehe Abschn. 12.4). Ein weiteres Verfahren besteht in der Verstärkung durch Vorspannen mit externen Spanngliedern.

▶ **Hinweis** Bei Verstärkung durch geklebte Bewehrung gilt die DAfStb Richtlinie „Verstärken von Betonbauteilen mit geklebter Bewehrung".

DIN EN 1504 Prinzip 4: Structural Strengthening (SS), Verstärkung
Zur Verstärkung und Wiederherstellung des Betons kann der Querschnitt des Bauteils mit Mörtel oder Beton ergänzt werden. Hohlräume oder Fehlstellen müssen verfüllt und Risse kraftschlüssig injiziert werden.

DIBt TR-IH Prinzip 4: Verstärkung des Betontragwerkes
Zur Verstärkung und Wiederherstellung des Betons kann der Querschnitt des Bauteils mit Mörtel oder Beton ergänzt werden (siehe Abschn. 10). Hohlräume oder Fehlstellen müssen verfüllt und Risse kraftschlüssig injiziert werden (siehe Abschn. 8.2.5).

6.4.5 Oberflächenverfestigung

Das Ziel der Oberflächenverfestigung ist die Erhöhung des Widerstandes gegenüber physikalischem Angriff (Frost) oder mechanischem Angriff (Abrieb).

DIN EN 1504 Prinzip 5: Physical Resistance (PR), Oberflächenverfestigung
Geeignete Verfahren zur Verfestigung der Oberflächen von Betonbauwerken sind:

- Aufbringen von Beschichtung,
- Imprägnierung,
- Auftragen von Mörtel,
- Aufbringen einer zusätzlichen Verschleißschicht.

DIBt TR-IH Prinzip 5: Erhöhung des physikalischen Wiederstandes
Geeignete Verfahren zur Erhöhung des Widerstandes gegenüber physikalischem Angriff (Frost) oder mechanischem Angriff (Abrieb) sind:

5.1 Aufbringen von Beschichtung,
5.3 Auftragen von Mörtel oder Beton.

5.1 Aufbringen von Beschichtung
Für eine Erhöhung des Widerstandes gegen mechanischen Angriff eignen sich die Oberflächenschutzsysteme OS 8 mit hoher Abriebfestigkeit oder OS 14 (siehe Abschn. 11).

Es ist Folgendes zu beachten:

- Bei gerissenem Beton muss das gewählte Oberflächenschutzsystem für die erforderliche Rissüberbrückungsfähigkeit unter Berücksichtigung der örtlich vorliegenden Bedingungen (Klima, Rissbreite und Rissbreitenänderung) geeignet sein.
- Bei einem gerissenen Betonuntergrund mit größeren Rissbreiten ist eventuell vorab eine Rissbehandlung erforderlich.
- Bei rückseitiger Durchfeuchtung des Bauteils oder erhöhter Restfeuchtigkeit (Einwirkung XBW1) sind gegebenenfalls zusätzliche Maßnahmen erforderlich, und vorhandene Risse sind vorab zu behandeln.
- Sind im Betonuntergrund eine große Anzahl an Rissen oder Risse mit großer Rissbreite vorhanden, kann der Sachkundige Planer anstatt einer Beschichtung eine mehrlagige Grundierung oder eine Reprofilierung mit Reaktionsharzmörtel vorsehen.
- Der Sachkundige Planer legt für die Anwendung von OS 8 oder OS 14 die Anforderung an die Rutschhemmung oder die Rauheit fest. Diese sind nachzuweisen.

5.3 Auftrag von Mörtel oder Beton
Bei diesem Verfahren erfolgt ein flächiger Auftrag durch Betonieren, Vergießen oder Spritzen von Mörtel oder Beton in einer oder mehreren Schichten. Durch die Einhaltung der Anforderungen der DIN EN 206-1 in Verbindung mit DIN 1045-2 ist ein ausreichender Widerstand für die Einwirkung entsprechend den Expositionsklassen gegeben.

6.4.6 Chemische Beständigkeit

Das Ziel dieses Prinzips ist die Erhöhung des Widerstandes gegenüber chemischen Angriffen.

DIN EN 1504 Prinzip 6: Resistance to Chemicals (RC), Verbesserung der chemischen Beständigkeit
Geeignete Verfahren zur Erhöhung des Widerstandes gegenüber chemischem Angriff sind:

- Aufbringen von Beschichtung,
- Imprägnierung,
- Auftragen von Beton,

Die Beschichtungen und versiegelnde oder hydrophobierende Imprägnierungen müssen gegen jene Chemikalien beständig sein, die auf das Bauteil einwirken. Bei chemischen Angriffen aus Böden und Gewässern entsprechend den Expositionsklassen XA1, XA2, XA3 ist auch die Verwendung von Beton entsprechend EN 206 zulässig.

DIBt TR-IH Prinzip 6: Erhöhung des Chemikalienwiderstandes
Die Art und der Grad des chemischen Angriffes sind vom Sachkundigen Planer zu beschreiben.

Geeignete Verfahren zur Erhöhung des Widerstandes gegenüber starken chemischen Angriff sind:

6.1 Aufbringen von Beschichtung,
6.3 Aufbringen von Mörtel und Beton.

6.1 Aufbringen von Beschichtung
Für eine Erhöhung des Widerstandes gegen chemische Angriffe ab Einwirkung XA3 eignen sich grundsätzlich die Beschichtungen OS 4/OS C, OS 5a/OS DII, OS 5b/OS DI, OS 8, OS 11a/OS Fa oder OS 11b/OS Fb und OS 14 (siehe Abschn. 11), die beständig gegen jene Chemikalien sind, die auf das Bauteil einwirken. Die Beständigkeit der Beschichtung ist durch Prüfungen oder durch Nachweise des Herstellers nachzuweisen.

Es ist Folgendes zu beachten:

- Es gelten die Planungsgrundsätze für Prinzip 1 „Beschichtungen zum Schutz gegen das Eindringen von Stoffen".
- Bei einem gerissenen Betonuntergrund ist eventuell vorab eine Rissbehandlung erforderlich.
- Bei rückseitiger Durchfeuchtung des Bauteils oder erhöhter Restfeuchtigkeit (Einwirkung XBW1) sind gegebenenfalls zusätzliche Maßnahmen wie z. B. eine mehrlagige Grundierung erforderlich, und vorhandene Risse sind vorab zu behandeln.
- Sind im Betonuntergrund eine große Anzahl an Rissen oder Risse mit großer Rissbreite vorhanden, kann der Sachkundige Planer anstatt einer Beschichtung eine mehrlagige Grundierung oder eine Reprofilierung mit Reaktionsharzmörtel vorsehen.
- Der Sachkundige Planer legt für die Anwendung von OS 8 oder OS 14 die Anforderung an die Rutschhemmung oder die Rauheit fest. Diese sind nachzuweisen.

6.3 Aufbringen von Mörtel und Beton
Bei chemischen Angriffen aus Böden und Gewässern ist auch die Verwendung von Mörtel oder Beton zulässig. Bei diesem Verfahren erfolgt ein flächiger Auftrag durch Betonieren, Vergießen oder Spritzen von Mörtel oder Beton in einer oder mehreren Schichten. Durch die Einhaltung der Anforderungen der DIN EN 206-1 in Verbindung mit DIN 1045-2 ist ein ausreichender Widerstand für die Einwirkung entsprechend den Expositionsklassen XA1 und XA2 gegeben.

► **Hinweis** Für die Prinzipien und Verfahren zum Schutz oder zur Instandsetzung von Schäden im Beton kann anstatt Beton nach DIN EN 206-1 und DIN 1045-2 ggf. auch Trockenbeton verwendet werden. Diese Verfahren gelten sinngemäß auch für den Auftrag von Spritzbeton bzw. Spritzmörtel. Für Vergussbeton/-mörtel gilt die Vergussbetonrichtlinie sowie DAfStb Richtlinie „Schutz und Instandsetzung von Betonbauteilen Berichtigung 3".

6.5 Prinzipien und Verfahren bei Korrosion der Bewehrung

Die Prinzipien dienen sowohl der vorbeugenden Abwehr von Korrosionsschäden als auch der Unterdrückung bereits eingesetzter Korrosionsprozesse an der Bewehrung.

Die Wiederherstellung des Korrosionsschutzes der Bewehrung unterscheidet im Grundsatz danach, ob ein unzureichender Korrosionsschutz infolge der Carbonatisierung des Betons oder infolge der Einwirkung von Chloriden vorliegt. Überschreitet der in der Betondeckungsschicht bzw. im Bereich der Bewehrungslage ermittelte Chloridgehalt die Grenzwerte bei Stahlbetonbauteilen von 0,5 % Cl^- bezogen auf die Zementmasse bzw. 0,2 % Cl^- für Spannbetonbauteilen, legt der achkundige Planer bei der Planung der Instandhaltung fest, ob und, wenn ja, welche Maßnahmen zur Abwehr von Korrosionsschäden erforderlich sind.

Da die Bewehrungskorrosion bei gleichzeitigem Vorhandensein der Parameter: fehlender Passivschutz der Bewehrung infolge Carbonatisierung und/oder kritischer Chloridgehalt sowie des Vorhandenseins von Sauerstoff, Feuchte im Beton und eines elektrochemischen Potentials entsteht, beruhen die einzelnen Prinzipien und Verfahren wesentlich darauf, mindestens einen der für die Stahlkorrosion notwendigen Parameter zu eliminieren.

Der Schutz und die Instandsetzung der korrodierten Bewehrung erfolgt in der Instandsetzungsrichtlinie des Deutschen Ausschusses für Stahlbeton nach den folgenden Prinzipien:

- Instandsetzungsprinzip R (Repassivierung)
  - Grundsatzlösung R1 (Alkalisierung mit alkalischem Beton),
  - Grundsatzlösung R2 (örtliches Instandsetzen mit alkalischem Beton)
- Grundsatzlösung W (Begrenzung des Wassergehaltes),
- Grundsatzlösung C (Coating als Korrosionsschutz durch Beschichtung der Bewehrung),
- Grundsatzlösung K (Kathodischer Korrosionsschutz).

In DIN EN 1504 -9 gelten für den Korrosionsschutz der Bewehrung die Prinzipien 7–11, die in ihren Grundzügen den vier bekannten Prinzipien der „Richtlinie Schutz und Instandsetzung von Betonbauteilen" des Deutschen Ausschusses für Stahlbeton entsprechen.

Nach der Technischen Regel „Instandhaltung von Betonbauwerken" des DIBt gelten die Prinzipien 7, 8 und 10.

6.5.1 Korrosionsschutz durch Wiederherstellen eines alkalischen Milieus

Die Wiederherstellung des Korrosionsschutzes der Bewehrung beinhaltet die Herstellung von chemischen Umgebungsbedingungen, bei denen die Oberfläche der Bewehrung passiviert bleibt bzw. in einen passivierten Zustand überführt wird. Bei der Instandsetzung chloridhaltiger Bereiche des Betons ist eine Repassivierung nach diesem Prinzip nicht ausreichend. Der chloridhaltige Beton muss vorab entfernt werden

DAfStb RiLi-SIB Instandsetzungsprinzip R: Korrosionsschutz durch Wiederherstellen eines alkalischen Milieus

Beim Instandsetzungsprinzip R „Korrosionsschutz durch Wiederherstellen des alkalischen Milieus" der Instandsetzungsrichtlinie DAfStb erfolgt eine Realkalisierung carbonatisierter Bereiche durch den Einbau zementgebundener Mörtel oder Betone und kann großflächig (Grundsatzlösung R1) oder lokal (Grundsatzlösung R2) erreicht werden.

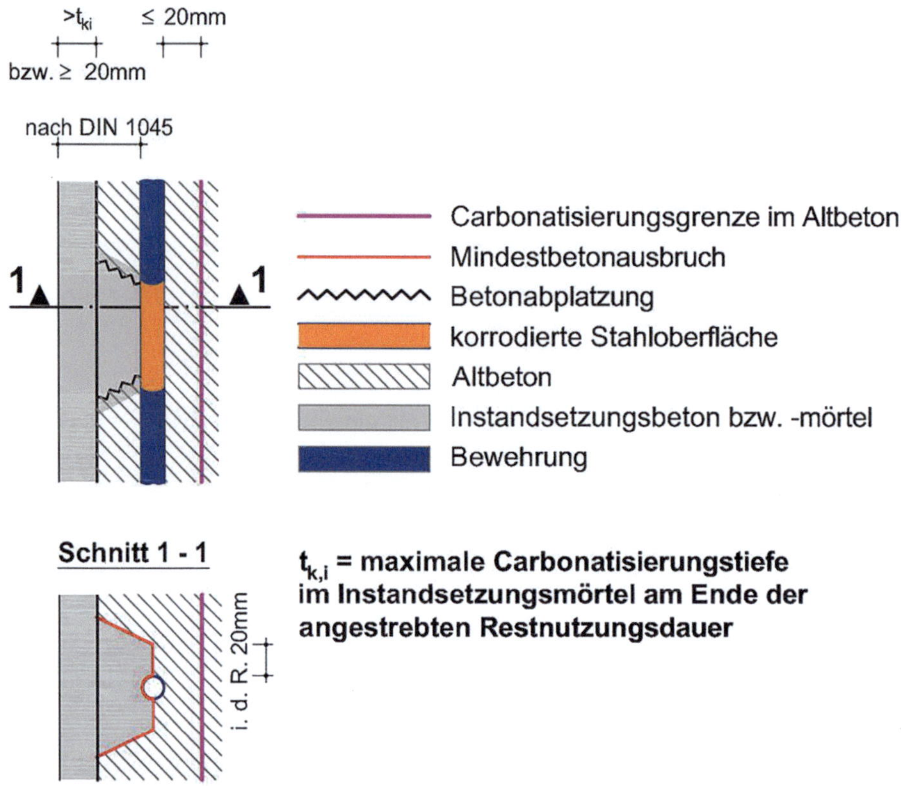

Abb. 6.1 Grundsatzlösung R1 für Korrosion hervorgerufen durch Carbonatisierung

Grundsatzlösung R1: Realkalisieren mit alkalischem Beton (großflächig)

Die in Abb. 6.1 skizzierte Grundsatzlösung R1 basiert auf der Herstellung einer ausreichend dichten und dicken Betondeckung oder Mörtelschicht.

Nach dem Abtrag des gelockerten oder geschädigten Gefüges des Betons oder der Freilegung der Bewehrung wird eine neue Schicht zementgebundenen Mörtels oder Betons von mindestens 20 mm Dicke aufgetragen. Durch das Aufbringen eines zementgebundenen Mörtels oder Betons auf die freigelegte Bewehrung wird der Passivschutz der Bewehrung reaktiviert. Der Instandsetzungsmörtel oder -beton muss dafür eine ausreichende Alkalität aufweisen und einen ausreichenden Widerstand gegen Carbonatisierung haben. Die Dicke der aufgetragenen Schicht muss so bemessen werden, dass sie größer ist als die Carbonatisierungstiefe am Ende der technischen Nutzungsdauer des Bauteils.

Bei Abtrag von Beton ohne die Freilegung der Bewehrung diffundieren die Alkalien des frischen Betons oder Mörtels durch die vorhandene Betonschicht und führen zu deren Realkalisierung. Damit die Grundsatzlösung R1 angewendet werden kann, darf die Carbonatisierungstiefe nicht mehr als 20 mm hinter der Bewehrung liegen.

Liegt die Carbonatisierungstiefe mehr als 20 mm hinter der Bewehrung, ist der Altbeton bis zur Oberfläche der äußeren Bewehrungslage zu entfernen und die Bewehrung mindestens auf Oberflächenvorbereitungsgrad Sa2 nach DIN EN ISO 12944 zu behandeln.

Grundsatzlösung R2: Örtliche Instandsetzung mit alkalischem Beton (lokal)
Die in Abb. 6.2 skizzierte Grundsatzlösung R2 basiert auf der Herstellung einer ausreichend dichten und dicken Betondeckung oder Mörtelschicht und ist daher sinnvoll bei Bauteilen mit zu geringer Betondeckung. Ist die neue Schicht nicht mindestens 10 mm dick, muss die Grundsatzlösung C oder W angewendet werden.

Das Verfahren nach Grundsatzlösung R2 erfordert das Freilegen der Bewehrung und deren kompletten Umhüllung mit Beton bzw. mit Mörtel. Liegt die Stahlbewehrung im carbonatisierten Bereich, wird der Altbeton auf eine Tiefe von 10 mm um den Bewehrungsstahl herum entfernt. Bei Durchmesser der Bewehrung größer als 20 mm ist die Abtragstiefe auf 15 mm zu erhöhen.

Um den Widerstand gegen Carbonatisierung zu erhöhen, kann auf die gesamte Oberfläche ein Oberflächenschutzsystem OS2, OS4 oder OS 5 aufgebracht werden. Diese sind eine zusätzliche Sicherheitsmaßnahme und werden bei der Berechnung der am Ende

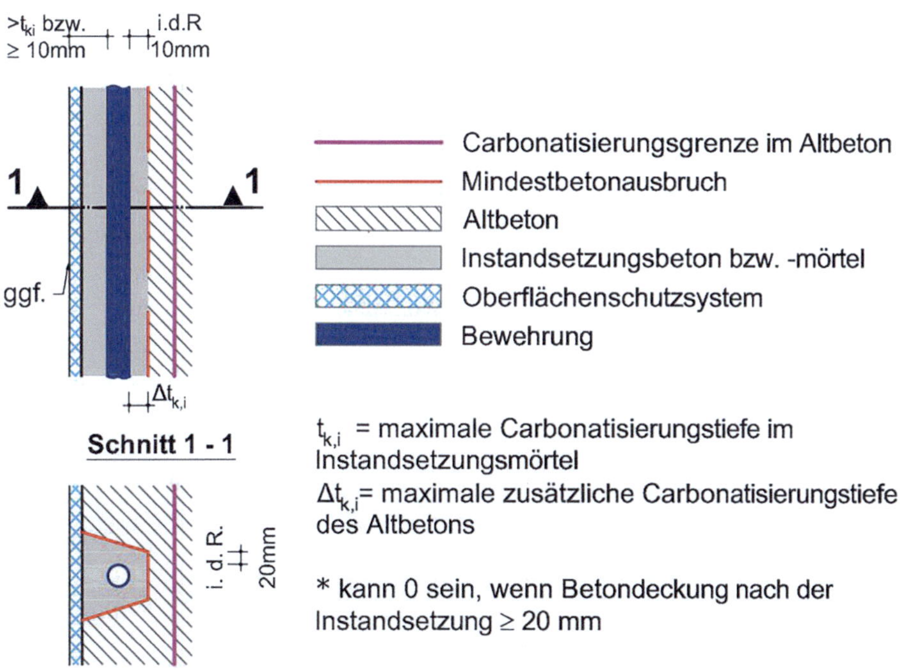

Abb. 6.2 Grundsatzlösung R2: Örtliche Instandsetzung mit alkalischem Beton für Korrosion hervorgerufen durch Carbonatisierung

der technischen Nutzungsdauer des Bauteils vorliegenden Carbonatisierungstiefe nicht berücksichtigt.

DIN EN 1504 Prinzip 7: Preserving or Restoring Passivity (RP), Passivierung oder Repassivierung

Prinzip 7 der DIN EN 1504 entspricht dem Instandsetzungsprinzip R „Korrosionsschutz durch Wiederherstellen des alkalischen Milieus" der Instandsetzungsrichtlinie DAfStb.

Das Verfahren eignet sich auch zum Ersatz von schadstoffhaltigem Beton in dünnen Schichten. Bei der Instandsetzung chloridhaltiger Bereiche des Betons ist eine Repassivierung nach diesem Prinzip nicht ausreichend. Der chloridhaltige Beton muss vorab entfernt werden, oder es ist eine elektrochemische Chloridextraktion vorzunehmen.

Die Wirksamkeit der Passivierung bzw. Repassivierung ist in der Tiefe begrenzt, und es besteht die Gefahr der Einwanderung von Schadstoffen aus dem benachbarten Beton. Eine Kombination mit Prinzip 1 [PI] ist möglich. Wenn die Gefahr einer Chloridbeaufschlagung besteht, muss auch die Versiegelung oder Beschichtung widerstandsfähig gegen das Eindringen von Chloriden sein.

DIBt TR-IH Prinzip 7: Erhalt oder Wiederherstellung der Passivität

Zu den Verfahren zum Erhalt oder zur Wiederherstellung der Passivität zählen:

7.1 Erhöhung bzw. Teilersatz der Betondeckung mit zusätzlichem Mörtel oder Beton,
7.2 Ersatz von schadstoffhaltigem oder carbonatisiertem Beton,
7.4 Realkalisierung von carbonatisiertem Beton durch Diffusion,
7.6 Füllen von Rissen oder Hohlräumen,
7.7 Aufbringen einer Beschichtung,
7.8 lokale Abdeckung von Rissen (Bandagen).

7.1 Erhöhung der Betondeckung mit zusätzlichem Mörtel oder Beton

Ist der Passivschutz der Bewehrung gewährleistet, kann er durch eine Erhöhung der Betondeckung mit zusätzlichem Mörtel oder Beton bis zum Ende der Restnutzungsdauer erhalten bleiben.

Dieses Verfahren eignet sich, wenn:

- über der Bewehrung eine mindestens 10 mm dicke Schicht an alkalischem Beton vorhanden ist,
- über der Bewehrung eine mindestens 10 mm dicke Schicht ohne kritischen korrosionsauslösenden Chloridgehalt vorhanden ist,
- der Chloridgehalt in der verbleibenden Altbetonschicht $<1{,}5$ M.-% ist.

Verwendet werden können:

- Beton nach DIN EN 206-1 in Verbindung mit DIN 1045-2,
- Spritzbeton oder -mörtel nach DIN EN 14487 in Verbindung mit DIN 18551,
- Vergussbeton nach DAfStb Richtlinie „Herstellung und Verwendung von zementgebundenem Vergussbeton und Vergussmörtel".

Die Schichtdicken $\mathbf{d}_E$ werden auf Basis der für die Korrosion der Bewehrung relevanten Expositionsklassen XC, XS und XD unter Einhaltung der Anforderungen an die Mindestbetondeckungen nach DIN EN 1992-1 und der in den entsprechenden Normen definierten Anforderungen an Baustoffe und Bauausführung für eine Nutzungsdauer von 50 Jahren festgelegt. Die nominale Schichtdicke für Betonersatzsysteme mit unbekannter Zusammensetzung wird berechnet aus den erforderlichen minimalen Schichtdicken für eine Nutzungsdauer von 50 Jahren von 20 mm für XC3 und 25 mm für XC1, XC2 und XC4 und einem Sicherheitszuschlag, der von der Rautiefe abhängig ist.

Es ist Folgendes zu beachten:

- Es ist ein Nachweis zu erbringen, dass am Ende der Restnutzungsdauer die Carbonatisierungsfront den Bewehrungsstahl nicht erreicht. Bei diesem Nachweis darf die Dicke der nichtcarbonatisierten Altbetonschicht berücksichtigt werden.
- Bei sehr großen Chlorideindringtiefen entscheidet der Sachkundige Planer, welcher Chloridgehalt in welcher Tiefe hinter der Bewehrung verbleibt.
- Es ist ein Nachweis zu erbringen, dass am Ende der Restnutzungsdauer der Chloridgehalt in der ergänzten Mörtelschicht an der zur Beaufschlagung abgewandten Seite unter den erlaubten Grenzwerten liegt. Für den Nachweis der Dicke des Mörtels oder Betons darf vereinfachend am einseitig beaufschlagten Einschichtsystem ohne Einflüsse aus dem Altbeton gerechnet werden.
- Es sind je nach Fall die im Teil 5 der DAfStb Richtlinie „Instandhaltung von Betonbauteilen" enthaltenen einfachen, semiprobabilistischen und probabilistischen Nachweisverfahren zur Ermittlung der Restnutzungsdauer und der Bemessung von Schichtdicken für Betonersatz bei Carbonatisierung und Chlorideinwirkung zu berücksichtigen.

In der Abb. 6.3 ist schematisch das Vorgehen für das Prinzip 7.1dargestellt.

7.2 Ersatz von schadstoffhaltigem oder carbonatisiertem Beton

Ist der Passivschutz der Bewehrung örtlich oder vollflächig infolge von Carbonatisierung oder infolge der Überschreitung des kritischen korrosionsauslösenden Chloridgehaltes nicht mehr gewährleistet, wird die Passivität der Bewehrung wiederhergestellt und die Restnutzungsdauer durch Ersatz des carbonatisierten oder chloridhaltigen Altbetons durch Mörtel oder Beton erhalten. Verwendet werden die gleichen Produkte in gleichen Schichtdicken $\mathbf{d}_E$ wie bei Prinzip 7.1 „Verfahren zur Erhöhung der Betondeckung mit zusätzlichem Mörtel oder Beton".

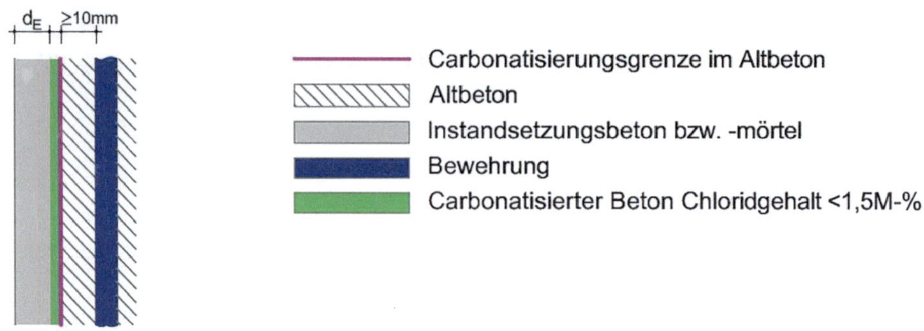

Abb. 6.3 Prinzip 7.1: Instandsetzung mit alkalischem Beton bei Carbonatisierung bzw. bei Kontamination mit Chloriden mit Chloridgehalt < 1,5 M.-% bezogen auf den Zementgehalt

Der Mörtel oder Beton kann kleinflächig auch händisch aufgetragen werden, ansonsten durch Betonieren, durch Vergießen oder im Spritzverfahren. Bei der Wahl des geeigneten Betonersatzmaterials ist die Abtragstiefe hinter der Bewehrung zu berücksichtigen. Das Größtkorn darf maximal 1/3 der Abtragstiefe hinter der Bewehrung betragen. Die Oberfläche der freigelegten Bewehrung muss mindestens einen Oberflächenvorbereitungsgrad Sa 2 und bei kleinflächiger händischer Vorbereitung von St 2 aufweisen.

Bei Verlust des Passivschutzes infolge einer hinter der Bewehrung liegenden Carbonatisierungsfront (siehe Abb. 6.4) ist die Tiefe des Abtrags von Altbeton vom Durchmesser der Bewehrung abhängig:

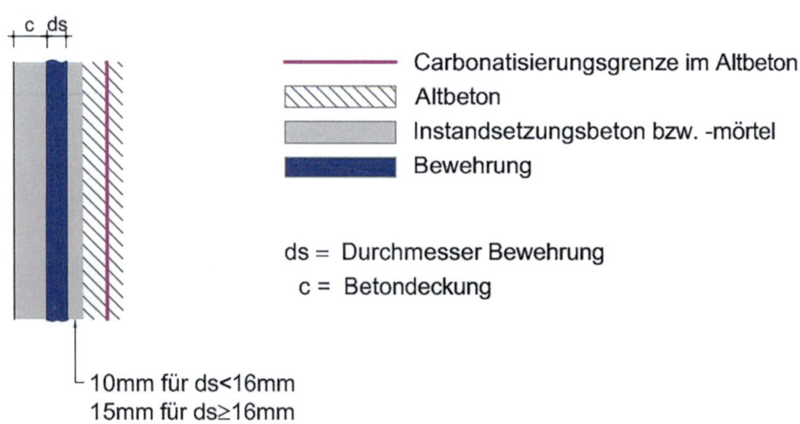

Abb. 6.4 Prinzip 7.2: Instandsetzung mit alkalischem Beton bei Carbonatisierung hinter der Bewehrung

- Durchmesser der Bewehrung <16 mm = mindestens 10 mm hinter und 20 mm neben der Bewehrung,
- Durchmesser der Bewehrung >16 mm = mindestens 15 mm hinter der Bewehrung.

Bei Verlust des Passivschutzes infolge der Einwirkung von Chloriden ist der Altbeton mit Chloridgehalten oberhalb des kritischen korrosionsauslösenden Wertes vollständig zu entfernen (Abb. 6.5). Bei großen Chlorideindringtiefen muss der Altbeton bis mindestens 30 mm hinter die Bewehrung entfernt werden. In diesem Fall darf der Chloridgehalt im verbleibenden Altbeton 1,5 M.-% bezogen auf den Zementgehalt nicht überschreiten (Abb. 6.6). Höhere verbleibende Chloridgehalte im Altbeton sind nur bei entsprechenden Nachweisen zulässig.

Es ist Folgendes zu beachten:

- Bei der Festlegung des Betonausbruches und der Freilegung der Bewehrung sind die Auswirkungen auf die Standsicherheit zu beachten.

Abb. 6.5 Prinzip 7.2: Instandsetzung mit alkalischem Beton bei hohem Chloridgehalt

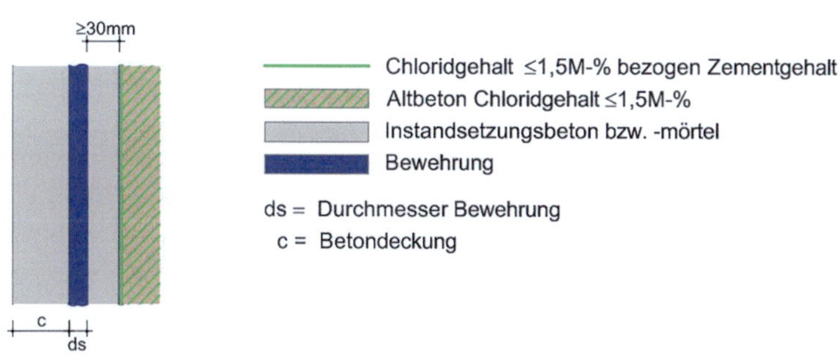

Abb. 6.6 Prinzip 7.2: Instandsetzung mit alkalischem Beton bei großer Chlorideindringtiefe

- Bei der Expositionsklasse XC ist der Nachweis zu erbringen, dass am Ende der Restnutzungsdauer die Carbonatisierungsfront den Bewehrungsstahl nicht erreicht.
- Bei den Expositionsklassen XD und XS ist ein Nachweis zu erbringen, dass am Ende der Restnutzungsdauer der Chloridgehalt im Betonersatzmaterial an der zur Beaufschlagung abgewandten Seite unter den erlaubten Grenzwerten liegt. Für den Nachweis der Dicke des Mörtels oder Betons darf vereinfachend am einseitig beaufschlagten Einschichtsystem ohne Einflüsse aus dem Altbeton gerechnet werden.
- Besteht die Wahrscheinlichkeit einer Depassivierung während der Restnutzungsdauer, kann in besonderen Fällen eine zusätzliche mineralische Beschichtung der Bewehrung (Korrosionsschutz nach DIN EN 1504-7) vorgenommen werden.

7.4 Realkalisierung von carbonatisiertem Beton durch Diffusion

Ist der Passivschutz der Bewehrung örtlich oder vollflächig infolge von Carbonatisierung nicht mehr gewährleistet oder wird in absehbarerer Zeit die Carbonatisierungsfront die Bewehrung erreichen, kann bei einer maximalen Carbonatisierungstiefe des Altbetons von 40 mm der Passivschutz der Bewehrung durch Aufbringen von Mörtel oder Beton wiederhergestellt werden. Die Realkalisierung des carbonatisierten Betons durch Diffusion erfolgt durch das Auftragen auf die carbonatisierte Betonoberfläche einer mindestens 20 mm dicken Schicht von zementgebundenem Beton oder Mörtel. Die hohe Konzentration an Alkalien im Porenwasser des frischen Mörtels/Betons bewirkt die Diffusion der Alkalien in den carbonatisierten Bereich, der dadurch realkalisiert wird.

Es ist Folgendes zu beachten:

- Verwendet werden die gleichen Produkte wie bei Prinzip 7.1 „Verfahren zur Erhöhung der Betondeckung mit zusätzlichem Mörtel oder Beton“. Der Mörtel oder Beton kann kleinflächig auch händisch aufgetragen werden, ansonsten durch Betonieren, durch Vergießen oder im Spritzverfahren.
- Die Schichtdicken **c** werden auf Basis der für die Korrosion der Bewehrung relevanten Expositionsklassen XC, XS und XD unter Einhaltung der Anforderungen an die Mindestbetondeckungen nach DIN EN 1992-1 und der in den entsprechenden Normen definierten Anforderungen an Baustoffe und Bauausführung für eine Nutzungsdauer von 50 Jahren festgelegt.
- Die nominale Schichtdicke für Betonersatzsysteme mit unbekannter Zusammensetzung wird berechnet aus den erforderlichen minimalen Schichtdicken für eine Nutzungsdauer von 50 Jahren von 20 mm für XC3 und 25 mm für XC1, XC2 und XC4 zuzüglich eines Sicherheitszuschlages, der von der Rautiefe abhängig ist.

7.7 Füllen von Rissen oder Hohlräumen

Das Füllen von Rissen oder Hohlräumen mit Rissfüllstoffen entweder durch druckloses Vergießen oder durch unter Druck injizierte Füllstoffe hat zum Ziel, durch das „Schließen“ der Risse bzw.durch die Begrenzung der Rissbreiten eine Reduzierung des Eindringens oder Durchdringens von stahlangreifenden Stoffen zu bewirken und so die Passivität der Bewehrung zu erhalten oder wiederherzustellen.

Bei Bauteilen mit Einwirkung entsprechend Expositionsklasse XC kann bei Verwendung von zementgebundenen Füllstoffen die Passivität des Bewehrungsstahls im Beton erhalten oder wiederhergestellt werden.

Bei Bauteilen mit Einwirkung entsprechend Expositionsklassen XD und XS, die keine offenen Risse aufweisen und wenn keine chloridinduzierte Stahlkorrosion stattgefunden hat, kann das Verfahren zum Erhalt der Passivität angewendet werden. Zur Erhaltung der Dauerhaftigkeit werden zusätzliche Maßnahmen, wie das Aufbringen einer Beschichtung oder Abdichtung, empfohlen.

Über die Anwendbarkeit des Verfahrens entscheidet der Sachkundige Planer unter objektspezifischer Beurteilung der Parameter: Risse, Hohlräume, Bauteildicke und Anordnung der Bewehrung.

Es ist Folgendes zu beachten:

- Die Auswahl des Stoffes zur Füllung von Rissen und Hohlräumen erfolgt abhängig von der Rissbreite, sowie den aus den Temperatur- und Lasteneinwirkungen zu erwartenden Änderungen der Rissbreiten.
- Das Füllen von Rissen und Hohlräumen kann durch Injektion oder Vergießen mit geeigneten Rissfüllstoffen erfolgen.
- Beim kraftschlüssigen Verbund können sich bei wiederkehrender Rissursache an anderen Stellen des Bauteils neue Risse bilden.

7.7 Beschichtung zum Erhalt oder der Wiederherstellung der Passivität

Das Aufbringen einer Beschichtung hat zum Ziel, das Bauteil gegen das Eindringen von carbonatisierungsfördernden Stoffen wie Kohlendioxid oder stahlangreifenden Stoffen wie Chloriden zu schützen und so die Passivität der Bewehrung zu erhalten.

Für dieses Verfahren eignen sich die Oberflächenschutzsysteme OS 2/OS B, OS 4/OS C, OS 5a/OS DII, OS 5b/OS DI, OS 8,OS 11a/OS Fa, OS 11b/OSFb und OS 14 (siehe Abschn. 11).

Dieses Verfahren eignet sich wenn:

- über der Bewehrung eine mindestens 10 mm dicke Schicht an alkalischem Beton vorhanden ist,
- über der Bewehrung eine mindestens 10 mm dicke Schicht ohne kritischen korrosionsauslösenden Chloridgehalt vorhanden ist,
- der Chloridgehalt in der verbleibenden Altbetonschicht $<1{,}5$ M.-% ist.

Es ist Folgendes zu beachten:

- Bei einem gerissenen Betonuntergrund mit größeren Rissbreiten ist eventuell vorab eine Rissbehandlung erforderlich (Tränken).
- Sind im Betonuntergund eine große Anzahl an Rissen oder Risse mit großer Rissbreite vorhanden, kann der Sachkundige Planer anstatt einer Beschichtung eine Grundierung oder eine Reprofilierung mit Reaktionsharzmörtel vorsehen.
- Bei rückseitiger Durchfeuchtung des Bauteils oder erhöhter Restfeuchtigkeit (Einwirkung XBW1) sind gegebenenfalls zusätzliche Maßnahmen erforderlich, und vorhandene Risse sind vorab zu behandeln.
- Die Wirkung von OS 2 ist von der Porosität des Betonuntergundes abhängig.
- OS2 ist bei Einwirkungen von Chloriden nur bedingt einsetzbar.
- Der Sachkundige Planer legt für die Anwendung von OS 8, OS 11 oder OS 14 die Anforderung an die Rutschhemmung oder die Rauheit fest. Diese sind nachzuweisen.

7.8 Lokale Abdeckung von Rissen (Bandagen)
Rissbandagen sind lokale Maßnahmen zum dauerhaften Schutz vor dem Eindringen schädlicher Substanzen in bewegliche Trennrisse, Arbeitsfugen oder Zonen mit hoher Risswahrscheinlichkeit und bewirken den Erhalt der Passivität der Bewehrung. Sie werden abhängig von der Rissbreite, den zu erwartenden Rissbewegungen und den Einwirkungen aus Temperatur und Verkehr gewählt. Für diese Maßnahmen eignen sich die Oberflächenschutzsysteme OS 11a/OS Fa, OS 11b/OS Fb oder OS 14 (siehe Abschn. 11).

Es ist Folgendes zu beachten:

- Um eine mechanische Schädigung und Wasseransammlungen an den Rändern zu vermeiden, müssen Bandagen oberflächenbündig ausgeführt werden.
- Bei rückseitiger Durchfeuchtung des Bauteils oder erhöhter Restfeuchtigkeit (Einwirkung XBW1) ist gegebenenfalls eine mehrlagige Grundierung erforderlich, und vorhandene Risse sind vorab in geeigneter Weise zu behandeln.

▶ **Hinweis** Bei den Verfahren zum Schutz oder zur Instandsetzung von Bewehrungskorrosion nach Prinzip 7.1, Prinzip 7.2 und Prinzip 7.4 erfolgt der Erhalt und die Wiederherstellung der Passivität der Bewehrung nach dem Prinzip der Diffusion von Hydroxidionen aus zementgebundenem Mörtel und Beton, daher dürfen bei diesem Verfahren Polymerbeton oder Polymermörtel nicht verwendet werden.

6.5.2 Korrosionsschutz durch Begrenzung des Wassergehaltes im Beton

Das Prinzip basiert auf der Verringerung der Ionenleitfähigkeit. Durch Unterbindung des Zutritts von flüssigem Wasser, Wasserdampf von innen und Bodenfeuchte oder durch Austrocknung verringert sich der Feuchtegehalt im Beton. Ein geringerer Feuchtegehalt bewirkt eine Erhöhung des elektrischen Widerstandes des Betons, wodurch elektrolytische Teilprozesse bei der Bewehrungskorrosion weitgehend unterdrückt werden. Insgesamt gibt es keinen Grenzwert für den elektrischen Widerstand, ab dem die Korrosionsrate der Bewehrung als vernachlässigbar eingestuft werden kann. Die Korrosionsprozesse der Bewehrung schreiten während einer sehr langsamen Austrocknung im nennenswerten Umfang fort.

Geeignete Oberflächenschutzsysteme verhindern die Wasserzufuhr. Zusätzlich ist darauf zu achten, dass kein Wasserdampf von innen oder Bodenfeuchte in das Bauteil eindringen kann.

Bei mit Chloriden kontaminiertem Beton kann die Erhöhung des elektrischen Widerstandes sehr lange dauern.

DAfStb RiLi-SIB Grundsatzlösung W: Begrenzung des Wassergehalts im Beton
Bei der Grundsatzlösung W wird nur die korrodierte Bewehrung ringsum oder an der Seite mit Wasserbeaufschlagung freigelegt und eine mindestens 10 mm dicke Schicht Beton oder Mörtel aufgebracht. Anschließend wird die gesamte Betonoberfläche mit einem hydrophoben Oberflächenschutz (Beschichtung) versehen (Abb. 6.7). Oft wird dieses Verfahren kombiniert mit einem vorherigen Schutzanstrich der Bewehrung (siehe auch Abb. 6.8

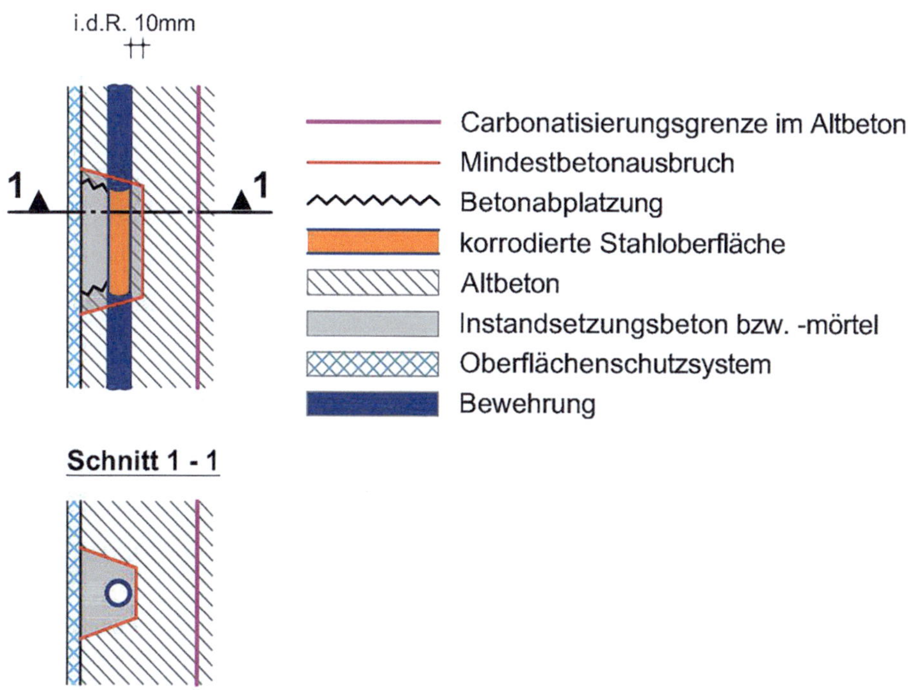

Abb. 6.7 Grundsatzlösung W: Begrenzung des Wassergehalts im Beton

Grundsatzlösung C). Bei einem möglichen Chloridangriff muss sowohl der aufgebrachte Oberflächenschutz als auch die Beschichtung der Bewehrung widerstandsfähig gegen Chloride sein.

Die Begrenzung des Feuchtegehalts kann auch durch Imprägnierung, Beschichtung oder das Aufstellen von Schutzdächern oder belüftete Außenverkleidung erfolgen. Belüftete Außenverkleidungen sollen eine Dampfentweichung ermöglichen, sonst bildet sich an den kalten Stellen Kondenswasser.

Sind partiell Korrosionsschäden am Beton vorhanden, müssen diese vorab mit zement- oder reaktionsharzgebundenem Mörtel und Beton ausgebessert werden.

DIN EN 1504 Prinzip 8: Increasing Resistivity (IR), Verringerung der Ionenleitfähigkeit

Prinzip 8 entspricht der Grundsatzlösung W „Korrosionsschutz durch Begrenzung des Wassergehalts im Beton“ der DAfStb RiLi-SIB.

DIBt TR-IH Prinzip 8: Erhöhung des elektrischen Widerstandes

Als Verfahren zur Erhöhung des elektrischen Widerstandes zählen:

8.1 Erhöhung des elektrischen Widerstandes durch Hydrophobierung,
8.3 Erhöhung des elektrischen Widerstandes durch Beschichtung.

8.1 Erhöhung des elektrischen Widerstandes durch Hydrophobierung

Bei diesem Verfahren wird zur Erhöhung des elektrischen Widerstandes auf die carbonatisierte Oberfläche eines Betons ein Oberflächenschutzsystem Typ OS 1/OS A aufgebracht, das eine Regulierung des Wasserzutritts gewährleistet (siehe auch Prinzip 2 und Abschn. 11). Das Oberflächenschutzsystem erhöht den elektrischen Widerstand nur dann, wenn das Wasser planmäßig von der Betonoberfläche abgeführt wird und die Umgebungsbedingungen eine Austrocknung des Bauteils ermöglichen.

Es ist Folgendes zu beachten:

- Das Verfahren eignet sich nicht für mit Chloriden kontaminierte Betone.
- OS 1 eignen sich nur zur Applikation auf trockenem Betonuntergrund mit Rissen mit einer Rissbreite bis 0,1 mm. Für größere Rissbreiten ist eine zusätzliche Rissbehandlung erforderlich.
- Der Sachkundige Planer legt die Mindestauftragsmenge und Mindesteindringtiefe fest.
- Die Aufnahmefähigkeit der Hydrophobierung ist auf Musterflächen zu überprüfen.
- Da die Wirkung der hydrophoben Eigenschaften zeitlich begrenzt ist, sind im Instandhaltungsplan regelmäßige Kontrollmessungen ihrer Wirksamkeit vorzusehen.

8.3 Erhöhung des elektrischen Widerstandes durch Beschichtung
Bei carbonatisiertem Beton werden zur Erhöhung des elektrischen Widerstandes Beschichtungen eingesetzt, die eine Regulierung des Wasserhaushaltes über die Betonoberflächen bewirken. Für dieses Verfahren eignen sich die Oberflächenschutzsysteme OS 2/OS B, OS 4/OS C (mit S_D-Wert mindestens 5 m), OS 5a/OS DII, OS 5b/OS DI, OS 8 und in besonderen Fällen OS 11a/OS Fa, OS 11b/OS F b und OS 14 (siehe Prinzip 2 und Abschn. 11).

Bei Beton mit einem Chloridgehalt >1,0 M.-% ist keine ausreichende Austrocknung des Bauteils zu erwarten, und somit ist keine Erhöhung des elektrischen Widerstandes so zu erzielen, dass eine chloridinduzierte Bewehrungskorrosion zuverlässig gestoppt oder unterbunden wird. Das Aufbringen eines chloridwiderstandsfähigen Oberflächenschutzsystems auf einen Beton mit hohem Chloridgehalt ist nur unter der Maßnahme erlaubt, dass über die gesamte Restnutzungsdauer der Fortschritt der Korrosion von einem Sachkundigen Planer überprüft wird, wie z. B. durch Einbau geeigneter Sensoren.

Es ist Folgendes zu beachten:

- Vorab ist vom Sachkundigen Planer eine Abschätzung der Resttragfähigkeit unter Berücksichtigung einer weiter fortschreitenden Korrosion der Bewehrung durchzuführen.
- Wenn die vorherrschenden Umgebungsbedingungen eine Austrocknung des Betons ermöglichen, müssen Oberflächenschutzsysteme der Wasserdampfdurchlässigkeitsklasse I verwendet werden.
- Ist der Beton bereits vor dem Auftrag der Beschichtung ausreichend ausgetrocknet, können Oberflächenschutzsysteme der Wasserdampfdurchlässigkeitsklasse II und III verwendet werden.
- Die Wirksamkeit von Oberflächenschutzsystemen OS 2/OS B hängt von der Porosität des Betonuntergrundes ab.
- Bei Einwirkungen von Chloriden sind Oberflächenschutzsysteme OS 2/OS B nur bedingt geeignet.
- Bei einem gerissenen Betonuntergrund mit größeren Rissbreiten ist eventuell vorab eine Rissbehandlung erforderlich.
- Sind im Betonuntergrund eine große Anzahl an Rissen oder Risse mit großer Rissbreite vorhanden, kann der Sachkundige Planer anstatt einer Beschichtung eine Grundierung oder eine Reprofilierung mit Reaktionsharzmörtel vorsehen.
- Der Sachkundige Planer legt für die Anwendung von OS 8, OS 11 oder OS 14 die Anforderung an die Rutschhemmung oder die Rauheit fest. Diese sind nachzuweisen.

▶ **Hinweis** Dieses Verfahren sollte nicht bei einem Chloridgehalt an der Bewehrung von >1,5 M.-% bezogen auf die Zementmasse angewendet werden

6.5.3 Korrosionsschutz durch Begrenzung des Sauerstoffgehaltes

DIN EN 1504 Prinzip 9: Cathodic Control (CC), Kontrolle kathodischer Bereiche
Dieses Prinzip basiert auf der Begrenzung des Sauerstoffgehaltes (an der Kathode) bzw. der Verhinderung des Sauerstoffzutritts zu Kathodengebieten und erfolgt durch Aufbringen von vollständig versiegelnder Imprägnierung oder von Oberflächenbeschichtung an der Bauteiloberfläche. Da die vollständige Absperrung des Betonbauteils gegen Sauerstoff baupraktisch nicht sicher beherrschbar ist, wird diese Methode in der DAfStb RiLi-SIB nicht als Grundsatzlösung aufgeführt. Das Prinzip 9 hat in der Praxis wenig Bedeutung.

6.5.4 Korrosionsschutz durch Begrenzung des elektrochemischen Potentials

Das Prinzip hat als Ziel das Absenken durch Polarisation des elektrischen Potentials der Bewehrung, um dadurch eine Reduktion der Geschwindigkeit von Korrosionsprozessen an der Bewehrung auf einen technisch vernachlässigbaren Wert zu erreichen.

Der Kathodische Korrosionsschutz (KKS) kann entweder als vorbeugende Maßnahme angewendet werden oder zur Wiederherstellung des Korrosionsschutzes von Stahlbetonbauwerken mit erhöhtem Chloridgehalt auch in tiefer liegenden Zonen sowie bei schon eingetretener chloridinduzierter Korrosion der Stahlbewehrung.

Häufig wird KKS bei chloridinduzierter Bewehrungskorrosion von Stahlbetonbauteilen angewendet, bei denen die Wiederherstellung der Passivität der Bewehrung durch Betonersatz technisch nicht möglich ist, wie z. B. bei Betonbauwerken, bei denen ein Abtrag und Ersatz des chloridhaltigen Betons vorzunehmen ist, und diese Anforderung aus statischer Sicht sehr problematisch zu erfüllen ist, wie z. B. bei Spannbeton. Durch den Einsatz des KKS zur Sicherstellung der Dauerhaftigkeit der Bewehrung können massive Eingriffe in die Bausubstanz vermieden werden, denn bei dieser Methode erfolgt kein Abtrag des kontaminierten Betons. Die im Beton verbleibenden Chloride stellen jedoch auch bei einem späteren Zutritt von Feuchte keine Gefahr für die Bewehrung dar.

► **Hinweis** Um mögliche Brüche des Spannstahls infolge von Versprödung durch kathodische Spannungsrisskorrosion (Wasserstoffkorrosion) zu vermeiden, ist eine erhöhte Überwachung erforderlich. Die Praxis zeigt jedoch, dass die übliche Polarisation weit unterhalb der Werte liegt, die zu einer Wasserstoffentwicklung führen.

DAfStb RiLi-SIB Grundsatzlösung K: Kathodischer Korrosionsschutz
Der kathodische Korrosionsschutz wird angewendet bei Stahlbetonbauteilen, die bis zur ersten Bewehrungslage oder auch in tiefer gelegenen Zonen erhöhte Chloridgehalte enthalten.

Das Prinzip beruht auf dem Anlegen eines elektrischen Potentials und ist von der Dauerhaftigkeit der angebrachten Anode und der elektrolytischen Leitfähigkeit des Betons abhängig (siehe Kap. 13). Das Verfahren ist in DIN EN 12696 geregelt.

DIN EN 1504 Prinzip 10: Catodic Protection (CP), kathodischer Schutz
Der Kathodische Schutz nach DIN EN 1504 entspricht dem in DIN EN 12696 geregelten Verfahren.

DIBt TR-IH Prinzip 10: Kathodischer Korrosion
Es ist Folgendes zu beachten:

- Der Sachkundige Planer benötigt eine Zertifizierung nach Grad 2 oder 3 nach DIN EN 15257 oder einen vergleichbaren Nachweis ausreichender Kenntnisse und Erfahrung in der Planung, Ausführung und Qualitätssicherung von Maßnahmen mit kathodischem Korrosionsschutz.
- Bei der Planung der Instandsetzung von Bauteilen aus Spannbeton mit KKS sollte unbedingt eine spezialisierte Fachfirma hinzugezogen werden, die Erfahrung mit KKS im Bereich Spannbeton anhand von ausgeführten Referenzobjekten nachweisen kann.
- Zur Erhaltung eines dauerhaften Korrosionsschutzes sind die in DIN EN ISO 12696 geregelten Inspektions- und Wartungsmaßnahmen durchzuführen.

6.5.5 Korrosionsschutz durch Kontrolle anodischer Bereiche

Das Prinzip hat zum Ziel die Schaffung von Bedingungen, in welchen – trotz Vorhandensein eines anodischen Potentialgefälles an der Bewehrung die Korrosionsreaktion nicht stattfinden kann. Dies geschieht durch das Aufbringen von aktiv pigmentierten, elektrisch isolierenden bzw. diffusionsdichten Beschichtungen auf die Bewehrung. Eine Alternative ist das Imprägnieren des Betons mit Inhibitoren, die bis zur Bewehrung diffundieren.

DAfStb RiLi-SIB Grundsatzlösung C: Korrosionsschutz durch Beschichten der Bewehrung
Diese Grundsatzlösung (Abb. 6.8) wird angewendet, wenn die neu aufgebrachte Beton- bzw. Mörtelschicht nach der Instandsetzung kleiner als 10 mm ist und somit die Anforderungen für die Grundsatzlösungen der Prinzipien R1 bzw. R2 oder W nicht erreicht werden.

In diesem Fall erfolgt ein Abtrag des Betons rund um die Bewehrung bis zu einer Tiefe entsprechend der Carbonatiserungstiefe zuzüglich eines Sicherheitszuschlags. Dieser berücksichtigt den zeitlichen Fortschritt der Carbonatisierung bis zum Ende der technischen Nutzungsdauer.

Die freigelegte Stahloberfläche wird so entrostet, dass sie an jeder Stelle dem Vorbereitungsgrad Sa 2 ½ nach DIN EN ISO 12944-4 entspricht. Besondere Achtung gilt den Kreuzungsbereichen von Betonstäben sowie der Rückseite der Stahloberflächen. Die Bewehrung wird mit einem Korrosionsschutz beschichtet.

Die Methode wird oft mit dem Aufbringen eines Oberflächenschutzsystems OS2, OS4 oder OS5 auf der gesamten Betonoberfläche kombiniert. Die günstige Wirkung des Schutzes darf beim zeitlichen Fortschritt der Carbonatisierung bis hin zum Ende der technischen Nutzungsdauer berücksichtigt werden.

Wirken auf die Bewehrung stahlangreifende Substanzen, ist die Beschichtung der Bewehrung so zu wählen, dass sie dem Angriff Widerstand leistet. Der Oberflächenschutz muss das Eindringen dieser Stoffe zuverlässig verhindern.

Kann der carbonatisierte Beton nicht in dem beschriebenen Umfang abgetragen werden, ist eine Kombination mit der Grundsatzlösung Verfahren W möglich.

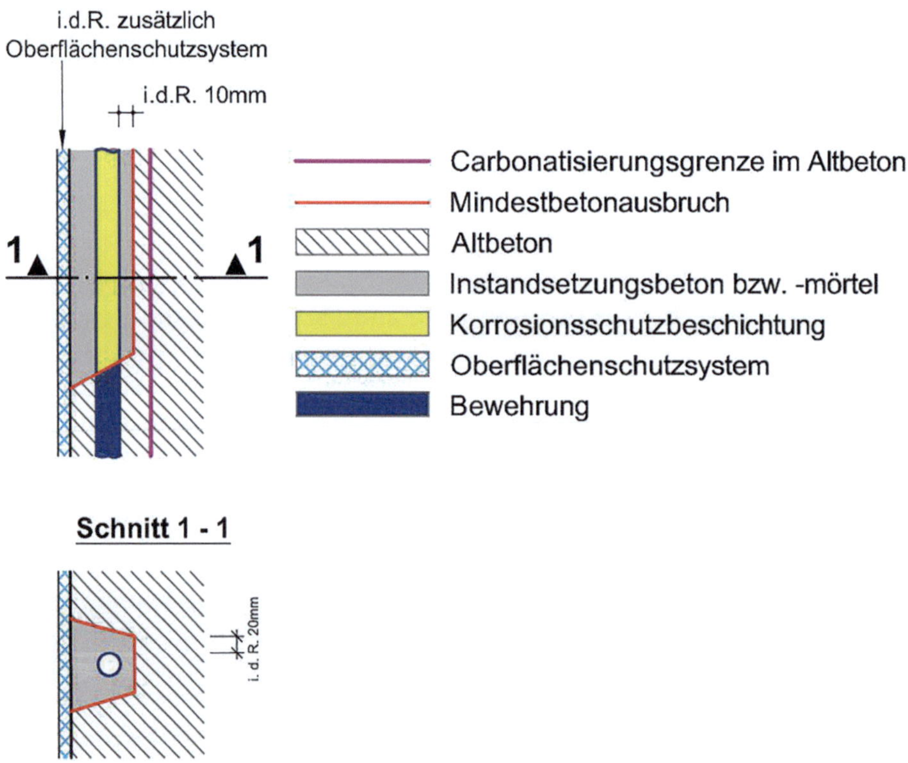

Abb. 6.8 Grundsatzlösung C: Korrosionsschutz durch Beschichten der Bewehrung

DIN EN 1504 Prinzip 11: Control of Anodic Areas (CA), Kontrolle anodischer Bereiche

Das Prinzip 11 entspricht der in Abb. 6.8 skizzierten Grundsatzlösung C „Korrosionsschutz durch Beschichten der Bewehrung" der DAfStb RiLi-SIB, wobei zusätzlich zur Beschichtung der Bewehrung als Regelmaßnahme zur Verbesserung des Widerstandes gegen Carbonatisierung ein Oberflächenschutzsystem nach Prinzip 1 oder Prinzip 2 der DIN EN 1504 appliziert wird.

6.6 Planungshilfe für die Anwendung der Prinzipien und Verfahren bei Korrosion der Bewehrung

Wenn aus der Beurteilung des Istzustandes ersichtlich ist, dass der Korrosionsschutz der Bewehrung partiell oder komplett aufgehoben oder zu erwarten ist, dass der Korrosionsschutz der Bewehrung innerhalb der geplanten Nutzungsdauer nicht mehr gegeben sein wird, muss der Sachkundige Planer geeignete Maßnahmen planen, die einen zuverlässigen Schutz der Bewehrung gegen Korrosion während der gesamten Restnutzungsdauer gewährleisten.

Ein vorbeugender Korrosionsschutz wird dann aufgebracht, wenn:

- die Carbonatisierungsfront die Bewehrung erreicht hat und die Bewehrung noch intakt ist,
- Korrosion der Bewehrung innerhalb der Nutzungsdauer zu erwarten ist,
- in der Umgebung der Bewehrung ein erhöhter Chloridgehalt und Feuchte vorhanden sind.

6.6.1 Erhalt des Passivschutzes bei eingetretener Carbonatisierung

Ist ein Passivschutz der Bewehrung vorhanden, kann das Fortschreiten der Carbonatisierung durch folgende Maßnahmen unterbunden werden:

- Erhöhung der Betondeckung mit zusätzlichem Mörtel oder Beton,
- Realkalisierung von carbonatisiertem Beton durch Diffusion,
- Füllen von Rissen oder Hohlräumen,
- Aufbringen eines geeigneten Oberflächenschutzsystems,
- lokale Abdeckung von Rissen,
- Erhöhung des elektrischen Widerstandes durch Hydrophobierung.

6.6.2 Erhalt des Passivschutzes bei Einwirkung von Chloriden

Ist ein Passivschutz der Bewehrung vorhanden, kann dieser durch folgende Maßnahmen erhalten werden:

- Erhöhung der Betondeckung mit zusätzlichem Mörtel oder Beton,
- Füllen von Rissen oder Hohlräumen,
- Aufbringen eines geeigneten Oberflächenschutzsystems,
- lokale Abdeckung von Rissen.

6.6.3 Wiederherstellung des Passivschutzes bei eingetretener Carbonatisierung

Ist der Passivschutz der Bewehrung örtlich oder vollflächig infolge von Carbonatisierung nicht mehr vorhanden, kann der Passivschutz durch folgende Maßnahmen wiederhergestellt werden:

- Ersatz von carbonatisiertem Beton,
- Realkalisierung von carbonatisiertem Beton durch Diffusion,
- Füllen von Rissen oder Hohlräumen,
- Aufbringen eines geeigneten Oberflächenschutzsystems,
- lokale Abdeckung von Rissen,
- Erhöhung des elektrischen Widerstandes durch Hydrophobierung,
- Erhöhung des elektrischen Widerstandes durch Beschichtung.

6.6.4 Wiederherstellung des Passivschutzes bei Einwirkung von Chloriden

Ist der Passivschutz der Bewehrung örtlich oder vollflächig infolge der Einwirkung von Chloriden nicht mehr vorhanden, kann der Passivschutz durch folgende Maßnahmen wiederhergestellt werden:

- Erhöhung der Betondeckung mit zusätzlichem Mörtel oder Beton,
- Ersatz des chloridhaltigen Betons,
- Füllen von Rissen oder Hohlräumen,
- Aufbringen eines geeigneten Oberflächenschutzsystems,
- lokale Abdeckung von Rissen,

- Korrosionsschutz nach DIN EN 1504-7,
- Kathodischer Korrosionsschutz.

Der Altbeton, dessen Chloridgehalt über dem Grenzwert für Korrosionsangriff liegt, muss im Bereich der Stahlbewehrung zuzüglich eines Sicherheitszuschlages entfernt werden. Es ist unbedingt sicherzustellen, dass während der Restnutzungsdauer kein korrosionsauslösender Chloridgehalt auf der Stahlbetonoberfläche erreicht wird. Die Sachkundige Planung muss gewährleisten, dass die Betondeckung der Bewehrung nach der Instandsetzung größer ist als die maximal erreichbare Tiefe des korrosionsauslösenden Chloridgehaltes. Dies kann auch durch das Aufbringen eines entsprechenden Oberflächenschutzsystems erreicht werden, denn die günstige Wirkung des Oberflächenschutzsystems darf berücksichtigt werden.

Liegt die Tiefe des korrosionsauslösenden Chloridgehaltes großflächig hinter der Bewehrung und ist für einen Ersatz des kontaminierten Betons ein großflächiger Abtrag des Altbetons mit gleichzeitiger Freilegung der Bewehrung erforderlich, muss der Sachkundige Planer vorab die Auswirkung des fehlenden Verbundes auf die Tragfähigkeit des Bauteils beurteilen. Ist aus statischen Gründen ein Abtrag dieser Art nicht möglich oder kann keine großflächige Mörtelbeschichtung vorgenommen werden, eignet sich zur Wiederherstellung des Passivschutzes der Bewehrung das Aufbringen eines Kathodischen Korrosionsschutzes.

Bei der Wahl des Oberflächenschutzsystems ist darauf zu achten, dass ein weiteres oder erneutes Eindringen von Chloriden zuverlässig verhindert wird.

6.6.5 Sicherstellung der Beständigkeit des Instandsetzungssystems

Die Verwendung von Instandsetzungssystemen mit vorgegebenen Anforderungen oder Merkmalen stellt in der Regel die Beständigkeit des vom Sachkundigen Planer gewählten Instandsetzungssystems über die vorgesehene Nutzungsdauer sicher. Ist die Sicherstellung der Beständigkeit des Instandsetzungssystems über die geplante Restnutzungsdauer nicht gewährleistet, erfolgt eine regelmäßige Überprüfung (im Rahmen von Inspektion, Wartung) und ggf. eine Instandsetzung.

6.6.6 Sicherstellung der Dauerhaftigkeit des Verbundes

Damit der Verbund zwischen dem gewählten Instandsetzungssystem und dem Betonuntergrund, zwischen dem Instandsetzungssystem und der Bewehrung oder zwischen verschiedenen Schichten dauerhaft ist, muss der Betonuntergrund und die Bewehrung durch geeignete Maßnahmen entsprechend vorbereitet werden (siehe Kap. 7). Unter

Umständen sind zur Sicherung des Verbundes Verankerungen und/oder die Zulage von Bewehrung erforderlich.

Die Instandsetzungssysteme dürfen grundsätzlich den Korrosionsschutz von Bewehrungsstahl nicht beeinträchtigen und dürfen sich während der Erhärtung und der anschließenden Nutzungsphase unter dem Einfluss von Schwinden, Quellen, Temperaturdehnung und Verformung vom Untergrund nicht ablösen oder reißen.

Literatur

Bundesministerium für Verkehr, Bau und Stadtentwicklung: Handlungsanweisung zur Überprüfung und Beurteilung von älteren Brückenbauwerken, die mit vergütetem, spannungsrisskorrosionsgefährdetem Spannstahl erstellt wurden (Handlungsanweisung Spannungsrisskorrosion), 2013

Bundesministerium für Verkehr, Bau und Stadtentwicklung: Richtlinien für die Erhaltung von Ingenieurbauten RI-ERH-ING RI-EBW-PRÜF, Ausgabe 2017

Bundesministerium für Verkehr, Bau und Stadtentwicklung: Richtlinie zur Nachrechnung von Straßenbrücken im Bestand (Nachrechnungsrichtlinie), Ausgabe 2011

DAfSTb-Heft 616: Sachstandbericht Bauen im Bestand – Teil I: Mechanische Kennwerte historischer Betone, Betonstähle und Spannstähle für die Nachrechnung von bestehenden Bauwerken, 2016.

DAfStb: Richtlinie Schutz und Instandsetzung von Betonbauteilen (Instandsetzungs-Richtlinie), 2001

DIBt: Technische Regel Instandhaltung von Betonbauwerken, 2020

DIN 1045 Tragwerke aus Beton, Stahlbeton und Spannbeton, Teil 2, Beton Festlegung, Eigenschaften, Herstellung und Konformität- Anwendungsregeln zu DIN EN 206-1. Ausgabe 08/2008

DIN 18551 Spritzbeton. Nationale Anwendungsregeln zur Reihe DIN EN 14487

DIN EN 12696: Kathodischer Korrosionsschutz von Stahl in Beton, Fassung 06/2000

DIN EN 1504: Produkte und Systeme für den Schutz und die Instandsetzung von Betontragwerken – Definitionen, Anforderungen, Güteüberwachung und Beurteilung der Konformität, Teil 1: Definition, Fassung 10/2005 (2001)

DIN EN 206: Beton – Teil 1: Festlegung, Eigenschaften, Herstellung und Konformität, Deutsche Fassung 07/2001

DIN EN ISO 12944: Beschichtungsstoffe – Korrosionsschutz von Stahlbauten durch Beschichtungssysteme, Teil 4: Arten von Oberflächen und Oberflächenvorbereitung, Fassung 07/1998

HOAI Honorarordnung für Architekten und Ingenieure, Ausgabe 2013

WTA-Merkblatt Merkblatt 5–7–99/D: Prüfen und Wartung von Betonbauwerken, 1999

WTA-Merkblatt Merkblatt E 5-1-99/D: Wartung von Betonbauwerken – Musterwartungsvertrag, 2003

ZTV-ING Zusätzliche technische Vertragsbedingungen für den Ingenieurbau, Ausgabe 2017

7 Vorbereitende Arbeiten für Instandsetzungsmaßnahmen

7.1 Vorbereitende Arbeiten am Betonuntergrund

Die Dauerhaftigkeit einer Instandsetzungsmaßnahme hängt wesentlich vom Haftverbund zwischen der aufzubringenden Schicht und dem Betonuntergrund ab.

Der Betonuntergrund muss grundsätzlich sauber und frei von losen Teilen und trennenden Substanzen sein. Diese Anforderung wird durch folgende vorbereitende Arbeiten am Untergrund erreicht: Reinigen der Betonoberfläche von Anstrichen, Entfernen von Beschichtungen, Nachbehandlungsmitteln oder Entschalungshilfen, Entfernen von Ausblühungen und Bewuchs, Entfernen von Zementschlämmen und minderfesten Schichten, Abtragen von schadhaftem Beton, Freilegen und Entrosten der Bewehrung, Säubern des Untergrunds.

Abhängig von der durchzuführenden Instandsetzungsmaßnahme werden an den Untergrund unterschiedliche Anforderungen hinsichtlich der Rauheit der Oberfläche, der Größenverteilung von Poren und Lunkern, der Carbonatisierungstiefe, des Chloridgehaltes, der Betonfeuchtigkeit und der Betontemperatur sowie der Risse gestellt.

Bei erhöhtem Chloridgehalt des Betons ist nach den vorbereitenden Arbeiten der Chloridgehalt zu prüfen und ein Nachweis der Einhaltung der Grenzwerte zu erbringen.

Der Untergrund darf keine parallel zur Oberfläche oder schalenförmig im oberflächennahen Beton verlaufenden Risse enthalten. Risse im Betonuntergrund sind nicht grundsätzlich vor dem Aufbringen von neuen Schichten zu behandeln. Schwindrisse und ruhende Risse erfordern nur bei großen Rissbreiten eine Rissbehandlung. Sind Risse und Hohlräume zu verfüllen, so erfolgt dies wie in Abschn. 8 beschrieben.

Für den Auftrag von Spritzmörtel oder Spritzbeton ist eine ausreichende Haftzugfestigkeit und Rauheit der Oberfläche erforderlich. Dieses ist erreicht, wenn das Grobkorn des Altbetons deutlich freigelegt wurde.

S. Weber, *Betoninstandsetzung*,
https://doi.org/10.1007/978-3-658-33947-0_7

Nach Beendigung der Arbeiten zur Vorbereitung des Untergrunds muss der Altbeton für die Aufnahme nachträglich aufgebrachter Schichten geeignet sein. Es ist ein Nachweis der Einhaltung der Anforderungen für die Applikation der Materialien für Schutz- und Instandsetzung vorzulegen.

7.1.1 Verfahren zur Vorbereitung des Untergrunds

Die Verfahren zur Vorbereitung des Untergrunds werden entsprechend ihrer Wirkungsweise in grobe und feine Varianten unterteilt.

Die „groben" Verfahren werden zum tief reichenden Abtragen von geschädigtem oder belastetem Beton eingesetzt. Dazu zählen z. B. Stemmen, Fräsen.

In der Regel folgt auf ein „grobes" Verfahren ein „feines" Verfahren wie Druckluftstrahlen mit festem Strahlmittel (Sandstrahlen, Kugelstrahlen) oder Hochdruckwasserstrahlen.

Vor einer großflächigen Anwendung ist die Eignung der vorgesehenen Verfahren unter Praxisbedingungen an repräsentativen Probeflächen zu prüfen. Bei der Wahl des Verfahrens sind im Vorfeld auch Fragen der Umweltbelastung und der Entsorgung der Abfallstoffe zu klären.

Im Folgenden werden die wichtigsten Verfahren und deren Anwendung kurz erläutert.

a) Hochdruckreinigen

Hochdruckreinigen wird vor allem bei unbeschädigten Oberflächen zum Entfernen von Algen und Bewuchs, zum Reinigen von Industrieablagerungen sowie zum Abtragen von dünnen Anstrichen angewendet und wird mit kaltem oder geheiztem Wasser (bis 150 °C) bei Arbeitsdrücken bis ca. 200 bar durchgeführt. Chemische Zusätze können die Reinigungswirkung erhöhen.

Zum Säubern des Untergrundes von Schmutzwasser, Staub und losen Teilen nach einem vorangegangen Verfahren werden oft auch Wasserstrahlen, Dampfstrahlen oder Heißwasserstrahlen angewandt.

b) Wasserstrahlen

Durch Druckwasserstrahlen mit Wasserdrücken von 600 bar können großflächig Beschichtungen und minderfeste Schichten entfernt werden. Nach Entfernen von Rostprodukten an freiliegender Bewehrung und anderen Metallteilen ist ein Säubern notwendig. Nach ZTV-ING und ZTV-W muss Druckwasserstrahlen mit Wasserdrücken größer als 800 bar erfolgen.

Abb. 7.1 Betonabtrag durch Hochdruckwasserstrahlen mit Roboter [1]

Beim Hochdruckwasserstrahlen mit Wasserdrücken bis 1200 bar und einer Wassermenge bis 150 l/min kann Beton großflächig und mit großer Tiefenwirkung abgetragen werden. Dieses Verfahren eignet sich auch zum Abtragen von chloridhaltigem Beton. Die Abtragungstiefen sind von der Festigkeit des Betonuntergrunds abhängig. Wegen der hohen Rückstoßkräfte wird die Düse maschinell (Abb. 7.1) und (Abb. 7.2) oder manuell (Abb. 7.3) geführt. Anschließend erfolgt eine Reinigung der Betonoberfläche. Ein darauf folgendes feineres Verfahren ist nicht erforderlich.

Abb. 7.2 Untergrund vorbereitet mit Hochdruckwasserstrahlen [1]

Abb. 7.3 Betonabtrag durch Hochdruckwasserstrahlen [1]

Hochfeste Schichten werden mit Wasserdrücken bis 2500 bar und Wassermengen von 5 bis 10 l/min abgetragen. Das Verfahren eignet sich auch zum Schneiden von Beton. Zur Verbesserung der Wirkung können feste Strahlmittel zugesetzt werden. Die Abtragungstiefe ist abhängig vom Wasserdruck, der Wassermenge sowie von den gewählten Düsen, deren Anordnung und Bewegung (Abb. 7.2).

Dieses Verfahren kann auch zum Abtragen von Beton über Spanngliedern eingesetzt werden, denn das Hüllrohr bleibt dabei unbeschädigt.

Weitere Hinweise zur Untergrundvorbereitung mittels Hochdruckwasserstrahlten sind dem DBV-Merkblatt „Hochdruckwasserstrahltechnik im Betonbau" zu entnehmen.

c) Druckluft- und Druckwasserstrahlen mit festen Strahlmitteln

Die beiden Verfahren eignen sich zum Entfernen von Resten von Beschichtungen, von Zementschlämmen und von minderfesten Schichten von Beton an horizontalen und vertikalen Flächen sowie zum Entrosten der Bewehrung. Die Lunker und Poren der Betonoberfläche werden geöffnet. Nach diesem Verfahren muss die Betonoberfläche gesäubert werden.

Zur Reduzierung der Staubentwicklung kann das Druckwasserstrahlen mit festem Strahlmittel eingesetzt werden, bei dem Wasser in den Strahlgang zugegeben wird.

Eine spezielle Form des Druckluftstrahlens mit festen Strahlmitteln erfolgt mit gleichzeitigem Absaugen oder beim Kugelstrahlen (Abb. 7.4). Dieses staubarme und umweltschonende Verfahren wird zum Abtragen dünnerer Betonschichten, zur Entfernung von alten Versiegelungen und Beschichtungen, zur Freilegung der Bewehrung sowie zur Vorbehandlung horizontaler Flächen, auf die eine Beschichtung aufgebracht werden soll, eingesetzt. Obwohl das Verfahren eine staubarme und trockene Bearbeitung der Betonoberfläche ermöglicht, ist im Anschluss eine Säuberung der Betonoberfläche erforderlich (Abb. 7.5 und 7.6).

Abb. 7.4 Betonabtrag durch Kugelstrahlen [1]

Abb. 7.5 Vorbereiteter Untergrund

Abb. 7.6 Betonabtrag und Freilegen der Bewehrung durch Stemmen [1]

d) Stemmen

Zum Abtragen schadhaften Betons in kleinen Flächen sowie zum Öffnen und Ausarbeiten von örtlichen Fehlstellen oder zur Freilegung von Bewehrung werden Hammer und Meißel, Nadelpistolen (Abb. 7.7) sowie elektrisch oder luftdruckbetriebene Stemmgeräte eingesetzt. Bei diesem Verfahren besteht die Gefahr einer tiefer gehenden Zerstörung des Betons oder der Beschädigung des Betonstahls, deshalb ist bei der Anwendung bei Spanngliedern besondere Vorsicht geboten. Eine Nachbearbeitung durch Strahlen ist erforderlich.

Abb. 7.7 Betonabtrag mit Nadelpistole [2]

e) Fräsen

Durch Fräsen werden auf horizontalen Flächen Reste von Versiegelungen, Beschichtungen und Nachbehandlungsfilmen sowie oberflächige Verunreinigungen entfernt und der Beton großflächig in definierter Tiefe abgetragen. Der Abtrag von Altbeschichtungen oder zur Vorbereitung des Aufbringens von bandageartigen Beschichtungen darf je Arbeitsgang maximal 5 mm betragen. Es ist auf eine höhengleiche Überlappung von Fräsbahnen kleiner als 5 cm zu achten. Zur Überprüfung der Ebenheit der behandelten Oberfläche ist der Einsatz eines elektronischen Nivelliergeräts sinnvoll. Nach dem Fräsen ist die gesamte Betonoberfläche (einschließlich der unbehandelt verbliebenen kleineren Flächen) durch Druckluftstrahlen mit festen Strahlmitteln oder durch Hochdruckwasserstrahlen nachzuarbeiten. Bei Einsatz schwerer Fräsen oder Abtrag in einer Schichtdicke größer als 5 mm besteht die Gefahr einer dauerhaften Schädigung der oberflächennahen Betonzonen. Die nachfolgenden Strahlverfahren können solche Schäden nicht beseitigen. Das Verfahren darf nicht zum Freilegen der Bewehrung angewendet werden (Abb. 7.8).

f) Chemische Verfahren

Bei den selten angewandten chemischen Verfahren können Farbreste, Öle und Bitumen mittels Säuren, Laugen oder Lösungsmitteln entfernt werden. Da ein Angriff sowohl der Zementmatrix als auch der Gesteinskörnung oder der Bewehrung möglich ist, wird dieses risikoreiche Verfahren nur dann angewendet, wenn kein anderes Verfahren anwendbar ist. Die Beurteilung setzt besondere Sachkenntnisse voraus.

Abb. 7.8 Betonabtrag durch Fräsen

g) Flammstrahlen

Das Flammstrahlen nach DIN 32539 umfasst eine planmäßig gesteuerte thermische Bearbeitung von Beton und eine darauffolgende mechanische. Beim Flammstrahlen entsteht an der Oberfläche des Betons ein Schmelzgut. Dieses muss in einem zweiten, mechanischen Arbeitsgang (z. B. durch Kugelstrahlen, Bürsten oder Fräsen) entfernt werden. Mittels Flammstrahlen können oberflächlich eingedrungene Öle und Fette, chemische Verunreinigungen sowie Anstriche auf vertikalen und horizontalen Flächen entfernt werden.

Es ist zu beachten, dass bei diesem Verfahren die Festigkeit der Betonoberfläche beeinträchtigt werden kann. Es ist darauf zu achten, dass beim Flammstrahlen die Bewehrung nicht freigelegt wird.

7.1.2 Qualitätssicherung

Nach der Vorbereitung des Untergrundes und vor der Durchführung des nächsten Arbeitsschrittes erfolgt eine Freigabe der vorbereiteten Fläche durch den Auftraggeber. Zur Aufgabe des Sachkundigen Planers gehört die Überprüfung, ob die Vorbereitung des Untergrundes entsprechend der Position im Leistungsverzeichnis erfolgt ist und ob die Anforderungen an den Untergrund für die nachfolgenden Arbeiten eingehalten sind.

In Abhängigkeit des gewählten Instandsetzungsverfahrens sind Untersuchungen und/oder Prüfungen am Betonuntergrund durchzuführen. Dazu zählen: Ermittlung der Feuchte des Betonuntergrundes (CM-Gerät), Messung der Rissbreiten und deren Änderung, Messung der Bauteiltemperatur, Bestimmung der Taupunkttemperatur, Prüfen der Oberflächenzugfestigkeit, Prüfen der Rautiefe (nur beim Aufbringen eines Oberflächenschutzes) und Prüfen des Chloridgehaltes (nur bei erhöhtem Chloridgehalt).

Liegt bei der Prüfung der Oberflächenzugfestigkeit ein Einzelwert unterhalb des kleinsten zulässigen Einzelwertes, müssen in einer Entfernung von ca. 1 m mindestens zwei weitere Prüfungen durchgeführt werden. Liegen die Werte dieser Prüfungen über dem kleinsten zulässigen Einzelwert, darf der zunächst gefundene Wert in der Auswertung nicht berücksichtigt werden. Unterschreiten auch die beiden zusätzlichen Werte den kleinsten zulässigen Einzelwert, muss der Sachkundige Planer über weitere Maßnahmen entscheiden.

Hilfreich bei der Einschätzung der erreichten Rautiefen sind auch die folgenden Faustregeln:

Rautiefe von 0,2 mm haben

- nicht gestrahlter, glatt geschalter Beton,
- geglättete, grundierte Flächen, abgestreut mit Quarzsand der Körnung 0,1–0,3 mm,
- geglätteter Feinspachtel,
- nicht abgestreute, elastische Oberflächenschutzschichten (z. B. OS 11).

Rautiefe von 0,5 mm haben

- glatt geschalter oder abgeriebener Beton, sandgestrahlt,
- gestrahlter Untergrund, grundiert und abgestreut mit feuergetrocknetem Quarzsand der Körnung 0,2–0,7 mm,
- abgeriebener bzw. abgefilzter Feinspachtel.

Rautiefe von 0,7 mm hat eine Grundierung, abgestreut mit Quarzsand der Körnung 0,7–1,2 mm.

Rautiefe von 1,0 mm haben rauer, abgewitterter Beton und gestrahlter Beton.

Rautiefe von 1,5 mm haben Waschbeton und gestrahlter Beton, grundiert und abgestreut mit Quarzsand der Körnung 1–2 mm.

Die Durchführung der Untersuchung und Messungen sowie die dazugehörigen Literaturhinweise sind in Abschn. 5.3 ausführlich beschrieben.

Die Messungen sind vor dem Beginn nachfolgender Arbeiten, in Zweifelsfällen und bei Wetteränderungen, durchzuführen und werden vom Sachkundigen Planer in seiner Aufgabe als Objektbetreuer und/oder Objektüberwacher dokumentiert. Das gemeinsam mit dem ausführenden Unternehmen durchgeführte Aufmaß ermöglicht die genaue Feststellung von Massen. Daraus lassen sich unter Umständen Nacharbeiten ableiten.

▶ **Hinweis** Beim Abtrag von Beton durch Stemmen ist das anfallende Abbruchmaterial in einem separaten Container zu sammeln. Bei Verwendung von Strahlgut ist das gesamte anfallende Strahlgut getrennt oder verfahrensbedingt gemischt in dafür vorgehaltenen Auffangwannen zu sammeln und fachgerecht zu entsorgen. Beim Einsatz von Wasser ist eine Neutralisationsanlage vorzuhalten, denn das Entsorgen des Wassers/der Schlämme in die Abwasserkanäle ist nicht zulässig. Diese Regeln gelten sinngemäß auch für die vorbereitenden Arbeiten an der Bewehrung.

7.2 Vorbereitende Arbeiten an der Bewehrung

Die Regelungen zu den vorbereitenden Arbeiten an der Bewehrung beziehen sich auf die Bewehrungen nach der Normenreihe DIN 488 und auf stählerne Einbauteile und gelten nicht für kunststoffbeschichtete oder verzinkte Bewehrungen und für Spannstähle.

Die Art und der Umfang der Vorbereitung der Bewehrung hängen vom Korrosionsgrad der Bewehrung und von der durchzuführenden Instandsetzungsmaßnahme ab. Der Sachkundige Planer beurteilt die Schäden an der Bewehrung in jedem Einzelfall und gibt die geeignete Maßnahmen an.

7.2.1 Freilegen der Bewehrung

Wenn eine flächenhafte Korrosion festgestellt wurde, wenn die Carbonatisierungsfront hinter der Bewehrung liegt oder wenn in größerer Tiefe der kritische korrosionsauslösende Chloridgehalt örtlich oder vollflächig überschritten ist, kann die erforderliche Abtragungstiefe des Altbetons zur Freilegung des Bewehrungsstahls führen (Abb. 7.9). Die Auswirkung der Freilegung auf die statischen Verhältnisse und die Auswirkung des fehlenden Verbundes sind ggf. vorab vom Tragwerksplaner zu prüfen. Einzelstäbe mit fehlender Betondeckung dürfen nur nach Zustimmung des Tragwerksplaners entfernt werden.

Beim Freilegen von Bewehrung darf diese nicht beschädigt werden. Besonders gefährdet sind Spannbetonbauteile. Kleinste Kerben an der Oberfläche von vergüteten Spannstählen können zum plötzlichen Versagen des Spannglieds führen.

Die Abtragungstiefe hängt von der Carbonatisierungstiefe des Altbetons ab und ist auf das für die Instandsetzung gewählte Prinzip abzustimmen.

Bei Instandsetzung nach **DAfStb RiLi-SIB** gilt die Grundsatzlösung R1, R2, W oder C. Bei der Grundsatzlösung R1 wird nur die korrodierte Stelle der Bewehrung freigelegt. Bei der Grundsatzlösung R2, W und C wird der carbonatisierte Beton hinter der Bewehrung in einer Tiefe von mindestens 10 mm abgetragen, wodurch die Bewehrung freigelegt wird.

Nach **DIBt TR-IH** ist im Bereich der Bewehrung mit Durchmesser <16 mm die Bewehrung bis 2 cm in Längsrichtung über den korrodierten Bereich hinaus mindestens 10 mm hinter der Bewehrung freizulegen. Im Bereich der Bewehrung mit Durchmesser>16 mm ist die Bewehrung mindestens 15 mm hinter der Bewehrung freizulegen. Beeinträchtigt eine fortgeschrittene Korrosion den Haftverbund auch auf der Rückseite der Bewehrung, muss der Beton bis auf eine Tiefe von etwa 10 mm hinter der Bewehrung abgetragen werden. Betrifft die Korrosion mehr als die Hälfte des Umfangs der Bewehrung, die der Bauteiloberfläche zugewandt ist, so ist der Bewehrungsstahl ringsum ca. 20 mm tief freizulegen.

Korrodierte Bewehrung, deren Querschnitt stark geschwächt ist, wird im Allgemeinen durch Zulagebewehrung ersetzt, die schwingungsfrei am vorhandenen Bewehrungsstahl zu befestigen ist. Dabei sind die Übergreifungslängen nach DIN 1045 einzuhalten. In diesem Fall ist ein Tragwerksplaner hinzuzuziehen.

Altbeton mit einem Chloridgehalt oberhalb des als kritisch oder korrosionsauslösend eingestuften Wertes ist vollständig zu entfernen, was somit zur Freilegung der Bewehrung führen kann. Bei großen Chlorideindringtiefen ist der Beton bis mindestens 30 mm hinter der Bewehrung abzutragen oder bis der Chloridgehalt des Betons unter den maximal zulässigen Werten liegt.

Abb. 7.9 Freigelegte Bewehrung an einer Stütze [3]

7.2.2 Entrosten der Bewehrung

Die Entrostung der Oberfläche der Stahlbewehrung erfolgt durch mechanische Verfahren, dabei ist sinngemäß DIN EN ISO 12944-4 zu beachten. Stahloberflächen sind so zu behandeln, dass im gesamten freigelegten Bereich mindestens ein Oberflächenvorbereitungsgrad Sa 2 erreicht wird.

Als Verfahren sind Strahlen mit trockenem oder feuchtem Strahlmittel und Hochdruckwasserstrahlen (mindestens 600 bar) geeignet. Weitere Angaben sind im DBV-Merkblatt „Hochdruckwasserstrahlen" enthalten. Die Entrostung mittels Hochdruckwasserstrahlen ist dem Oberflächenvorbereitungsgrad Sa 2 gleichwertig, auch wenn das optische Bild nicht den fotografischen Vergleichsmustern in ISO 8501-1 entspricht (Abb. 7.10).

Die Anforderungen hinsichtlich der Vorbereitung und der Entrostung der Oberflächen der Bewehrung hängen vom anzuwendenden Prinzip des Korrosionsschutzes ab. Bei Ersatz von schadstoffhaltigem oder carbonatisiertem Beton und beim Aufbringen einer ausreichend dicken und dichten Schicht alkalischen Betons oder Mörtels, die der planmäßigen Betondeckung entspricht, ist ein Oberflächenvorbereitungsgrad Sa 2 nach DIN EN ISO 12944-4 erforderlich.

Bei kleinen Flächen ist eine Vorbereitung von Hand und eine maschinelle Oberflächenvorbereitung St2 ausreichend. Nadelpistolen dienen der Entfernung von Rostkrusten und dürfen nicht zum Entrosten der Bewehrung eingesetzt werden.

7.2.3 Korrosionsschutz der Bewehrung

Kann bei einer Instandsetzung keine ausreichend dicke und dichte Betondeckung hergestellt werden, besteht die Gefahr einer Depassivierung der Bewehrung während der Nutzungsdauer. In solchen besonderen Fällen ist ein Korrosionsschutz der Bewehrung

Abb. 7.10 Entrosten der Bewehrung [2]

durch eine Beschichtung der Bewehrung erforderlich. Verwendet werden können „aktive“ Beschichtung, die elektrochemisch aktive Pigmente enthalten und dadurch als Inhibitoren wirken oder einen örtlichen kathodischen Schutz der Bewehrung gewährleisten. Aufgrund seiner Alkalität zählt Zement zu den aktiven Pigmenten.

Für das Aufbringen eines Korrosionsschutzes der Bewehrung ist ein Reinheitsgrad von Sa 2 1/2 notwendig. Dieser wird durch Entrostung mit trockenem oder feuchtem Strahlmittel erreicht. Besondere Aufmerksamkeit hinsichtlich der Reinheitsanforderungen gilt der Strahlrichtung abgewandten Oberfläche und dem Kreuzungsbereich von Bewehrungsstählen (Abb. 7.11).

Grundsätzlich gilt, dass die Haftung zwischen Beton und Bewehrung durch Korrosionsschutzanstriche verringert wird. Als Beschichtungsmittel werden reaktionserhärtende Systeme auf Basis lösemittelarmer oder lösemittelfreier Epoxidharze oder kunststoffmodifizierte Zementschlämme eingesetzt.

Abb. 7.11 Entrostete Bewehrung

Reaktionserhärtende Systeme auf Basis lösemittelarmer oder -freier Epoxidharze enthalten Korrosionsschutzpigmente, wie Zinkphosphat, Zinkstaub oder Füllstoffe wie Klinkermehl oder Zement. Bei einem einschichtigen Auftragen muss die Mindestschichtdicke mindestens 300 μm betragen.

Um den Verbund zum Betonersatz zu verbessern, kann ein Besanden vorgenommen werden. In diesem Fall muss die Beschichtung zweischichtig aufgebracht werden, und die erste Schicht muss mindestens 200 μm dick sein. Nach deren ausreichender Erhärtung wird ein Besanden vorgenommen.

Beim Einsatz von kunststoffmodifizierten Zementschlämmen werden an den Stahluntergrund geringere Anforderungen bezüglich Reinheit und Feuchte gestellt. Die Schichtdicke muss mindestens 1000 μm betragen und ist in mindestens zwei Arbeitsschritten aufzutragen. Ein Besanden ist nicht erforderlich.

Die Anweisungen des Herstellers hinsichtlich Verarbeitung sowie die angegebenen Grenzwerte für Temperatur und Feuchte sind einzuhalten.

Bei der Ausführung der Beschichtung gilt eine besondere Aufmerksamkeit der Übergangszone zwischen dem zu beschichtenden Stahl und dem Stahl, der sich im Betonuntergrund befindet. Alle losen Teile sind sorgfältig zu entfernen. Die Beschichtung soll einige Millimeter auf den angrenzenden Beton übergreifen (Abb. 7.12).

Um eine Beschichtung ohne Fehlstellen herzustellen, muss der Sachkundige Planer unter Umständen schon in der Planung besondere Maßnahmen vorsehen wie: die Vergrößerung des Mindestbetonausbruches, das Strahlverfahren für die Bewehrung und die dazugehörigen Zwischenkontrollen.

Abb. 7.12 Aufbringen eines Korrosionsschutzes [3]

▶ **Hinweis** Wird durch den Betonersatz keine Betondeckung von mindestens 40 mm erreicht, ist nach ZTV-ING ein Korrosionsschutz der Bewehrung vorzunehmen und an der Betonoberfläche ein geeignetes Oberflächenschutzsystem aufzubringen.

Hinweis:

Dieser Korrosionsschutz darf nicht auf Spannbewehrung und Edelstahl aufgebracht werden.

7.2.4 Qualitätssicherung

Der Oberflächenvorbereitungsgrad der Bewehrung wird visuell anhand der Vergleichsmuster der ISO 8501-1 beurteilt und dokumentiert. Die Kontrolle der schwerer zugänglichen Rückseite erfolgt mittels eines Spiegels (z. B. Zahnarztspiegel). Der Sachkundige Planer fotografiert signifikante Stellen und Arbeitsschritte für die Dokumentation.

▶ **Hinweis** Zur Entsorgung des anfallenden Strahlgutes bzw. des Abbruchmaterials sowie zur Neutralisation des Wassers sind die gleichen Umweltschutzbedingungen einzuhalten wie bei den vorbereitenden Arbeiten am Betonuntergrund.

Literatur

Beton-Kalender Teil 2, Ausgabe 1999, Ernst & Sohn Verlag, Berlin

DAfStb Heft 401 Anleitung zur Bestimmung des Chloridgehaltes von Beton, Berlin, 1989

DAfStb Richtlinie Schutz und Instandsetzung von Betonbauteilen (DAfStb-RiLi-SIB), Ausgabe 10/2001

DBV-Merkblatt „Hochdruckwasserstrahltechnik im Betonbau", aktuelle Ausgabe

Deutsches Institut für Bautechnik Technische Regel Instandhaltung von Betonbauwerken, 2020

DIN 1045 Tragwerke aus Beton, Stahlbeton und Spannbeton, Teil 1–3, Anwendungsregeln zu DIN EN 206-1 Ausgabe 08/2008

DIN 32539 Flammstrahlen von Stahl- und Betonoberflächen, Ausgabe 07/1998

DIN EN 1504 Produkte und Systeme für den Schutz und die Instandsetzung von Betontragwerken – Definition, Anforderungen, Qualitätsüberwachung und Beurteilung der Konformität – Teil 9: Allgemeine Prinzipien für die Anwendung von Produkten und Systemen, Deutsche Fassung 03/2001

DIN EN ISO 12 944 Beschichtungsstoffe – Korrosionsschutz von Stahlbauten durch Beschichtungssysteme, Teil 4: Arten von Oberflächen und Oberflächenvorbereitung, Fassung 07/1998

DIN EN ISO 8501 Vorbereitung von Stahloberflächen vor dem Auftragen von Beschichtungsstoffen – Visuelle Beurteilung der Oberflächenreinheit Teil1: Rostgrade und Oberflächenvorbereitungsgrade von unbeschichteten Stahloberflächen und Stahloberflächen nach ganzflächigem Entfernen vorhandener Beschichtungen, Deutsche Fassung 12/2007

Eichert, H.-R.: Elektrochemischer Chloridentzug, Beton Heft 42, Verlag Bau und Technik, 1992, S. 209–213

ZTV-ING Zusätzliche technische Vertragsbedingungen für den Ingenieurbau, Ausgabe 2017

Nachweis der Bilder

[1] Mit freundlicher Genehmigung von Herrn Dipl.-Ing. (FH) F. Schäfer, Ed. Züblin AG
[2] Mit freundlicher Genehmigung von Herrn Dipl.-Ing. U. Hammer, Ed. Züblin AG
[3] Mit freundlicher Genehmigung von Frau Dipl.-Ing. (FH) K. Souczek

8 Verfüllung von Rissen und Hohlräumen/Rissbandagen

Durch Füllen von Rissen bzw. Hohlräumen wird das Eindringen oder Durchdringen von korrosionsfördernden Stoffen oder Wasser in den Beton zuverlässig verhindert oder gehemmt und somit eine Regulierung des Wasserhaushaltes des Betons und eine Verstärkung des Bauwerks erreicht. Das Füllen von Rissen führt bei Bauteilen der Expositionsklassen XC zum Erhalt oder zur Wiederherstellung der Passivität des Bewehrungsstahls im Beton und präventiv zum Erhalt der Passivität bei Expositionsklassen mit Einwirkung von Chloriden (XD und XS), wenn noch keine chloridinduzierte Stahlkorrosion stattgefunden hat und keine offenen Risse vorhanden sind.

Infolge des Füllens von Rissen wird eine dichte und begrenzt dehnfähige Verbindung zwischen Rissflanken hergestellt, die je nach Anforderung der Instandsetzung zug- und druckfest sein kann und die somit auch zur Verstärkung des Betontragwerks beiträgt.

Das Füllen von Rissen und Hohlräumen hat immer als Ziel ein „kraftschlüssiges Verbinden“ und erfolgt drucklos durch Vergießen oder unter Druck durch Injektion.

Durch druckloses Füllen (Vergießen) kann eine Begrenzung der Rissbreiten bzw. ein Abdichten von Rissen und Hohlräumen vorgenommen werden, die zum Zeitpunkt der Maßnahme als „**trocken**“ oder „**feucht**“ eingestuft sind, und es wird ein kraftschlüssiges Verbinden gewährleistet.

Durch Injektion werden Risse und Hohlräume unter Druck mit geeignetem Rissfüllstoff gefüllt. Mit diesem Verfahren kann eine Begrenzung der Rissbreiten bzw. ein Abdichten auch von „**nassen**“ Rissen und Hohlräumen bzw. bei Einwirkungen von „**fließendem Wasser**“ erreicht werden.

Bei der Injektion von Hohlräumen muss der Rissfüllstoff den Schadensbereich im Betongefüge durchdringen. Hohlräume im Beton müssen erforderlichenfalls durch Bohrungen zum Füllen und zum Entlüften erschlossen werden. Im wassergefüllten Betongefüge muss das Wasser im Zuge der Injektion aus dem Bauteil verdrängt werden können.

S. Weber, *Betoninstandsetzung*,
https://doi.org/10.1007/978-3-658-33947-0_8

Tab. 8.1 Anwendungsbereiche der Füllgüter und Füllarten nach DAfSTb RiLi-SIB

	Feuchtezustand der Füllbereiche			
	Trocken	Feucht	Wasserführend	
			Drucklos	Unter Druck
Anwendungsziel	Zulässige Maßnahmen			
Schließen durch Tränkung	EP-T			
	ZL-T	ZL-T		
	ZS-T	ZS-T		
Schließen und Abdichten durch Injektion	EP-I			
	PUR-I	PUR-I	PUR-I	PUR-I
	ZL-I	ZL-I	ZL-I	ZL-I
	ZS-I	ZS-I	ZS-I	ZS-I
Begrenzt dehnfähiges Verbinden	PUR-I	PUR-I	PUR-I	PUR-I
Kraftschlüssiges Verbinden	EP-I			
	ZL-I	ZL-I	ZL-I	ZL-I
	ZS-I	ZS-I	ZS-I	ZS-I

Bei Rissen, die Wasser unter Druck führen, muss ein Herausspülen des Injektionsmaterials wirksam verhindert werden.

Die Wahl des angewendeten Verfahrens erfolgt durch den Sachkundigen Planer nach der Beurteilung des Istzustandes unter Berücksichtigung der Riss- und Hohlraummerkmale, der Bauteildicke und der Anordnung der Bewehrung und nach einer objektspezifischen Bewertung der Unbedenklichkeit von Rissen. Bei einer Instandsetzung mit dem Ziel, Risse abzudichten, legt der Sachkundige Planer die Anforderung an die Dichtigkeit des Bauteils fest.

Die Wahl des Rissfüllstoffs erfolgt unter Berücksichtigung des Instandsetzungsziels, der Mindestrissbreite auf der Bauteiloberfläche, der zu erwartenden Rissbreitenänderungen und Einwirkungen (insbesondere Temperatur und veränderliche Lasten), der Rissflankenbeschaffung, des Feuchtezustandes von Rissen und Hohlräumen (siehe dazu auch Tab. 8.1 und 8.2) und einer möglichen Neurissbildung an einer anderen Stelle.

Bei lokalen Einzelrissen oder bei Zonen mit hoher Risswahrscheinlichkeit kann durch das Aufbringen von Rissbandagen der Beton dauerhaft gegen das Eindringen von schädlichen Substanzen geschützt und die Passivität der Bewehrung erhalten oder wiederhergestellt werden. Rissbandagen sind eine lineare Beschichtung mit Oberflächenschutzsystemen vom Typ OS 11a/OS Fa, OS11b/OS Fb und OS 14.

► **Hinweis** Nach ZTV-ING ist in der Regel keine Behandlung einzelner oberflächennaher Risse mit Rissbreite bis 0,2 mm erforderlich.

Tab. 8.2 Anwendungsbereiche der Füllgüter und Füllarten nach DIBt TR-IH

Anwendungsziel	Verfahren	Füllart	Feuchtezustand der Füllbereiche			
			Trocken DY	Feucht DP	Nass WT	Fließendes Wasser WF
Schließen/Begrenzung der Rissbreite durch Füllen	Füllen von Rissen oder Hohlräumen zum Schutz gegen das Eindringen von Stoffen (Prinzip 1.5) bzw. zum Erhalt oder Wiederherstellung der Passivität (Prinzip 7.6)	Injektion	EP ZL/ZS PUR	EP ZL/ZS PUR	EP ZL/ZS PUR	ZL/ZS PUR
		Vergießen	EP ZL/ZS	ZL/ZS		
Abdichten	Füllen von Rissen oder Hohlräumen zum Schutz gegen das Eindringen von Stoffen (Prinzip 1.5) bzw. zur Regulierung des Wasserhaushaltes im Beton (Prinzip 2.6)	Injektion	EP ZL/ZS PUR	EP ZL/ZS PUR	EP ZL/ZS PUR	PUR
	Füllen von Rissen oder Hohlräumen zum Schutz gegen das Eindringen von Stoffen(Prinzip 1.5)	Vergießen	EP ZL/ZS	ZL/ZS		
Begrenzt dehnfähiges Verbinden	Füllen von Rissen oder Hohlräumen zum Schutz gegen das Eindringen von Stoffen (Prinzip 1.5) bzw. zur Regulierung des Wasserhaushaltes im Beton (Prinzip 2.6) bzw. zum Erhalt oder Wiederherstellung der Passivität (Prinzip 7.6)	Injektion	PUR	PUR	PUR	PUR

(Fortsetzung)

Tab. 8.2 (Fortsetzung)

Anwendungsziel	Verfahren	Füllart	Feuchtezustand der Füllbereiche			
			Trocken DY	Feucht DP	Nass WT	Fließendes Wasser WF
Kraftschlüssiges Verbinden	Füllen von Rissen oder Hohlräumen zur Verstärkung des Betontragwerks (Prinzip 4.5)	Injektion	EP ZL/ZS	EP ZL/ZS	EP ZL/ZS	ZL/ZS
		Vergießen	EP ZL/ZS	ZL/ZS		

8.1 Füllgüter

Die Füllgüter werden nach ihrem Füllziel unterschieden in:

- Rissfüllstoffe zum Schließen der Risse (Schließen erfolgt durch die Begrenzung der Rissbreite),
- Rissfüllstoffe zum Abdichten,
- Rissfüllstoffe für ein begrenzt dehnbares Verbinden,
- Rissfüllstoffe zum kraftschlüssigen Verbinden,
- Vergussmörtel oder Vergussbeton zum Füllen von Hohlräumen.

Die Füllstoffe müssen eine der Füllart angepasste Viskosität haben, die das Füllen durch Vergießen bzw. Injektion erlaubt.

Das Material muss eine ausreichende Haftfestigkeit am Betongefüge (Rissflanke) aufweisen und nach dem Erhärten eine ausreichende Eigenfestigkeit sowie Raum- und Alterungsbeständigkeit haben, die auch unter planmäßiger Einwirkung auf den Füllbereich entsprechend der Feuchtigkeitsklasse erhalten bleiben. Die Füllstoffe dürfen nicht die Korrosion des Betons oder der Bewehrung fördern und sollen eine gute Verträglichkeit mit allen Stoffen aufweisen, mit denen sie planmäßig in Kontakt kommen.

Füllstoffe für ein kraftschlüssiges Füllen von Rissen sind hergestellt mit reaktiven Polymerbindemitteln (z. B. Epoxidharz (EP) oder mit hydraulischen Bindemitteln, z. B. Zementleim (ZL) und Zementsuspension (ZS)).

Rissfüllstoffe für begrenzt dehnbares Füllen von Rissen werden mit reaktivem Polymerbindemittel, z. B. Polyurethanen (PUR) oder eventuell mit zugehörigen schnellschäumenden Polyurethanen (SPUR) hergestellt.

Jeder Rissfüllstoff hat eine auf die Bauteiltemperatur bezogene Verarbeitbarkeitsdauer. Bei hohen Umgebungstemperaturen kann die Verarbeitbarkeitsdauer durch Kühlen des Gebindes verlängert werden. Innerhalb dieser Verarbeitungsdauer ist eine Nachinjektion nach den Angaben des Herstellers vorzunehmen.

Für die einkomponentige Verarbeitung von Rissfüllstoffen dürfen nur vollständige Gebinde gemischt werden. Gemischte Gebindeinhalte dürfen zur Injektion oder Nachinjektion nur innerhalb der Verarbeitbarkeitsdauer eingesetzt werden.

▶ **Hinweis** Zur Wiederherstellung der durch Carbonatisierung verloren gegangenen Passivität des Bewehrungsstahls dürfen Risse und Hohlräume nur mit zementgebundenen Füllstoffen gefüllt werden.

8.1.1 Epoxidharze (EP)

Epoxidharze werden beim Schutz gegen das Eindringen von Stoffen, zur Regulierung des Wasserhaushaltes des Betons und zum Erhalt der Passivität der Bewehrung durch Schließen oder Abdichten von Rissen (Trennrisse, Biegerisse, oberflächennahe Risse) durch Vergießen oder Injektion eingesetzt. Das Vergießen oder die Injektion von Rissen mit Epoxidharz führen zu einem kraftschlüssigen Verbund und somit zu einer Verstärkung des Bautragwerks.

Füllstoffe auf Epoxidharzbasis haben eine schnelle Festigkeitsentwicklung. Sie sind im erhärteten Zustand feuchtigkeitsempfindlich und müssen daher in der Regel auf trockenem Untergrund angewendet werden. Für die Applikation auf feuchtem Untergrund ist eine explizit nachgewiesene Feuchteverträglichkeit notwendig, und die Stoffe müssen injiziert werden.

Füllstoffe auf Epoxidharzbasis eignen sich zur Injektion von Rissen mit Rissbreiten an der Betonoberfläche von $\geq$0,1 mm und zum Vergießen von Rissen mit Rissbreiten an der Betonoberfläche $\geq$0,2 mm. Damit die Füllstoffe möglichst tief in die feinen Risse und Undichtigkeiten des Betons eindringen, müssen sie dünnflüssig, lösungsmittelfrei und ungefüllt sein. Nach Technischer Regel „Instandhaltung von Betonbauwerken" des DIBt müssen sie je nach Rissbreite den Injizierbarkeitsklassen 1/2/3/5/8 entsprechen.

Beim Einsatz in einem zyklisch hochfrequenten Untergrund HFR ermöglichen die Füllstoffe auf Epoxidharzbasis während der Erhärtungsphase eine Rissbreitenänderung Δw zwischen 0,03 und 0,10 mm (der kleinere Wert ist maßgebend), jedoch ist die Verbindung der Rissufer nach der Aushärtung des injizierten Harzes starr. Da die Haftfestigkeit der Epoxidharze größer als die Zugfestigkeit des Betons ist, kann bei erneuter Überbeanspruchung der Beton neben dem Riss reißen.

8.1.2 Polyurethan (PUR)

Polyurethane (PUR) werden zum Schutz gegen das Eindringen von Stoffen in den Beton und zur Regulierung des Wasserhaushaltes des Betons eingesetzt. Sie eignen sich zum

Schließen oder Abdichten durch Injektion von trockenen, feuchten, nassen und wasserführenden Rissen (Trenn- und Biegerisse, oberflächennahe Risse). Bei unter Druck wasserführenden Rissen muss vorab der Wasserfluss mit einem schnellschäumenden Polyurethan (SPUR) gestoppt werden. Das Verfüllen von Rissen und Hohlräumen mit PUR gewährleistet den Erhalt der Passivität der Bewehrung.

Flexible Polyurethane sind dehnfähig und kompressibel. Die Dehnfähigkeit des Materials nimmt jedoch mit der absoluten Dicke des Stofffilms im Riss ab. Deshalb eignen sie sich zum abdichtenden Verbinden von instabilen Rissen, deren Breite sich nur in bestimmten vorgegebenen Grenzen verändert. Während der Nutzungsphase ermöglichen die Füllstoffe auf Polyurethanbasis bei Rissen mit einer Rissbreite w $\geq$0,3 eine Rissbreitenänderung Δw $\leq$0,1 w. Füllstoffe auf Polyurethanbasis eignen sich zur Injektion von Rissen mit Rissbreiten an der Betonoberfläche von $\geq$0,1 mm mit kurzfristigen oder langzeitigen Rissbreitenänderungen HFR und LFR sowie auf dynamisch belastetem Untergrund und zur Injektion von Rissen im Untergrund mit rückseitiger Durchfeuchtung und flächiger Durchströmung mit Wasser.

Nach Technischer Regel „Instandhaltung von Betonbauwerken" des DIBt müssen Füllstoffe auf Polyurethanbasis je nach Rissbreite den Injizierbarkeitsklassen 1/2/3/5/8 entsprechen.

8.1.3 Zementleim (ZL) – Zementsuspension (ZS)

Füllstoffe auf Basis von hydraulischen Bindemitteln werden zum Schutz gegen das Eindringen von Stoffen, zur Regulierung des Wasserhaushaltes des Betons, zum Erhalt und zur Wiederherstellung der Passivität der Bewehrung sowie zur Verstärkung des Bautragwerks eingesetzt.

Durch Vergießen kann eine Verfüllung von trockenen und feuchten Trenn-, Biege- oder oberflächennahen Rissen mit Rissbreiten an der Betonoberfläche $\geq$0,3 mm erreicht werden und durch Injektion auch die Verfüllung von nassen bzw. wasserführenden Rissen.

Füllstoffe auf Basis von hydraulischen Bindemitteln eignen sich nicht zur Applikation auf dynamisch belastetem Untergrund.

Zementinjektionsstoffe bestehen aus Wasser, Zement und eventuell Betonzusatzstoffen oder Betonzusatzmitteln mit bauaufsichtlicher Zulassung. Damit sich die Komponenten nicht im Riss separieren oder sedimentieren, müssen sie mit geeigneten Geräten intensiv gemischt werden. Zemente für Zementleime müssen DIN EN 197 oder DIN 1164 entsprechen oder bauaufsichtlich zugelassen sein. Um einen guten Verbund zum Altbeton herzustellen, sind trockene Rissflanken grundsätzlich vorzunässen. Für die Dauerhaftigkeit der Maßnahme ist es erforderlich, dass während der Erhärtungs- und der Nutzungsphase keine Änderungen der Rissbreiten auftreten.

Zementleime (ZL) eignen sich zur Verfüllung von Rissen auf nicht dynamisch belastetem Untergrund mit Rissbreiten an der Betonoberfläche $\geq$0,8 mm.

Für die Rissinjektion von feineren Rissen mit Rissbreiten größer als 0,5 mm werden Zementsuspensionen (ZS) eingesetzt. Für die Herstellung von Zementsuspension werden zu 95 % fein gemahlene Zemente mit einer spezifischen Oberfläche von bis zu 16.000 cm^2/g verwendet.

Laut Technischer Regel „Instandhaltung von Betonbauwerken“ des DIBt müssen Füllstoffe auf Basis von hydraulischen Bindemitteln den Injizierbarkeitsklassen 3/5/8 entsprechen. Sie sind eingeteilt in die Festigkeitsklassen F1, F2 und F3. Außer bei den Anwendungen zum Abdichten durch Vergießen und zum kraftschlüssigen Verbinden ist für Zementleime und Zementsuspension eine Festigkeitsklasse F3 gefordert.

8.1.4 Vergussmörtel

Vergussmörtel bestehen aus einem werkmäßig hergestellten trockenen Gemisch aus Zement, Gesteinskörnung mit einem Größtkorn ≤ 4 mm und ggf. Betonzusatzmitteln und/oder Betonzusatzstoffen. Sie werden nach einer vom Hersteller angegebenen Arbeitsanweisung hergestellt und in fließfähiger Konsistenz verarbeitet. Infolge des hohen Anteils an Feinanteilen neigen Vergussmörtel zum Schwinden.

Für die Herstellung einer kraftschlüssigen Verbindung beim Verfüllen von Hohlräumen, Untergießen von Bauteilen bzw. beim Vergießen kleinformatiger Fehlstellen und Spalten muss eine ausreichende Flankenhaftung gewährleistet sein, und es ist ein gewisses Quellen des Vergussmörtels erwünscht, welches durch die Zugabe von Zusatzmitteln für Einpressmörtel nach DIN EN 934-4 (Wirkungsgruppe „EH“) erreicht wird.

Die maximale Schichtdicke des Vergussmörtels sollte das 40-Fache des verwendeten Größtkorns nicht überschreiten und die kleinste Abmessung des Hohlraums größer oder gleich sein als das 10-Fache.

Nach DAfStb Richtlinie „Herstellung und Verwendung von zementgebundenem Vergussbeton und Vergussmörtel Berichtigung 3“ dürfen größere Hohlräumen analog der Verwendung von Zementleim (ZL) oder Zementsuspension (ZS) mit Vergussmörtel der Schwindklassen SKVM 0, SKVM I und SKVM II verfüllt werden.

8.2 Ausführung

Die Ausführbarkeit der Maßnahmen ist vorab vom Sachkundigen Planer anhand der Eigenschaften des Rissfüllstoffes und des Injektionsverfahrens zu beurteilen. Die Auswahl des Rissfüllstoffs hängt ab vom Feuchtezustand der Rissflanken, von der Rissbreite und den zu erwartenden Rissbreitenänderungen während der Erhärtungsphase, insbesondere infolge von Temperatur, und veränderlichen Lasten.

Die Maßnahmen sind so zu planen, dass das Füllen von Rissen bei günstiger Witterung durchgeführt werden kann, und möglichst dann, wenn unstabile Risse ihre größte Breite aufweisen.

Die produktspezifischen Angaben und Anwendungsbedingungen der für die Instandsetzung gewählten Produkte sind zu berücksichtigen, und die Temperaturbereiche für die Ausführung sind entsprechend einzuhalten.

8.2.1 Druckloses Füllen und Schließen von Rissen

Das druckloses Füllen von Rissen kann als eigenständige Instandsetzungsmaßnahme oder als Bestandteil der Untergrundvorbereitung angewendet werden.

Durch druckloses Füllen kann eine Begrenzung der Rissbreiten bzw. ein Abdichten von Rissen vorgenommen werden, die zum Zeitpunkt der Maßnahme als „trocken" oder „feucht" eingestuft sind. Eine kraftschlüssige Verbindung von Trennrissen ist bei diesem Verfahren nicht gewährleistet, und eine Wiederherstellung des ursprünglichen Verbunds des ungerissenen Querschnitts ist nur teilweise möglich.

Beim drucklosen Füllen von Rissen dringen die Füllgüter aufgrund der Kapillaraktivität und der Schwerkraft in den Riss ein. Die Eindringtiefen hängen von der Benetzbarkeit des Betonuntergrundes und der Rissbreite sowie der Viskosität und der Verarbeitungsdauer des Füllmaterials ab.

Das drucklose Füllen durch Vergießen von oben darf auf annähernd horizontalen Flächen und an gesäuberten Rissen erfolgen, wenn eine ausreichende Rissbreite vorliegt. Im Allgemeinen können nur Risse gefüllt werden, deren Rissbreite den Anforderungen des Füllgutes an eine dem Material spezifische Mindestbreite der Risse entspricht, und wenn der Riss nicht wassergefüllt ist. Bei einer Risstiefe bis hinter die Bewehrung muss das Eindringen des Füllstoffes bis hinter die Bewehrung sichergestellt sein.

Vor dem Füllen sind die Risse von losen Feinstoffen und Verunreinigungen mithilfe von Industriestaubsaugern oder Druckluft so zu säubern, dass eine ausreichende Flankenhaftung und ein kontinuierlicher Fluss des Füllstoffes durch ein ständig gefülltes Füllstoffreservoir gewährleistet ist.

Bei Verwendung von Epoxidharzen müssen beide Rissflanken trocken sein. Bei der Verfüllung von Füllstoffen auf Basis von hydraulischen Bindemitteln ist grundsätzlich ein Vornässen von trockenen Rissflanken vorzunehmen.

Das Auftragen des Füllstoffs erfolgt im Pinselverfahren und wird im Abstand von 3 bis 5 min wiederholt und so lange fortgesetzt, bis augenscheinlich kein Füllstoff mehr in den Riss eindringt. Eine Verfüllung der oberflächennahen Risse ist in der Regel dann erreicht, wenn die Risse mindestens bis zu einer Tiefe von 5 mm bzw. der 15fachen Rissbreite verfüllt sind. Keilförmige Öffnungen von Rissen im Estrich können durch mehrmaliges Wiederholen vollständig verfüllt werden.

Auf großen horizontalen Flächen erfolgt Verfüllen durch Fluten und Verteilen mit einem Gummischieber.

Der Sachkundige Planer legt die erforderliche Fülltiefe der Risse fest. Die tatsächlich erzielbare Fülltiefe oder der Füllgrad müssen in einem Vorversuch mit anschließender optischer Kontrolle überprüft werden.

8.2.2 Druckloses Füllen und Schließen von Hohlräumen

Das drucklose Füllen von Hohlräumen kann als eigenständige Instandsetzungsmaßnahme oder als Bestandteil der Untergrundvorbereitung angewendet werden.

Um ein Füllen von Hohlräumen durchführen zu können, müssen die Hohlräume so zugänglich sein, dass sie durch die Gravitation mit dem Füllstoff vergossen werden können und sich dabei entlüften, ansonsten müssen die Hohlräume durch Bohrungen zum Füllen und Entlüften erschlossen werden. Je nach Art des Füllstoffs ist eine Mindestabmessung des Hohlraums erforderlich. Für das Füllen mittels Vergussmörtel und Vergussbeton muss die kleinste Abmessung des Hohlraums $\geq$10-Faches des Größtkorns und die größte Abmessung $\leq$40-Faches des Größtkorns sein.

Bei kraftschlüssigem und begrenzt dehnbarem Füllen sind die Flanken der Hohlräume von losen Feinstoffen und Verunreinigungen so zu säubern, dass eine ausreichende Flankenhaftung gewährleistet und die Beschaffenheit der Flanken (sauber, trocken, feucht) den Anforderungen für den Füllstoff entspricht.

▶ **Hinweis** Das Füllen von Hohlräumen mit zementgebundenem Vergussbeton und Vergussmörtel kann auch im Niederdruckverfahren erfolgen.

8.2.3 Füllen und Schließen von Rissen und Hohlräumen durch Injektion

Bei der Injektion erfolgt das Einbringen von Füllstoffen unter geregeltem Druck mit Einfüllstutzen, die Packer genannt werden. In der Praxis finden hauptsächlich Klebe- und Bohrpacker Anwendung.

Klebepacker werden vorwiegend an Bauteilen angewandt, an denen Bohrungen problematisch durchzuführen sind (z. B. dünne oder dicht bewehrte Bauteile, Spannbetonbauteile). Die Klebepacker werden mit Spachtelmasse zentrisch auf den vollständig verdämmten und abgedichteten Riss geklebt. Die Anordnung kann einseitig oder zweiseitig sein. Bei der Anordnung der Packerabstände werden Bauteilmaße, Rissbreiten und die Anordnung der Bewehrung berücksichtigt. Je nach Bauteilbreite und Risstiefe werden die Bohrpacker in regelmäßigen Abständen möglichst abwechselnd an beiden Rissufern gesetzt (siehe Abb. 8.1). Der Packerbabstand wird so gewählt, dass er bei einseitiger

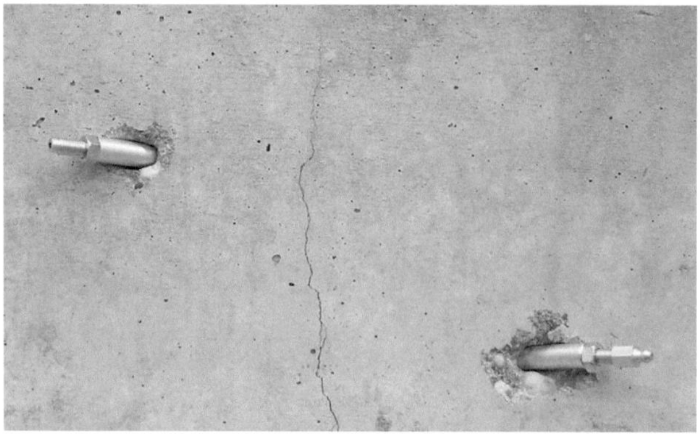

Abb. 8.1 Positionierung der Packer [1]

Injektion ungefähr die Dicke des Bauteils und bei beidseitiger Injektion die Hälfte der Bauteildicke beträgt. Bis zu einer Fülltiefe von 600 mm können die Bohrpacker so angeordnet werden, dass der mittlere Abstand ungefähr die Hälfte der Bauteildicke darstellt. Bei größeren Fülltiefen legt der Sachkundige Planer die Abstände der Packer und den Füllgrad von Rissen fest.

Bohrpacker werden in ein Bohrloch eingebracht, das unter einem bestimmten Winkel gebohrt wurde und den Rissbereich kreuzt. Bei der Herstellung von Bohrlöchern darf die Bewehrung insbesondere Spanngliedern nicht beschädigt werden.

Beim Injizieren (siehe Abb. 8.2) wird grundsätzlich von unten nach oben und bei horizontalen Rissen immer in die gleiche Richtung gearbeitet. Das Aufbringen eines niedrigeren Drucks über eine längere Zeit führt zu den besseren Injektionsergebnissen. Nach dem Aushärten des Injektionsharzes werden die Packer und das Verdämmmaterial entfernt und bei Verwendung von Bohrpackern die Bohrlöcher mit geeignetem Mörtel geschlossen.

Der Erfolg bei der Rissinjektion hängt ab vom verwendeten Gerät und dem aufgebrachten Druck, vom angewandten Bohrverfahren, dem Winkel und der Tiefe der Bohrung, von der Art, Anzahl und Lage der Packer, von der Verdämmung der Risse und von der zeitlichen Abfolge der Injektion und der Nachinjektion.

Da das kapillaraktive Injektionsharz auch in den angrenzenden Beton eindringt, wird – außer bei der Anwendung des Niederdruckverfahrens – eine Nachinjektion der injizierten Risse über alle vorhandenen Packer empfohlen. Die Nachinjektion ist innerhalb der Verarbeitbarkeitsdauer des verwendeten Rissfüllstoffs durchzuführen, wobei die Bauteiltemperaturund die Reaktionstemperatur des Füllstoffes bei Hohlräumen berücksichtigt werden muss.

Bei druckwasserführenden Rissen sind unter Umständen vorab Maßnahmen zu planen, die eine Minderung des Wasserdrucks hervorrufen. Dazu gehören Entlastungsbohrungen, Wasserhaltung oder ein rückseitiges Abdichten, damit kein Wasser nachströmt und es ist

Abb. 8.2 Injizieren von Rissen [1]

darauf zu achten, dass während der Injektion das Wasser aus drucklos wassergefüllten Rissen oder wassergesättigtem Betongefüge entweichen kann.

Bei der Injektion von zementgebundenen Füllstoffen ist ein ausgiebiges Vornässen der Flanken notwendig.

Undicht gewordene Risse und Hohlräume können erneut injiziert werden. Dabei sind die spezifischen Anwendungsbedingungen des Füllstoffs zu berücksichtigen. Im Regelfall werden dafür neue Bohrkanäle erstellt und neue Packer gesetzt.

Für die Injektion von Hohlräumen werden die Packer in einem Raster angeordnet, das der Art und dem Ausmaß des Hohlraums entsprechen muss. Ansonsten gelten die gleichen Anforderungen wie beim Injizieren von Rissen.

8.2.4 Dehnfähige Verbindung durch Injektion

Zur Herstellung einer begrenzt dehnfähigen Verbindung zweier Rissflanken durch Injektion werden Polyurethanharze (PUR-I) verwendet. Im Regelfall können nur stabile Risse mit Rissbreiten kleiner als 0,3 mm dauerhaft abdichtend gefüllt werden. Da die Risse vollständig gefüllt werden müssen, kann zur optischen Füllkontrolle die Injektion über Bohrpacker ohne Verdämmung erfolgen.

Bei unter Druck wasserführenden Rissen ist bei einer Bauteildicke von mindestens 30 cm unter Umständen an der Wasserzutrittsstelle vorab eine Injektion mit Polyurethanschaum (SPUR) durchzuführen. Diese ist auf die Abschnitte zu begrenzen, wo der Wasserzutritt verhindert werden soll, und ist nur im hinteren Drittel des dem Wasser zugewandten Bauteilquerschnitts zulässig. Die Polyurethanharzinjektion soll unmittelbar anschließend über zusätzliche Bohrpacker in dem verbleibenden vorderen Bauteilquerschnitt erfolgen und die Abdichtung des Risses dauerhaft gewährleisten.

Undicht gewordene dehnfähige Verbindungen können erneut injiziert werden. Dabei sind die spezifischen Anwendungsbedingungen des Füllstoffs zu berücksichtigen. Im Regelfall werden dafür neue Bohrkanäle erstellt und neue Packer gesetzt.

8.2.5 Kraftschlüssige Verbindung durch Injektion

Für das kraftschlüssige Füllen von Rissen und Hohlräumen durch Injektion dürfen in Abhängigkeit vom Feuchtezustand der Rissflanken, von der Rissbreite und von den zu erwartenden Rissbreitenänderungen während der Erhärtungsphase Epoxidharze(EP) sowie Zementleime (ZL) und Zementsuspensionen (ZS) eingesetzt werden. Die Durchführbarkeit der Injektion ist vom Sachkundigen Planer zu prüfen.

Risse und Hohlräume sind vollständig zu füllen. Eine ausreichend kraftschlüssige Verbindung der Rissflanken führt automatisch zu einer Begrenzung der Rissbreite und zum Abdichten von Rissen. Risse können nur dauerhaft gefüllt werden, wenn sichergestellt ist, dass zukünftig keine Einwirkungen zu erwarten sind, die zu einer Überschreitung der wahrscheinlichen Zugfestigkeit des Betons in der Umgebung kraftschlüssig injizierter Risse führen würden.

Da bei der Verfüllung mit Epoxidharzen die zugfeste Verbindung im Regelfall durch die Zugfestigkeit des angrenzenden Betons bestimmt ist, müssen die Rissflanken fest, trocken und frei von Verunreinigungen sein. Ein wiederholtes Füllen von mit Epoxidharz gefüllten Rissen ist zur Wiederherstellung der Kraftschlüssigkeit nicht zulässig.

Bei der Verfüllung mit Zementleiminjektion und Zementsuspension ist für die dauerhafte Verbindung auch die Zugfestigkeit des Füllstoffs von Bedeutung. Für eine gute Haftung müssen die Rissflanken vor der Injektion ausgiebig vorgenässt werden.

▶ **Hinweis** Das kraftschlüssige und das begrenzt dehnbare Verbinden von Rissflanken oder Betonflanken bei Hohlräumen sind im eigentlichen Sinn nicht direkt den Instandsetzungszielen zum Schutz vor Beton- oder Stahlkorrosion zuzuordnen, denn sie beeinflussen das Tragverhalten des Bauteils nach dem Füllen. Mit dem kraftschlüssigen Verbinden wird der Zustand I in Bauteilen wiederhergestellt, und beim begrenzt dehnbaren Verbinden von Rissflanken bleiben die Steifigkeitsverhältnisse des gerissenen Zustands II erhalten, wobei Rissbreitenänderungen entweder gedämpft oder mitgetragen werden. Das kraftschlüssige Verbinden ist ein geregeltes Verfahren zur Verstärkung des Betontragwerks (Abschn. 12).

8.3 Qualitätssicherung

Beim Füllen von Rissen und Hohlräumen sind füllstoff- und füllartspezifische Bedingungen einzuhalten. Diese betreffen vorwiegend die Lufttemperatur und die Temperatur des Bauteils sowie den Feuchtezustand des Untergrunds.

Das bauausführende Unternehmen zeichnet die Messungen auf und führt die erforderlichen Untersuchungen durch. Der Sachkundige Planer dokumentiert die Ergebnisse für den Bauherrn, überprüft die Verarbeitungsbedingungen und Lieferscheine der Stoffe und kontrolliert die Einhaltung der Ausführungshinweise der Hersteller. Er ist bei der Festlegung aller zur Qualitätssicherung erforderlichen Prüfverfahren zu beteiligen.

Ist der Nachweis der Verfüllung zu erbringen, erfolgt die Beurteilung der Vollständigkeit der Füllung (Füllgrad) durch geeignete Prüfung. Dies kann beispielweise an Bohrkernen erfolgen. Die Bohrkerne werden in Scheiben geschnitten und der Füllgrad der Risse an der Mantelfläche des Bohrkerns oder an den Schnittflächen ermittelt. Risse mit Breiten größer als 0,1 mm (bei Zementleim größer als 0,2 mm) bzw. Hohlräume müssen einen Füllgrad von mindestens 80 % aufweisen.

In begründeten Fällen wird ein Nachweis der Fülltiefe bei Füllen von Rissen durch Vergießen gefordert. Zu diesem Zweck werden Bohrkerne entnommen. Gemäß Praxiserfahrungen sollten Risse bis zu einer Tiefe von 5 mm bzw. das 15-Fache der Rissbreite gefüllt sein. Der größere Wert der Messungen ist maßgebend.

Das Füllen von Rissen und Hohlräumen darf nur von Baustellenfachpersonal mit einem SIVV-Schein ausgeführt werden.

Für die Qualitätssicherung einer Rissinjektion sind Tages- und Rissprotokolle anzufertigen, auf denen alle notwendigen Informationen wie Rissbreite, Bauteiltemperatur, Materialverbrauch, Chargen-Nr. etc. vermerkt werden.

Die Dokumentation einer Hohlrauminjektion erfolgt mittels Injektionsprotokoll, auf dem die Injektionsmenge, die Injektionszeit, der injizierte Bereich, die Ansatzpunkte der Bohrer sowie die Einzelkomponenten aufgeführt sind.

Das Verfüllen von Rissen und Hohlräumen durch Injektion ist zur Überwachung durch eine anerkannte Überwachungsstelle anzuzeigen.

Literatur

DAfStb Richtlinie Schutz und Instandsetzung von Betonbauteilen (DAfStb-RiLi SIB), Ausgabe 10/2001

DAfStb Richtlinie „Herstellung und Verwendung von zementgebunden Vergussbetonen und Vergussmörtel" Berichtigung 3

DAfStb Richtlinie „Herstellung und Verwendung von zementgebundenem Vergussbeton und Vergussmörtel" – 2011-11

DBV-Ausbildungsbeirat „Verarbeiten von Kunststoffen im Betonbau": SIVV-Handbuch: Schützen, Instandsetzen, Verbinden und Verstärken von Betonbauteilen, Frauenhofer IRB Verlag, 2005

DIBt Technische Regel Instandhaltung von Betonbauwerken, 2020

ZTV-ING Zusätzliche technische Vertragsbedingungen für den Ingenieurbau, Ausgabe 2017

DIN EN 934-4: Zusatzmittel für Beton, Mörtel und Einpressmörtel – Teil 4: Zusatzmittel für Einpressmörtel für Spannglieder – Definitionen, Anforderungen, Konformität, Kennzeichnung und Beschriftung; Deutsche Fassung EN 934-4:2009

Nachweis der Abbildungen

[1] Mit freundlicher Genehmigung MC-Bauchemie Müller GmbH

9 Instandsetzung von Fugen

Schadhafte Fugenabdichtungen können unter Umständen eine Ursache für Schäden am Beton sein, denn über undichte Fugen können Schadstoffe in den Beton eindringen, die eine Korrosion des Betons oder der Bewehrung hervorrufen oder fördern können.

Fugen zwischen Teilen der Fassade sind in DIN 18540 und Fugen in horizontalen Flächen und vor aufgehenden Bauteilen in DIN 18195 geregelt. Bei Fugen in erdberührten Bauteilen oder Dauernassbeanspruchung nach DIN 18195 wird unterschieden in Fugen Typ I (gering belastete Fugen) und Typ II (hoch belastete Fugen). Für Ingenieurbauwerke sind die ZTV-FUG zu berücksichtigen.

Die Normen gelten grundsätzlich für den Neubau, sie sind aber hinsichtlich der zu verwendenden Stoffe und der konstruktiven Ausbildung auch bei der Instandhaltung zu berücksichtigen. Im Bauteil vorhandene Fugen sind grundsätzlich beizubehalten. Die Funktion von Bewegungsfugen darf durch Instandsetzungsmaßnahmen nicht beeinträchtigt werden.

Bei der Abdichtung von Fugen ist zu beachten, dass die Fugen normgemäß ausgebildet sind, Fugenkanten ordnungsgemäß ausgeführt und die Fugen korrekt dimensioniert sind. Eine Umwandlung von Rissen in Dehnfugen ist nicht als Verfahren der Instandhaltung/Instandsetzung geregelt.

9.1 Fugen in Außenbauteilen

Die Abb. 9.1 zeigt die Ausbildung der Fugen bei Außenbauteilen und Abb. 9.2 die Ausbildung der Fugenkanten für den Hochbau.

Die Tab. 9.1 enthält Empfehlungen des *SIVV-Handbuches: Schützen, Instandsetzen, Verbinden und Verstärken von Betonbauteilen* des Deutschen Beton- und Bautechnik-Vereines e. V. hinsichtlich Fugenabstand, Fugenbreite und Dicke des Fugendichtstoffs.

S. Weber, *Betoninstandsetzung*,
https://doi.org/10.1007/978-3-658-33947-0_9

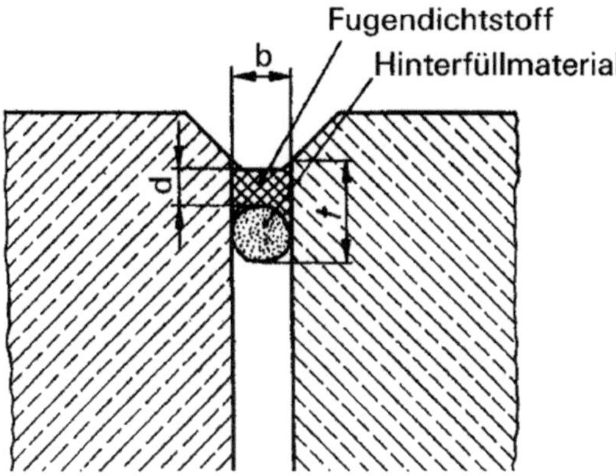

Abb. 9.1 Fugenausbildung gemäß DIN 18540

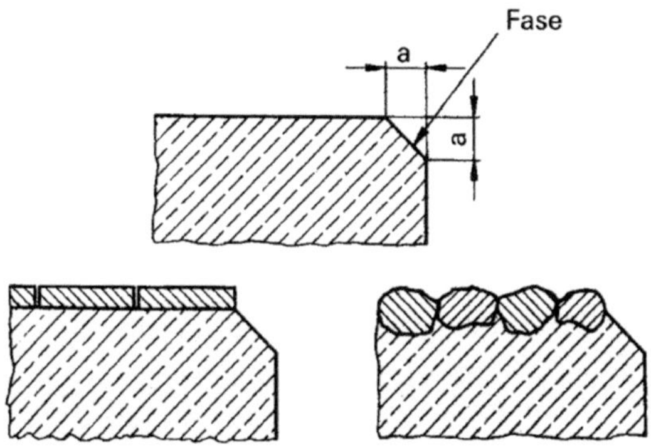

Abb. 9.2 Ausbildung der Fugenkanten bei Bauteilen aus Beton

Tab. 9.1 Dimensionierung von Fugen

	Nennmaß b	Mindestmaß b_{min}	d	Grenzabmaße
	[mm]	[mm]	[mm]	[mm]
Bis 2	15	10	8	+2
Über 2 bis 3,5	20	15	10	+2
Über 3,5 bis 5	25	20	12	+2
Über 5 bis 5,6	30	25	15	+3
Über 6,5 bis 8	35[a]	30	15	+3

[a]Bei größeren Fugenbreiten sind die Anweisungen des Dichtstoffherstellers zu beachten

Bei zu geringen Fugenbreiten führt die Überlastung des Fugendichtstoffs oder der Fugenflanken zu Schäden. Deshalb darf bei einer konventionellen Fugeninstandsetzung das geforderte Mindestmaß der Fugenbreite nicht unterschritten werden. Ist das genannte Mindestmaß am Objekt nicht gegeben, obliegt es dem Sachkundigen Planer, die tatsächlichen Fugenbewegungen zu berechnen und im Falle einer unzureichenden Fugenbreite das Aufschneiden der Fugen vorzuschreiben.

Die zulässige Gesamtverformung des Dichtstoffs beträgt max. 25 % der Fugenbreite (Summe aus Dehnung und Stauchung). Bei höheren Bauteiltemperaturen und/oder bei dunklen Wandflächen sind die Fugenbreiten um 10–30 % zu erhöhen. Berechnungsgrundlage ist eine Temperaturdifferenz von 80 K, die angenommene Bauteiltemperatur beim Dichtstoffeinbau ist mit 10 °C angesetzt. Bei besonderen Belastungen ist die Fugenbreite zu vergrößern.

Fugenflanken müssen fest und tragfähig sein und bis zu einer Tiefe von dem Doppelten der Fugenbreite parallel verlaufen. Bei angestrichenen Fugenflanken ist vor Beginn der Verfugungsarbeiten der Verarbeiter des Fugendichtstoffes über den Anstrich zu informieren. Die Verträglichkeit des Anstrichs mit dem neuen Fugenmaterial muss nachgewiesen sein.

Bei Verwendung von Mörtel zur Ausbesserung von Fugenflanken muss der Mörtel gut am Beton haften, im erhärteten Zustand frei von Rissen sein und eine geringe Porosität an der Oberfläche aufweisen.

Das Material zur Hinterfüllung muss eine gleichmäßige, möglichst konvexe Begrenzung der Fugentiefe und eine freie Verformbarkeit der Fugen sicherstellen. Die Verträglichkeit mit dem Dichtstoff muss gegeben sein.

Es sind geschlossenzellige Schaumstoffrundprofile zu verwenden. Bei Fugen mit starrem Fugenband müssen Trennfolien verwendet werden.

9.1.1 Instandsetzung von Fugen mit Fugendichtstoff

Bei konventionellen Ausbesserungen und Instandsetzungen von Fugen sind grundsätzlich alte Dichtstoffe rückstandsfrei von den Fugenflanken zu entfernen. Bei der Ausbesserung punktueller Fehlstellen ist ein Material auf Basis des vorhandenen Dichtstoffes zu verwenden. Dies sichert die Verträglichkeit zwischen altem und neuem Dichtstoff.

Die Ist-Fugenbreiten müssen eingehalten werden. Ein Nachweis erfolgt über das Mindestmaß oder über eine individuelle Berechnung der anzunehmenden Bewegung.

Fugendichtstoffe mit der Kennzeichnung **F** sind unmittelbar nach Einbau beständig gegen Niederschlagswasser zu schützen.

Dichtstoffe auf Basis von Polysulfidkautschuk sind Zweikomponentenstoffe, die bei ausreichenden Fugenbreiten und fehlerfreier Verarbeitung ca. 20 Jahre beständig sind.

Etwas problematischer in der Handhabung sind Einkomponentendichtstoffe auf Basis von Polyurethanen, die unter Umständen Blasen bilden.

Aus der Kategorie der Silikondichtstoffe steht für den Bereich der Betonbauteile nur eine geringe Auswahl an bauaufsichtlich zugelassenen Stoffen zur Verfügung.

Verfugungen sind immer von oben nach unten auszuführen.

Ein Überstreichen der Fugendichtstoffe ist nur in Ausnahmefällen erlaubt. Vorher ist die Verträglichkeit des Anstrichs mit dem Fugendichtstoff zu überprüfen. Imprägnierungen und Hydrophobierungen können hinsichtlich ihrer chemischen Verträglichkeit wie Anstriche wirken.

Das ausführende Unternehmen zeichnet die relevanten Messungen im Bautagebuch auf. Der Sachkundige Planer dokumentiert das Einhalten der in der Planung vorgesehenen Fugenbreiten, überprüft die Angaben und die Lieferscheine der Hersteller und kontrolliert und bestätigt die fach- und materialgerechte Ausführung.

9.1.2 Instandsetzen von Fugen mit Elastomerfugenbändern

Entspricht die vorhandene Fugenbreite nicht den Anforderungen nach DIN 18540 und kann aus technischen und/oder wirtschaftlichen Gründen keine Vergrößerung der Fugenbreiten vorgenommen werden, können gemäß DIN 18349 und VOB, Teil B und Teil C vorgefertigte elastische Fugenbänder aus Polysulfiden, Polyurethan oder Silikon mittels spritzbaren Dichtstoffen auf gleicher Stoffbasis auf den Beton geklebt werden.

Die Anforderungen an den Untergrund sind identisch mit denen für Fugenabdichtungen mit spritzbaren Dichtstoffen. Die Verträglichkeit mit vorhandenen Anstrichen muss nachgewiesen sein.

Die Verklebung der Bänder darf nur in der Breite der vorgegebenen Klebezone erfolgen. Der Klebstoff darf beim Auflegen der Bänder nicht nach innen gedrückt werden.

Beim Überkleben der Fugen mit Bändern können im Regelfall die alten Dichtstoffe in der Fugenkammer belassen werden. Besteht jedoch die Gefahr der Kaltvernetzung, ist eine Trennfolie zum alten Fugendichtstoff einzulegen.

Das Bandsystem muss hinterlüftet verlegt sein, d. h., die jeweiligen unteren Enden dürfen horizontal nicht verklebt werden. Bei Bandstößen und bei Bandanschlüssen ist eine Trennfolie einzulegen.

Auf Scherung belastete Bänder müssen schlaufenförmig eingebaut werden.

Entsprechend DIN 18540 ist ein Bautagebuch zu führen. Der Sachkundige Planer überprüft, ob die Anforderungen an den Untergrund eingehalten wurden, kontrolliert die Aufzeichnungen im Bautagebuch und dokumentiert diesen Arbeitsabschnitt für den Bauherrn.

9.1.3 Abdichtung von Fugen mit vorkomprimierten Bändern

Bei diesem Verfahren werden imprägnierte und vorkomprimierte Schaumstoffbänder in die vorhandenen Fugenkammern gelegt. Auf diese Weise ist eine Regen- und Windsperre zu erreichen.

▶ **Hinweis** Das Verfahren ist nicht genormt und bedarf deshalb einer besonderen Vereinbarung. Im Vorfeld der Instandsetzungsmaßnahme ist die Verträglichkeit des Imprägnierstoffes mit vorhandenen Anstrichstoffen zu klären.

9.2 Fugen in erdberührten Bauteilen

Fugen in erdberührten Bauteilen werden durch Überkleben mit Folie oder Schweißbahnen mit Einlagen und/oder Schlaufenbildung geschlossen.

Undicht gewordene Arbeitsfugen mit Bändern oder Blechen sind durch Injektion von Polyurethan oder von Zementleim nachträglich abdichtbar. Hierbei sind die Bohrkanäle für die Packer in einem Winkel von ca. 45° durch die Abdichtungsprofile zu führen.

9.3 Fugen in horizontalen Flächen und vor aufgehenden Bauteilen

Für die Abdichtung horizontaler Flächen und vor aufgehenden Bauteilen werden in Abhängigkeit der Belastung Folien oder Schweißbahnen mit Einlage und/oder Schlaufenbildung verwendet. Die Fugenabdichtungen sind zu schützen.

Bei Fugen mit großen Bewegungen sind Los-Festflanschkonstruktionen mit Fugenprofilen auszuführen. Bei Fugen, die unmittelbar vor aufgehenden Bauteilen liegen, wird die Abdichtung bis 15 cm über die Horizontale geführt.

9.4 Fugen mit Dauernassbeanspruchung

In DIN 18195 wird unterschieden zwischen Fugen mit leichter Belastung durch Druckwasser und Fugen belastet durch Nässe. Die Dichtstoffe nach DIN 18540 sind für diese Einsatzzwecke nicht geeignet.

Bei der Abdichtung von Fugen mit geringen Druckwasserbelastungen können mit erhöhtem Aufwand spritzbare Dichtstoffe eingesetzt werden. Die verwendeten Stoffe können bis zu einer maximalen Dehn-/Stauchbelastung von 15 % bezogen auf die Fugenbreite angewendet werden. Bei gleichen Bewegungen der Fugen werden somit größere

Fugenbreiten benötigt als bei DIN-genormten Dichtstoffen. Dies muss bei der Planung der Instandsetzung berücksichtigt werden, denn unter Umständen ist zu prüfen, ob ein Verbreitern der Fugen technisch und wirtschaftlich machbar ist.

▶ **Hinweis** Bei der Instandsetzung von Schwimmbädern und zugehörigen Sanitärbereichen sind Dichtstoffe mit fungiziden Eigenschaften zu verwenden, und es ist auf den Feuchtegehalt der Fugenflanken zum Zeitpunkt der Instandsetzung zu achten.

9.5 Chemisch belastete Fugen

Chemisch belastete Fugen sind oft bei Auffangwannen vorzufinden, die entsprechend dem Wasserhaushaltsgesetz eigentlich fugenlos gebaut werden sollen. Lässt sich eine Überbrückung solcher Fugen nicht durch Beschichtung oder andere Maßnahmen lösen, können chemisch belastete Fugen mit spritzbaren Dichtstoffen verschlossen werden.

▶ **Hinweis** Bei der Verschließung von chemisch belasteten Fugen mit spritzbaren Dichtstoffen muss die Höhe und Einwirkdauer der Belastung mit Chemikalien bekannt sein und die Zustimmung der zuständigen Unteren Wasserbehörde vorliegen.

9.6 Fugen in Brandschutzwänden

Fugenkammern in Brandschutzwänden sind mit A1-Stoffen zu verfüllen. Der Verschluss der Fugen kann aus optischen Gründen mit spritzbaren Dichtstoffen erfolgen.

9.7 Fugen mit besonderer Belastung

Mechanisch hoch belastete Fugenkanten sind zu schützen z. B. durch Winkelprofile. Es sind Dichtstoffe zu wählen, die mechanisch höher belastbar sind als die nach DIN 18540. Dabei ist zu beachten, dass die maximal zulässige Bewegungsaufnahme solcher Dichtstoffe nur mit 15 % Dehn-/Stauchbelastung berücksichtigt werden kann.

▶ **Hinweis** Aus großen Fugenabständen resultieren große thermisch bedingte Längenänderungen. Solche Fugen (z. B. bei Parkdecks) können nicht mit Dichtstoffen abgedichtet werden. Hier sind Fugenprofile einzusetzen.

Literatur

DBV-Ausbildungsbeirat „Verarbeiten von Kunststoffen im Betonbau“: SIVV-Handbuch: Schützen, Instandsetzen, Verbinden und Verstärken von Betonbauteilen, Frauenhofer IRB Verlag

DIN 18195 Bauwerksabdichtungen, Teil 1: Grundsätze, Definitionen, Zuordnung der Abdichtungsarten, Ausgabe 08/2000

DIN 18540 Abdichten von Außenwandfugen im Hochbau mit Fugendichtstoffen, Ausgabe 12/2006

DIN 18349 VOB Vergabe- und Vertragsordnung für Bauleistungen – Teil C: Allgemeine Technische Vertragsbedingungen für Bauleistungen, ATV – Betonerhaltungsarbeiten, Ausgabe 12/2006

10 Instandsetzung mit Betonersatz

Als Betonersatz kann verwendet werden:

- Beton nach EN 206 in Verbindung mit DIN 1045 Teil 2,
- Spritzbeton nach DIN EN 14487 in Verbindung mit DIN 18 551,
- polymermodifizierter (kunststoffmodifizierter) Instandsetzungsbeton/-mörtel mit zugehörigen Systemkomponenten (zementgebunden),
- im Spritzverfahren aufzubringender polymermodifizierter (kunststoffmodifizierter) Instandsetzungsbeton/-mörtel mit zugehörigen Systemkomponenten (zementgebunden),
- polymergebundener Instandsetzungsbeton/-mörtel mit zugehörigen Systemkomponenten (reaktionsharzgebunden),
- Vergussbeton und Vergussmörtel nach DAfStb Richtlinie „Herstellung und Verwendung von zementgebundenem Vergussmörtel und Vergussbeton"

Die Wahl des geeigneten Mörtels oder Betons erfolgt unter Berücksichtigung der Einwirkungen aus dem Untergrund und aus der Umgebung sowie aus den anzuwendenden Prinzipien und ist so vorzunehmen, dass ein homogener Aufbau entsteht und nur geringe Zwangsspannungen auftreten. Da ein neu aufgebrachter Beton ein anderes Schwind- und Kriechverhalten aufweist als der Altbeton, können aus diesem unterschiedlichen Verformungsverhalten Spannungen entstehen.

Damit der neu aufgebrachte Instandsetzungsbeton oder -mörtel sich mit dem Altbeton monolithisch verhält, ist ein rissfreier Übergang zu gewährleisten. Beim Aufbringen ist daher die Temperatur des Untergrundes relevant. Beim Ersatz von dickeren Schichten sollen Spannungen infolge hoher Hydratationswärme vermieden werden.

S. Weber, *Betoninstandsetzung*,
https://doi.org/10.1007/978-3-658-33947-0_10

Für die flächige Instandsetzung mit zementgebundenem und kunststoffmodifiziertem Mörtel und Beton muss ein dauerhafter Verbund zum Untergrund sichergestellt werden. Die Sicherstellung des Verbundes erfolgt über Adhäsion oder über Verankerung und Bewehrung und entsteht bei der Instandsetzung oft durch den Einbau zusätzlicher Bewehrung oder mittels Dübeln.

Kann durch Betonersatz keine planmäßige Betondeckung erreicht werden, muss zur Gewährleistung des Korrosionsschutzes der Bewehrung zusätzlich ein Oberflächenschutzsystem aufgebracht werden. Wenn keine ausreichend dichte und/oder dicke Betonüberdeckung der Bewehrung herzustellen ist, muss vorab ein Korrosionsschutz der Bewehrung gemäß DIN EN 1504-7 aufgebracht werden.

Die Betonersatzstoffe können nach Bedarf mit Instandsetzungsprodukten wie Produkten für den Korrosionsschutz der Bewehrung nach DIN EN 1504-7, Haftbrücken zum Untergrund oder Feinspachtel zur Herstellung der erforderlichen Oberflächenbeschaffenheit zum Aufbringen eines Oberflächenschutzsystems kombiniert werden.

▶ **Hinweis** Zur Erhöhung der Duktilität des spröden Zementsteins können nach DIN EN 206-1/DIN 1045-2 dem Beton Stahlfasern nach DIN EN 14889-1 zugegeben werden. Die 0,2 mm bis 1,0 mm dicken, glatten oder gewellten Stahlfasern dienen auch als „Ersatz" der Bewehrung in dünnen Schichten, die eine hohe Zähigkeit aufweisen sollen oder für die eine geringe Rissbildung gefordert wird.

Betonersatzstoffe nach DAfStb RiLi-SIB

Nach DAfStb-Instandsetzungsrichtlinie wird je nach Anwendung unterschieden in Typ PCC = Beton bzw. Zementmörtel mit Kunststoffzusatz und Typ PC = Reaktionsharzmörtel und -beton.

Zementmörtel bzw. Beton mit Kunststoffzusatz PCC wird unterteilt in PCC I, der geeignet ist für die Applikation auf waagerechten bis schwach geneigten Flächen, und PCC II, der auch für die Applikation an Untersichten und vertikalen Flächen geeignet ist. Die mit SPCC gekennzeichneten Stofftypen sind kunststoffmodifizierte zementgebundene Mörtel oder Betone, die durch Spritzen aufgetragen werden und daher auch zum Aufbringen an den Unterseiten von Bauteilen oder auf stark geneigten Flächen geeignet sind.

Betone und Mörtel werden in die Beanspruchbarkeitsklassen M1, M2 und M3 eingeteilt.

Beanspruchbarkeitsklasse M 1 enthält zementgebundene Betone und Mörtel, die örtlich begrenzt eingesetzt werden und zum Ausfüllen von Fehlstellen im Betonuntergrund auf beliebig orientierten Auftragsflächen geeignet sind. Sie weisen eine ausreichende Festigkeit als Untergrund für eventuell nachträglich aufzubringende Oberflächenschutzsysteme auf. Beispiele dafür sind Mörtel und Betone zur Instandsetzung von Fassaden.

Beanspruchbarkeitsklasse M 2 enthält zementgebundene Betone oder Mörtel, die polymere Zusatzstoffe von 0,5 bis 5 M.-% bezogen auf die Gesamttrockenmasse enthalten.

Tab. 10.1 Richtwerte für Schichtdicken von Beton und Mörtel

Art des Betons bzw. des Mörtels	Durchmesser Größtkorn [mm]	Schichtdicke [mm]	
		min.[1]	max
Beton EN 206	8...16	50	
Spritzbeton DIN 18551	8...16	30[2]	
Zementmörtel	$\leq$4	20	40
Kunststoffmodifizierter Instandsetzungsbeton/-mörtel PCC	$\leq$8	10[3]	50[4]
Kunststoffmodifizierter Spritzbeton/-mörtel SPCC	$\leq$8	10[3]	50
Reaktionsharzgebundener Instandsetzungsbeton/-mörtel PC	$\leq$8	5	40

[1] Die Mindestschichtdicke soll das Dreifache des Größtkorndurchmessers betragen
[2] Bei dynamisch beanspruchten Bauteilen 50 mm
[3] Bei Instandsetzungsprinzip R1 $\geq$20 mm
[4] Örtlich bis 100 mm

Für den Einsatz innerhalb des Instandsetzungsprinzips R ist ein Polymergehalt von maximal 10 M.-% bezogen auf das Zementgewicht erlaubt. Die Stoffe können auf beliebig große Flächen aufgebracht werden und sind während und nach der Applikation dynamisch belastbar.

Beanspruchbarkeitsklasse M 3 enthält jene zementgebundene Mörtel und Betone, die zusätzlich zu den bisherigen Anforderungen an Alkalität und dynamische Belastung auch statisch mitwirken. Zum Beispiel handelt es sich um tragende Bauteile des Hochbaus wie Stützen, Balken, Platten und die im Hochbau direkt befahrbare Flächen. Um einen ausreichenden Verbund mit der Bewehrung herzustellen, ist ein Normreinheitsgrad von Sa 2½ für den Bewehrungsstahl erforderlich. Die Anforderung an die Haftung am Betongrund ist erhöht.

Die Wahl des geeigneten Mörtels oder Betons erfolgt gemäß den Beanspruchbarkeitsklassen , der Feuchtigkeit des Untergrund und den in der Tab. 10.1 gezeigten Richtwerte für die Schichtdicken.

Für die Instandsetzung mit zementgebundenen und kunststoffmodifizierten Mörtel und Betone soll der Untergrund schwach saugend sein und muss vor der Instandsetzung gut angefeuchtet, aber an der Oberfläche mattfeucht sein. Beim Aufbringen von Kunstharzmörtel sollte der Untergrund trocken sein. Ist dies nicht möglich, soll die Randzone bis auf eine Tiefe von ca. 20 mm einen Feuchtigkeitsgehalt von 6 % nicht übersteigen.

Betonersatzstoffe nach DIBt TR-IH

Nach Technischer Regel „Instandhaltung von Betonbauwerken“ wird unterschieden, ob es ein Betonersatz mit bekannter oder unbekannter Zusammensetzung ist.

Als **Betonersatz mit bekannter Zusammensetzung** können verwendet werden:

- Beton nach DIN EN 206-1 und DIN 1045 Teil 2,
- Trockenbeton nach DAfStb Richtlinie „Herstellung und Verwendung von Trockenbeton und Trockenmörtel“,
- Spritzbeton nach DIN EN 14487 und DIN 18 551,
- Spritzmörtel mit Anforderungen nach DIN EN 14487 und DIN 18551,
- Vergussbeton und Vergussmörtel nach DAfStb Richtlinie „Herstellung und Verwendung von zementgebundenem Vergussmörtel und Vergussbeton“.

Als **Betonersatz mit unbekannter Zusammensetzung** können verwendet werden:

- Beton mit oder ohne Kunststoffmodifizierer im Betonierverfahren oder im Handauftrag [RC],
- Mörtel mit oder ohne Kunststoffmodifizierer im Betonierverfahren oder im Handauftrag [RM],
- Beton mit oder ohne Kunststoffmodifizierer im Spritzauftrag [SRC],
- Mörtel mit oder ohne Kunststoffmodifizierer im Spritzauftrag [SRM],
- Polymerbeton im Handauftrag [PRC],
- Polymermörtel im Handauftrag [PRM].

Zur Erreichung des Instandsetzungsziels werden vom Sachkundigen Planer die Mindestschichtdicke und die höchstzulässige Schichtdicke für den gewählten Stoff vorgegeben.

▶ **Hinweis** Bei Betonersatz mit bekannter Zusammensetzung sind die erforderlichen Schichtdicken für eine Nutzungsdauer von 50 Jahren unter Berücksichtigung der relevanten Expositionsklassen XC, XS, XD und der Mindestbetondeckung nach DIN EN 1992 sowie der Anforderungen an Baustoffe und Bauausführung festzulegen.

Bei Betonersatz mit unbekannter Zusammensetzung [RC], [RM], [SPRC], [SRM] ist für eine Nutzungsdauer von 50 Jahren eine minimale Schichtdicke von 20 mm bei Einwirkungen aus der Umwelt XC3 und von 25 mm für XC1, XC2, XC4 zuzüglich jeweils eines Vorhaltemaßes in [mm], das von der Rautiefe des Untergrundes abhängig ist.

Bei flächiger Instandsetzung mit Verbund über Adhäsion ist keine zusätzliche Prüfung des Betonersatzes mit bekannter Zusammensetzung bei der Anwendung an Bauteilen der Altbetonklasse 4 und Einwirkungen aus der Umwelt Expositionsklassen X0, XC1 bis XC4 erforderlich.

> **Hinweis** Nach Technischer Regel „Instandhaltung von Betonbauwerken" sind Zemente CEM I, CEM II und CEM III nach DIN EN 197-1 mit einer Festigkeitsklasse 32,5 zur verwenden. Bei Instandsetzungen gemäß ZTV-ING können zur Herstellung von Beton auch Zemente nach DIN EN 197-4, DIN 1164-10, DIN 1164-11 und Zemente mit allgemeiner bauaufsichtlicher Zulassung verwendet werden. Zemente mit hoher Anfangsfestigkeit wirken sich bei entsprechender Nachbehandlung positiv aus.

10.1 Instandsetzung mit Beton und Mörtel ohne Kunststoffzusatzer

10.1.1 Beton nach DIN EN 206 in Verbindung mit DIN 1045

Beton wird in dicken Schichten als Betonersatz und in dünnen Schichten zur Behebung von Oberflächenschäden eingesetzt. Die Verbindung des alten Betons mit dem neuen Beton geschieht oft durch den Einbau zusätzlicher Bewehrung oder mittels Dübeln.

Nach **DIBt TR-IH** ist bei einer großflächigen Instandsetzung mit Beton gemäß

- Prinzip 3: Reprofilierung oder Querschnittsergänzung,
- Prinzip 4: Verstärkung des Betontragwerks durch Querschnittsergänzung durch Mörtel und Beton,
- Prinzip 5: Erhöhung des physikalischen Widerstandes,
- Prinzip 6: Erhöhung des Widerstandes gegen chemische Angriffe,
- Prinzip 7: im Rahmen der Verfahren zum Erzielen einer höheren Betondeckung, beim Ersatz von schadstoffhaltigem oder carbonatisiertem Beton sowie im Zuge der Realkalisierung von carbonatisiertem Beton

der Verbund bei Schichtdicken von 20 mm bis 60 mm auf vertikalen und horizontalen Flächen bei den Altbetonklasse A4 und den Expositionsklassen XO, XC1–XC4 über Adhäsion auch ohne zusätzliche Prüfungen sichergestellt. Bei Schichtdicken >60 mm wird der Beton als Vorsatzschale eingebaut, und es muss unabhängig von den Altbetonklassen der Verbund zum Untergrund über Verankerungen und Bewehrung erfolgen.

Zur Erhöhung oder Wiederherstellung der Betondeckung ist eine Schichtdicke von 30 mm bis 50 mm, nach ZTV-ING von mindestens 40 mm erforderlich. Die Schichtdicke des aufgebrachten Betons soll bei der flächenhaften Instandsetzung mindestens das Dreifache des Durchmessers des Größtkorns der Gesteinskrnung betragen.

► **Hinweis** Nach Technischer Regel „Instandhaltung von Betonbauwerken" des DIBt ist eine Mindestbetonschichtdicke von 20 mm, nach ZTV-ING von 50 mm und bei Bauten nach ZTV-W von 90 mm erforderlich.

a) Untergrund

Vor dem Aufbringen des Instandsetzungsbetons sind vorbereitende Arbeiten am Untergrund vorzunehmen. Es findet ein Abtrag des Betons entsprechend dem gewählten Instandsetzungsprinzip statt. Ist nur ein geringer/oder kein Abtrag notwendig, wird lediglich der Feinmörtel abgetragen, jedoch mindestens bis zum Grobkorn.

Die Ausbruchstellen werden rechtwinklig mit abgerundeten Ecken hergestellt und die Bewehrung wird auf den erforderlichen Normreinheitsgrad entrostet. Der Altbeton ist mehrmals gründlich vorzunässen, bis die Betonoberfläche mattfeucht ist, das erste Mal mindestens 24 h vor dem Betonieren. Wenn sich Wasser auf waagerechten Oberflächen angesammelt hat, ist dieses vor dem Einbringen des Frischbetons zu entfernen. Die Temperatur des Untergrundes und der unmittelbar überlagernden Luftschicht muss mindestens 5 °C und maximal 30 °C betragen.

► **Hinweis** Nach Technischer Regel „Instandhaltung von Betonbauwerken" des DIBt ist für einen sicheren Verbund die Vorbereitung des Untergrundes entsprechend einer Mindestrautiefenklasse RT 3,0 vorzunehmen, wenn die Anforderung an die verzahnte Fuge nach DIN EN 1992 bzw. von RT 1,5 für die raue Fuge gestellt ist.

b) Haftbrücke

Um eine verbesserte Haftung zwischen Altbeton und dem neu aufgebrachten Beton zu erreichen, wird besonders bei dünnen, unbewehrten Betonschichten eine Haftbrücke aufgebracht. Bei sehr dichter Bewehrung und Schalung, wo kein Zugang zur Verbundfläche des Altbetons vorhanden ist, kann auf die Haftbrücke verzichtet werden. In diesem Fall sorgt die Bewehrung für den Verbund.

Die Haftbrücke wird aus Wasser und je gleichen Gewichtsanteilen Zement und Sand 0/2 hergestellt, ist dickflüssig, und wird durch intensives Bürsten in einer Dicke von 3 mm bis 5 mm auf die mattfeuchte Oberfläche des Untergrunds aufgebracht (Abb. 10.1). In der Regel soll die Haftbrücke aus den gleichen Komponenten wie der Beton bestehen, abweichend davon kann aber immer Zement CEM I verwendet werden.

► **Hinweis** Bei Instandsetzungen von Ingenieurbauwerken nach ZTV-ING kann als Haftbrücke auch ein Epoxidharzmörtel verwendet werden. Laut DBV kann eine Haftbrücke aus Epoxidharzmörtel nur dann aufgebracht werden, wenn kein Vornässen des Betons möglich ist.

c) Schalung

Die ausreichend steife und dichte Schalung muss einen dichten und bündigen Anschluss mit dem Altbeton gewährleisten. Dichtungsstreifen verhindern das Ausfließen von Mörtel.

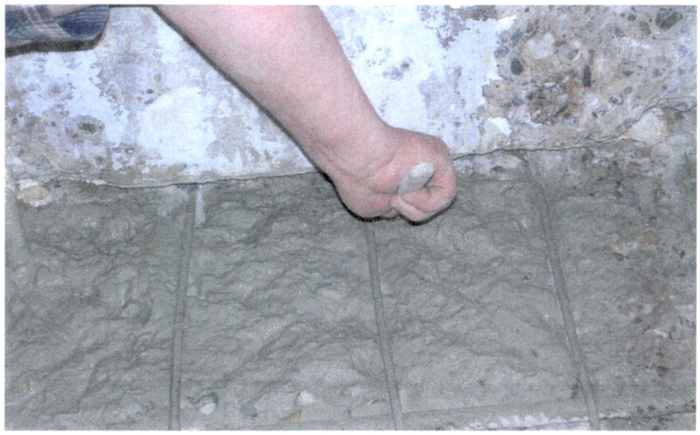

Abb. 10.1 Auftragen einer zementgebundenen Haftbrücke [2]

Die rückwärtige Schalung ist in der Regel zusammenhängend, während die vordere Seite aus mehreren Abschnitten bestehen kann, die dem Betoniergang entsprechend angepasst werden.

d) Auf- und Einbringen des Betons

Der Beton muss eine Konsistenz haben, die ihm erlaubt, überall leicht hinzugelangen und leicht zu entlüften, ohne dass Luft eingeschlossen wird (Abb. 10.2).

Das Aufbringen des Betons erfolgt unmittelbar nach dem Aufbringen der Haftbrücke („frisch in frisch"). Wird der Beton manuell eingebracht, erfolgt die Verdichtung durch Innenrüttler. Eine Nachverdichtung nach 20min bis 45 min wirkt sich positiv auf die zu

Abb. 10.2 Instandsetzen mit Beton [1]

erreichenden Eigenschaften des Festbetons aus. Da bei der Instandsetzung die Verdichtung von vertikalen Schichten wie z. B. Vorsatzschale schwierig und ein kraftschlüssiger Anschluss des neuen Betons an den Altbeton sehr schwer zu erzielen ist, wird immer öfter leichtverdichtbarer oder selbstverdichtender Beton (siehe Abschn. 10.1.2) verwendet.

e) Betonzusammensetzung

Die Betonzusammensetzung und die Wahl der Ausgangsstoffe müssen den Anforderungen EN 206 wie für die Verwendung im Neubau genügen. Es werden die Umgebungsbedingungen des Bauteils/Bauwerks und die Art der äußeren Einwirkungen berücksichtigt. Dies gilt insbesondere, wenn erhöhte Anforderungen an das Bauteil gestellt werden oder besondere Betoneigenschaften gefordert sind.

Die Festigkeit des Betons soll auf die Festigkeit des Altbetons abgestimmt werden, muss die Anforderungen an Beton für Außenbauteile erfüllen und mindestens der Festigkeitsklasse C20/25 entsprechen.

Das Größtkorn der Gesteinskörnung ist auf die Dichte der Bewehrung und auf die Einbaubedingungen abzustimmen und soll maximal 1/3 der Dicke der aufzubringenden Betonschicht betragen. Für die Expositionsklassen XF sind die Anforderung an Frost- bzw. Frosttauwiderstand einzuhalten. Wassereinsparende Zusatzmittel wie Fließmittel oder evtl. LP-Bildner verbessern die Verarbeitbarkeit und somit die Dauerhaftigkeit.

Werden für die Instandsetzung kleine Mengen Beton benötigt, empfiehlt sich die Verwendung von werkseitig gemischtem Trockenbeton gemäß DAfStb Richtlinie „Herstellung und Verwendung von Trockenbeton und Trockenmörtel" (Trockenbeton-Richtlinie), ansonsten wird Transportbeton verwendet.

▶ **Hinweis** Das Mischen von getrennt angelieferten Trockenkomponenten auf der Baustelle ist nur dann zulässig, wenn werkähnliche Einrichtungen vorhanden sind und wenn für diese Stoffe eine Eignungsprüfung am Beton, einschließlich aller Komponenten, vorliegt.

f) Nachbehandlung

Da es sich bei der Instandsetzung meistens um einen großflächigen Materialauftrag in dünnen Schichten handelt, muss unbedingt für eine ausreichende Nachbehandlung gesorgt werden. Frisch aufgetragener Beton muss vor frühzeitigem Austrocknen, starker Sonnenbestrahlung, Regen, Wind, niedrigen Temperaturen und Kälte geschützt werden. Zur Sicherstellung des Verbundes über Verankerung und Bewehrung ist die in DIN EN 13670 in Verbindung mit DIN 1045-3 geforderte Nachbehandlungsdauer zu verdoppeln. Die empfohlene Mindestnachbehandlungsdauer nach ZTV-ING beträgt fünf Tage.

g) Qualitätssicherung

Die Qualitätssicherung erfolgt wie für Beton nach EN 206 in Verbindung mit DIN 1045. Die vom Sachkundigen Planer geforderten Betoneigenschaften müssen durch Eignungsprüfungen nachgewiesen werden.

Bei Verwendung von Transportbeton prüft das ausführende Unternehmen den Lieferschein, entnimmt entsprechend DIN EN 12350-1 zufällig ausgewählte Proben, an denen die Frischbetoneigenschaften geprüft werden, und stellt Probekörper zur Prüfung der Festbetoneigenschaften her. Im Bautagebuch werden Bauteil- und Lufttemperaturen aufgezeichnet, die Verdichtung und Nachverdichtung sowie die Art und Dauer der Nachbehandlung.

Der Sachkundige Planer kontrolliert bei der Ausführung die Einhaltung der genannten Anforderungen durch das ausführende Unternehmen, dokumentiert die erbrachten Nachweise und kontrolliert den Lieferschein des Frischbetons. Nach Vorliegen der Ergebnisse der Prüfungen der Festbetoneigenschaften prüft er die Konformität des Betons.

Bei Verwendung von Beton der Überwachungsklasse 2 oder 3 ist die Anwesenheit eines erfahrenen Fachmanns mit Nachweis seiner Qualifikation durch eine Bescheinigung des Ausbildungsbeirates „Erweiterte Betontechnologische Kenntnisse“ beim Deutschen Beton- und Bautechnikverein e. V. (E-Schein) und die Überprüfung der Betonagen durch eine dafür anerkannte Überwachungsstelle erforderlich.

10.1.2 Leichtverdichtbarer und Selbstverdichtender Beton

Da in der Betoninstandsetzung der Beton oft in relativ dünnen Schichten aufgebracht wird und er daher eine Konsistenz haben muss, die ihm erlaubt, überall leicht hinzugelangen und leicht zu entlüften, ohne dass Luft eingeschlossen wird, werden zunehmend Leichtverdichtbare Betone (LVB) oder Selbstverdichtende Betone (SVB) verwendet. Bei einer sachgerechten Zusammensetzung besitzen sie im frischen Zustand eine sehr hohe Fließfähigkeit, sodass sie mit geringer oder ohne Verdichtungsarbeit die Schalung lückenlos ausfüllen, sich dabei selbst entlüften und nicht entmischen. Im erhärteten Zustand weisen sie die gleichen Festigkeitseigenschaften wie ein üblicher Beton auf, der Zustand der Oberflächen kann Sichtbetonqualität erreichen. Betone dieser Art eignen sich beispielsweise für die Instandsetzung feingliedriger Bauteile und Bauteile mit komplizierter Geometrie, für Sichtbeton und für Bauteile, die z. B. aufgrund der Zugänglichkeit nicht ausreichend mechanisch verdichtet werden können.

Bei beiden Betonarten ist der Frischbeton nahezu fleißfähig und robust gegen Sedimentieren. Der Zusammenhalt des Frischbetons wird durch Zugabe eines hohen Anteils an Feinstoffen (Flugasche, Gesteinsmehl) gesichert. Die Zementmenge fällt im Vergleich zu einem üblichen Beton höher aus. Für die Verarbeitung ist die Zugabe eines hochwirksamen Fließmittels erforderlich. Die grobe Gesteinskörnung, zweckmäßigerweise mit einem maximalen Größtkorn von 16 mm, „schwimmt“ in der stabilen Mörtelmatrix.

Leichtverdichbare Betone sind Betone mit der Konsistenzklasse F5 und F6, für deren Verdichten eine sehr geringe Rüttelenergie benötigt wird. Der Mehlkorngehalt dieser Betone ist zwar sehr hoch, überschreitet aber nicht den maximalen Grenzwert der DIN EN 206-1/DIN 1045-2.

Der Mehlkorngehalt bei Selbstverdichtendem Beton liegt zwischen 450 kg/m^3 und 650 kg/m^3 und überschreitet den maximalen Grenzwert der DIN EN 206-1 und DIN 1045-2. Daher gilt für die Bemessung, Herstellung und Ausführung die DAfSb Richtlinie „Selbstverdichtender Beton".

Wegen seiner hohen Fließfähigkeit sowie einer guten Sedimentationsstabilität fließt Selbstverdichtender Beton und entlüftet sich ohne Einwirkung zusätzlicher Verdichtungsenergie allein unter dem Einfluss der Schwerkraft und füllt die Bewehrungszwischenräume und die Schalung vollständig ausfüllt.

10.1.3 Spritzbeton nach DIN EN 14487 in Verbindung mit DIN 18515

Mit Spritzbeton können die gleichen Druckfestigkeiten erreicht werden wie mit Beton nach EN 206.

Wenn der Untergrund die entsprechenden Anforderungen erfüllt, können Spritzbetone mit besonderen Eigenschaften zum Einsatz kommen, wie Beton mit hoher Wasserundurchlässigkeit, Beton mit hohem Frostwiderstand oder mit hohem Widerstand gegen schwach chemische Angriffe.

Mit hohem Aufwand bei der Herstellung und bei der Überwachung können auch Betone mit erhöhten Anforderungen eingesetzt werden wie Beton mit hohem Frost- und Tauwiderstand, Beton mit hohem Widerstand gegen stark chemische Angriffe und Beton mit hohem Abnutzungswiderstand.

Nach **DIBt TR-IH** wird Spritzbeton verwendet gemäß:

- Prinzip 3: Reprofilierung oder Querschnittsergänzung,
- Prinzip 4: Verstärkung des Betontragwerks durch Querschnittsergänzung,
- Prinzip 5: Erhöhung des physikalischen Widerstandes,
- Prinzip 6: zur Erhöhung des Widerstandes gegen chemischen Angriff
- Prinzip 7: Verfahren zum Erzielen einer höheren Betondeckung, beim Ersatz von schadstoffhaltigem oder carbonatisiertem Beton sowie im Zuge der Realkalisierung von carbonatisiertem Beton.

Bei einer flächigen Instandsetzung ist der Verbund über Adhäsion auf vertikalen und horizontalen Flächen bei den Altbetonklassen A4 und A5 und den Expositionsklassen XO, XC1–XC4 sichergestellt. Zur Erhöhung oder Wiederherstellung der Betondeckung ist eine Schichtdicke von 30 mm bis 50 mm erforderlich. Bei Schichtdicken >50 mm erfolgt der Verbund zum Untergrund über Verankerungen und Bewehrung. Der Verbund über Verankerungen und Bewehrung ist bei allen Altbetonklassen sichergestellt.

Eine Reprofilierung mit Spritzbeton nach Freilegung der Bewehrung oder bei lokalen Vertiefungen ist örtlich in einer Schichtdicke bis zu 100 mm erlaubt.

Gemäß **ZTV-ING** ist beim Ersatz von fehlendem oder geschädigtem Beton und bei der Erhöhung der Betondeckung der Bewehrung bei Bauteilen mit vorwiegend ruhender Belastung eine Mindestschichtdicke von 30 mm und bei Bauteilen mit nicht vorwiegend ruhender Belastung von 50 mm erforderlich.

a) Untergrund

Die Oberfläche des Untergrundes muss rau und das grobe Korn freigelegt sein. Der Altbeton ist mehrmals gründlich vorzunässen, das erste Mal mindestens 24 h vor dem Betonieren. Die Betonoberfläche beim Aufbringen des Spritzbetons soll mattfeucht und ohne Wasseransammlungen sein. Einen Tag vor Aufbringen des Betons wird der Untergrund gründlich vorgenässt. Es wird jedoch darauf geachtet, dass die Betonoberfläche beim Aufbringen des Spritzbetons lediglich mattfeucht ist.

► **Hinweis** Für einen ausreichenden Verbund der neuen Schicht am Untergrund ist erforderlich:

- nach DAfStb RiLi-SIB eine Haftzugfestigkeit des Untergrunds mit Mittelwert von min. 1,5 N/mm^2 und Einzelwerte von >1,0 N/mm^2,
- nach DIBt TR-IH eine Mindestrautiefenklasse von RT1,0.

► **Hinweis** Anforderungen an die Temperatur des Untergrundes und der unmittelbar überlagernden Luftschicht:

- nach DIBt TR-IH min. 5 °C und max. 30 °C,
- nach ZTV-ING min. 5 °C und max. 25 °C.

b) Haftbrücke

Beim Aufbringen von Spritzbeton ist keine Haftbrücke erforderlich.

c) Aufbringen

Sind nur kleine Mengen an Spritzbeton aufzubringen und baubetrieblich bedingt häufige Unterbrechungen des Spritzvorgangs zu erwarten, eignet sich das Trockenspritzverfahren. Analog ist für eine große Menge das Nassspritzverfahren sinnvoll.

Die Dicke der einzelnen Schichten beträgt im Allgemeinen 20 mm bis 50 mm. Wird Spritzbeton in mehreren Lagen mit größeren zeitlichen Abständen zwischen den einzelnen Aufträgen eingebaut, sind Maßnahmen zur Untergrundvorbereitung vorzusehen. Die Oberfläche der zuerst eingebauten Lage ist so zu reinigen, dass der lose Spritzstaub den Haftverbund der darauffolgenden Schicht nicht vermindert.

Im Allgemeinen muss die Anordnung der Bewehrung eine komplette Einhüllung mit Spritzbeton erlauben. Die freigelegte Bewehrung oder die Bewehrungszulage ist so zu befestigen, dass sie beim Einspritzen nicht federt. Bei Zulage von Bewehrung durch Bewehrungsmatten ist eine Verankerung der Bewehrung in den alten Beton mit mindestens vier Stahldübeln M8/m^2 vorzunehmen. Eventuell ist eine Bemessung der Verbundmittel und der Verankerungen notwendig. Zu beachten sind auch starke zeit- und lastabhängige Formänderungen infolge von Schwinden und Kriechen.

Für eine gute Haftung des Betons am Untergrund und eine Reduktion der Betonentmischung durch Rückprall kann bei mehrlagigem Auftrag die erste Spritzlage aus Mörtel bestehen, in dem die grobe Gesteinskörnung der zweiten Spritzlage besser haftet.

Arbeitsfugen im Spritzbeton sind durch Strahlen vorzubereiten. Im Bereich von freien Rändern an Arbeitsfugen und an Rissen wirken Schub- bzw. Zugspannungen senkrecht zur Spritzfläche. Sie können den Verbund des Spritzbetons zum Untergrund beeinträchtigen.

Bei der Instandsetzung mit Spritzbeton wird in der Regel die Oberfläche spritzrau belassen. Soll sie aus optischen Gründen geglättet werden, muss bei einem einlagigen Auftrag nach dem Erhärten ein Spritzmörtel oder Feinspachtel aufgebracht und dieser bearbeitet werden. Bei einem mehrlagigen Auftrag darf bei einer Schichtdicke >20 mm die letzte Spritzlage geglättet werden (Abb. 10.3).

e) Betonzusammensetzung

Die Mischungen für Spritzbeton sind sand- und zementreicher als die des Betons im konventionellem Einbau und haben ein kleineres Größtkorn. Das Größtkorn darf höchstens 1/3 der Dicke einer Spritzlage sein, muss mindestens 1/15 der Dicke des Betonersatzes betragen und ist an den Bewehrungsgrad und die Bewehrungsführung anzupassen. Die Gesteinskörnung

Abb. 10.3 Instandsetzen mit Spritzbeton [1]

soll eine stetige Sieblinie ohne Ausfallkörnung aufweisen. In der Technologie des Spritzbetons hat sich ein Korngemisch nahe der Sieblinien B und mit Größtkorn 8 mm oder 16 mm bewährt.

> **Hinweis** Gemäß **ZTV-ING** wird für Schichtdicken bis 5 cm Spritzbeton mit Größtkorn 8 mm und für Schichtdicken größer als 5 cm Spritzbeton mit Größtkorn 16 mm eingesetzt.

Schnell erhärtende Zemente mit hoher Anfangsfestigkeit wirken bei entsprechender Nachbehandlung vorteilhaft. Zur Verbesserung der Klebewirkung am Untergrund wird Gesteinsmehl oder Steinkohleflugasche zugegeben. Die Beimengung von 5 % bis 10 % Silikastaub verbessert zusätzlich die Endfestigkeit und Dichtigkeit und wirkt besonders vorteilhaft beim Nassspritzenverfahren.

Der Wasserzementwert variiert zwischen 0,46 und 0,56. Im Nassspritzen ist der Wasserzementwert zielsicher einzustellen, im Trockenspritzen wird er per Hand vom Düsenführer eingestellt und unterliegt unter Umständen größeren Schwankungen.

Zur Erhöhung der Duktilität des spröden Zementsteins können Stahlfasern in einer Mindestmenge von ca. 70 kg/m^3 bis zu einer Höchstmenge von ca. 150 kg/m^3 zugegeben werden. Während des Spritzvorgangs legen sich die Fasern senkrecht zur Spritzrichtung, sodass ein Teil der Spitzen frei liegt und in feuchter Umgebung korrodiert. Die Korrosion der Fasern findet nur an der Oberfläche statt und verursacht keine Abplatzungen oder Störungen des Gefüges. Falls solche „Korrosionsflecken" optisch stören, ist als letzter Spritzvorgang eine 10 mm dicke Mörtelschicht ohne Fasern aufzubringen.

> **Hinweis** Ein Mischen von getrennt angelieferten Trockenkomponenten auf der Baustelle ist nur dann zulässig, wenn werkähnliche Einrichtungen vorhanden sind und wenn für diese Stoffe eine Eignungsprüfung am Beton, einschließlich aller Komponenten, erfolgt ist. Dafür ist der Beton entsprechend der späteren Anwendung zu mischen.

f) Nachbehandlung

Spritzbeton weist gegenüber herkömmlichem Beton einen höheren Zement- und Mehlkorngehalt auf und ist deshalb gegen frühzeitiges Austrocknen zu schützen. Im Allgemeinen gelten die Regeln wie für Beton nach DIN EN 206. Besonders wirkungsvoll ist eine hohe Luftfeuchtigkeit in der Umgebung des Spritzbetons. Dazu werden die Spritzbetonflächen mit PE-Folien abgehängt und Nebeldüsen eingesetzt. So können Schwindspannungen geringgehalten und die Bildung von Rissen vermieden werden. Auf horizontalen Flächen sind nasse Jutebahnen besonders wirkungsvoll. Bei mehrlagigem Auftrag mit größeren zeitlichen Abständen zwischen den einzelnen Aufträgen sind für jeden Auftrag temporäre Nachbehandlungsmaßnahmen durchzuführen.

Die Nachbehandlungsdauer sollte mindestens fünf Tage betragen.

▶ **Hinweis** Nach ZTV-W beträgt die Nachbehandlungsdauer mindestens 14 Tage.

g) Qualitätsnachweis
Die Qualität des Spritzbetons wird maßgeblich von der Führung der Düsen beeinflusst. Deshalb sind Instandsetzungsmaßnahmen mit Spritzbeton nur durch Düsenführer auszuführen, die einen anerkannten Nachweis ihrer Qualifikation durch eine Bescheinigung des Ausbildungsbeirates „Schutz und Instandsetzung im Betonbau" beim Deutschen Beton- und Bautechnikverein e. V. (Düsenführerschein) oder gleichwertigen ausländischen Qualifikationsnachweis vorlegen.

Der Qualitätsnachweis für die Frisch- und Festbetoneigenschaften erfolgt nach DIN 18551. Die Haftung zum Untergrund wird durch Haftzugprüfung nachgewiesen. Zum Prüfen der Qualität des Betons werden gesondert Platten hergestellt, aus denen Bohrkerne entnommen werden.

10.1.4 Zementmörtel gemäß DAfStb RiLi-SIB

An Zementmörtel werden die gleichen Anforderungen gestellt wie an Beton, allerdings ist das Größtkorn 4 mm groß, der Zementgehalt muss mindestens 400 kg/m^3 betragen, und der Wasserzementwert darf 0,50 nicht überschreiten. Verwendet werden auch werkseitig gemischte Mörtel gemäß DAfStb Richtlinie „Herstellung und Verwendung von Trockenbeton und Trockenmörtel" (Trockenbeton-Richtlinie).

Zementmörtel kann für die Beanspruchbarkeitsklassen M1 und M3 eingesetzt werden und wird verwendet zum:

- Auffüllen von Betonabplatzungen,
- Ausbessern von Kiesnestern oder lokalen Fehlstellen,
- Ausbessern von Oberflächen- und Kantenschäden.

a) Untergrund
Vor dem Aufbringen des Instandsetzungsmörtels sind die gleichen vorbereitenden Arbeiten am Untergrund vorzunehmen wie bei der Instandsetzung mit Beton, und der Altbeton muss mehrmals gründlich vorgenässt werden (Abb. 10.4).

b) Haftbrücke
Zur Verbesserung der Haftung am Altbeton wird auf die gleiche Art wie beim Instandsetzen mit Beton eine zementgebundene Haftbrücke hergestellt und appliziert.

Abb. 10.4 Kleinflächige Benetzung des Untergrundes [1]

c) Auftrag

Das Aufbringen des Mörtels erfolgt unmittelbar nach dem Aufbringen der Haftbrücke händisch oder durch Spritzen. Händisch werden kleinere Betonabplatzungen aufgefüllt oder Kiesnester, lokale Fehlstellen, Oberflächen- und Kantenschäden ausgebessert (Abb. 10.5).

An senkrechten Flächen und an der Unterseite von Bauteilen kann der Mörtel auch als Spritzbewurf aufgetragen werden. Dabei wird der Mörtel mit der Kelle in dünner Lage nach den Regeln der Putztechnik angeworfen (Abb. 10.6) und die letzte Lage mit dem Reibbrett abgezogen (10.7). Nach dem Ansteifen des Mörtels erfolgt ein Abreiben.

An waagerechten Oberflächen wird der Mörtel mit plastischer Konsistenz, beginnend mit der tiefsten Lage, in dünnen Schichten in mehreren Arbeitsgängen aufgebracht, anschließend

Abb. 10.5 Manueller Auftrag von zementgebundenem Mörtel [1]

Abb. 10.6 Auffüllen von kleinen, lokalen Schäden [1]

wird die Oberfläche abgezogen, und nach dem Ansteifen des Mörtels wird die Oberfläche abgerieben bzw. geglättet. Langes Abreiben vermindert den Verbund zum Untergrund.

Bei großflächigem Auftrag werden Schichtdicken von 20 mm bis 40 mm empfohlen. Bei großflächigem Ausbessern von Oberflächen wird ein Spritzmörtel verwendet, der wie Spritzbeton nach DIN EN 14487-1 in Verbindung mit DIN 18551 hergestellt wird und gemäß den Anforderungen der Überwachungskategorie überwacht wird.

e) Nachbehandlung

Frisch aufgetragener Mörtel muss vor frühzeitigem Austrocknen, starker Sonnenbestrahlung, Regen und niedrigen Temperaturen geschützt und fünf Tage lang nachbehandelt werden.

f) Qualitätssicherung

Bei Verwendung von Trockenmörtel ist auf die sachgemäße Lagerung zu achten. Die Geräte und Einrichtungen des ausführenden Unternehmens müssen ein genaues Abmessen des Zugabwassers und ein inniges Mischen der Ausgangsstoffe ermöglichen. Die Lieferscheine und Mischanweisungen sind vorzuhalten und auf Anfrage dem Sachkundigen Planer vorzulegen.

► **Hinweis** Ein Mischen von getrennt angelieferten Trockenkomponenten auf der Baustelle ist nur dann zulässig, wenn werkähnliche Einrichtungen vorhanden sind und wenn für diese Stoffe eine Grundprüfung am Mörtel, einschließlich aller Komponenten, erfolgt ist. Dafür ist der Mörtel entsprechend der späteren Anwendung zu mischen.

Abb. 10.7 Abreiben der Oberfläche [1]

10.1.5 Spritzmörtel nach DIN EN 14487-1 in Verbindung mit DIN 18551

Spritzmörtel ist ein zementgebundener Mörtel mit Gesteinskörnung mit einem Größtkorn ≤4 mm, der gemäß den Anforderungen nach DIN EN 14487-1 in Verbindung mit DIN 18551 hergestellt und gemäß den Anforderungen an die Überwachungskategorien 2 oder 3 überwacht wird.

Gemäß **DIBt TR-IH** darf Spritzmörtel ohne zusätzliche Prüfungen bei der Instandsetzung von Betonbauteilen durch Erhöhung/Herstellung der Betondeckung für Bauteile in den Expositionsklassen X0, XC1 und XC2 in Schichtdicken bis höchstens 30 mm verwendet werden.

Für alle anderen Anwendungen sind, unter Berücksichtigung der Altbetonklassen A2 bis A5 und der Einwirkungen auf das Bauwerk, die jeweilige Anforderung des Teil 2 der Technischen Regel „Instandhaltung von Betonbauwerken" hinsichtlich der Merkmale des Spritzmörtels als Betonersatz einzuhalten. Diese betreffen Anforderungen wie z. B. Druckfestigkeit, Haftvermögen, Widerstand gegen Carbonatisierung oder gegen das Eindringen von Chloriden etc.

Bei der Verwendung von Spritzmörtel in dünnen Schichtdicken von 15 bis 30 mm gemäß Prinzip 3: „Reprofilierung oder Querschnittsergänzung“ und Prinzip 4: „Verstärkung des Betontragwerks durch Querschnittsergänzung durch Mörtel“ erfolgt der Verbund über Adhäsion.

Bei der Verwendung gemäß Prinzip 7 im Rahmen der Verfahren zum Erzielen einer höheren Betondeckung, beim Ersatz von schadstoffhaltigem oder carbonatisiertem Beton sowie im Zuge der Realkalisierung von carbonatisiertem Beton sind Schichtdicken von 20 mm bis 30 mm erforderlich.

Bei einer großflächigen Instandsetzung ist der Verbund über Adhäsion auf vertikalen und horizontalen Flächen bei den Altbetonklassen A4 und A5 sichergestellt.

Für die Vorbereitung des Untergrundes, für das Aufbringens des Betons, für die Nachbehandlung und die Qualitätssicherung gelten sinngemäß die gleichen Grundsätze wie bei der Instandsetzung mit Spritzbeton.

► **Hinweis** Die Instandsetzung mit Spritzmörtel nach DIN EN 14487 in Verbindung mit DIN 18515 ist in ZTV-ING nicht vorgesehen.

10.1.6 Vergussbeton und Vergussmörtel nach DAfStb Richtlinie „Herstellung und Verwendung von zementgebundenem Vergussmörtel und Vergussbeton“

Vergussbeton besteht aus einem werkmäßig hergestellten trockenen Gemisch aus Zement, Gesteinskörnung mit Größtkorn >4 mm und ggf. Betonzusatzmitteln und/oder Betonzusatzstoffen und wird nach der vom Hersteller angegebenen Arbeitsanweisung hergestellt und in fließfähiger Konsistenz verarbeitet.

Die maximale Schichtdicke des Vergussbetons sollte das 40-Fache des verwendeten Größtkorns nicht überschreiten.

Vergussbeton weist im Vergleich zu Beton und Mörtel nach DIN EN 206-1 und DIN 1045-2 einen höheren Mehlkorngehalt und eine meistens fließfähigere Konsistenz auf, die auch deutlich die Grenzwerte für Selbstverdichtenden Beton nach DAfStb Richtlinie „Selbstverdichtender Beton“ überschreiten. Infolge des hohen Anteils an Feinanteilen hat dieser Betonersatz hohe Frühfestigkeit, eine Druckfestigkeitsklasse von mindestens C50/60 und neigt zum Schwinden

Nach **DIBt TR-IH** werden Vergussbeton und Vergussmörtel gemäß

- Prinzip 3: Reprofilierung oder Querschnittsergänzung,
- Prinzip 4: Verstärkung des Betontragwerks durch Querschnittsergänzung durch Mörtel und Beton

- Prinzip 7: Verfahren zum Erzielen einer höheren Betondeckung, beim Ersatz von schadstoffhaltigem oder carbonatisiertem Beton sowie im Zuge der Realkalisierung von carbonatisiertem Beton

verwendet und können als Betonersatz auf einen Untergrund der Altbetonklassen A4 und A5 aufgebracht werden.

Zur Reprofilierung oder Querschnittsergänzung in Schichtdicken bis 60 mm darf nur Vergussbeton der Schwindklassen SKVB 0 und SKVB I verwendet werden. Bei einer großflächigen Instandsetzung ist der Verbund über Adhäsion auf vertikalen und horizontalen Flächen bei den Altbetonklassen A4 und A5 sichergestellt.

Bei Schichtdicken >60 mm muss der Verbund zum Untergrund über Verankerungen und Bewehrung erfolgen. Die maximale Schichtdicke des Vergussbetons sollte das 40-Fache des verwendeten Größtkorns und die kleinste Abmessung des herzustellenden Vergusskörpers nicht überschreiten.

Bei der Reprofilierung von druckbeanspruchten Stützen ist eine Umschnürungsbewehrung erforderlich.

Für eine kraftschlüssige Verbindung beim Verfüllen von größeren Hohlräumen, Untergießen von Bauteilen bzw. Vergießen kleinformatiger Fehlstellen, Spalten und Hohlräume wird Vergussmörtel verwendet.

Für die Vorbereitung des Untergrundes, für das Aufbringen des Betons, für die Nachbehandlung und für die Qualitätssicherung gelten sinngemäß die gleichen Grundsätze wie bei der Instandsetzung mit Beton nach DIN EN 206-1 in Verbindung mit DIN 1045-2.

> **Hinweis** Die Applikation unter dynamischer Belastung ist nicht zulässig. Eine dynamische Belastung darf frühestens nach dem Erreichen von 50 % der Nennfestigkeit erfolgen.

10.2 Instandsetzen mit Beton oder Zementmörtel mit Kunststoffzusatz im Betonierverfahren/Handauftrag

Diese Betonersatzstoffe bestehen aus einem zementgebundenen Beton mit Größtkorn der Gesteinskörnung von maximal 8 mm oder Zementmörtel mit Größtkorn der Gesteinskörnung $\geq$4 mm. Die Trockenkomponenten sind werksmäßig gemischt und enthalten mindestens 5 % des Zementgewichts oder maximal 5 % des Trockengemischs polymere Zusätze. Zur Modifizierung von Mörtel werden häufig Kunststoffdispersionen auf Acrylatbasis eingesetzt.

Der Kunststoffanteil verbessert die Verarbeitbarkeit, das Wasserrückhaltevermögen, die Dehnfähigkeit, die Haftfestigkeit, den Widerstand gegen Reißen und den E-Modul des Betons bzw. des Mörtels.

Nach **DAfStb RiLi-SIB**werden kunststoffmodifizierter Beton oder Mörtel (PCC) in der Beanspruchungsklasse M2 eingesetzt, können auf beliebig großen Flächen aufgebracht werden und sind während und nach der Applikation dynamisch belastbar.

Zementmörtel bzw. Beton mit Kunststoffzusatz werden unterteilt in PCC I, die geeignet sind für die Applikation auf waagerechten bis schwach geneigten Flächen, und PCC II, die auch für die Applikation an Untersichten und vertikalen Flächen verwendet werden können.

Kunststoffmodifizierter Mörtel eignet sich:

- für Reprofilierung einzelner Schadstellen,
- für großflächiges Instandsetzen in dünnen Schichten,
- als Haftbrücke,
- als Reparaturmörtel,
- als Feinspachtel zur Egalisierung des Untergrundes.

> **Hinweis** Hinweis Für den Einsatz nach DAfSTb RiLi-SIB ist bei Instandsetzungsprinzip R ein Polymergehalt von maximal 10 M.-% bezogen auf das Zementgewicht einzuhalten.

Nach **DIBt TR-IH** werden für die Instandsetzung mit Betonersatz mit unbekannter Zusammensetzung in der Regel Betonersatzsysteme. Diese bestehen aus einem zementgebundenen Beton mit Größtkorn der Gesteinskörnung von maximal 8 mm oder Zementmörtel mit Größtkorn der Gesteinskörnung $\geq$4 mm, einer passenden Haftbrücke und ggf. Produkte für den Korrosionsschutz der Bewehrung nach DIN EN 1504-7 und ggf. einem Feinspachtel zur Herstellung einer Oberfläche, die den Anforderungen zur Aufbringen eines Oberflächenschutzsystems entspricht.

Gemäß **DIBt TR-IH** ist bei einer flächigen Instandsetzung durch Betonieren mit Beton unbekannter Zusammensetzung [RC] entsprechend

- Prinzip 3: Reprofilierung oder Querschnittsergänzung,
- Prinzip 4: Verstärkung des Betontragwerks durch Querschnittsergänzung durch Mörtel und Beton oder bei Zuführen und Auswechseln von eingebetteten Bewehrungsstäben,
- Prinzip 5: Erhöhung des physikalischen Widerstandes,
- Prinzip 6: Erhöhung des Widerstandes gegen chemische Angriffe,
- Prinzip 7: im Rahmen der Verfahren zum Erzielen einer höheren Betondeckung, beim Ersatz von schadstoffhaltigem oder carbonatisiertem Beton sowie im Zuge der Realkalisierung von carbonatisiertem Beton der Verbund bei Schichtdicken von 30 bis

60 mm bei den Altbetonklassen A4 und A5 über Adhäsion sichergestellt. Bei tieferen Ausbruchstellen sind lokale Schichtdicken bis 100 mm erlaubt.

Bei Schichtdicken >60 mm wird der Beton als Vorsatzschale eingebaut, und es muss, unabhängig von den Altbetonklassen, der Verbund zum Untergrund über Verankerungen und Bewehrung erfolgen.

Betonersatz [RC] mit zugehöriger Systemkomponente eignet sich nur für kleinflächige Reprofilierung und Querschnittergänzung im Handauftrag, daher werden keine Anforderungen an die Schichtdicken gestellt. Bei großflächigem Auftrag ist ein Verbund über Adhäsion nur bei horizontalen Flächen gewährleistet.

Zementmörtel [RM] wird kleinflächig zum Auffüllen von Betonabplatzungen, Ausbessern von Kiesnestern oder lokalen Fehlstellen, Ausbessern von Oberflächen- und Kantenschäden an beliebig orientierten Flächen verwendet. Bei einer Schichtdicke von 15 mm bis 30 mm im Allgemeinen, und von 20 mm bis 30 mm beim Einsatz zum Erhalt oder Widerherstellung der Passivität der Bewehrung, ist der Verbund über Adhäsion sicher erreichbar.

► **Hinweis** Nach ZTV-ING kann [RC] auf waagerechten Flächen oder schwach geneigten Oberseiten und auch bei dynamischer Beanspruchung des Untergrundes verwendet werden. Die Schichtdicke nach ZTV-ING beträgt mindestens 10 mm und maximal 50 mm, bei tieferen Ausbruchstellen bis 100 mm.

Nach ZTV-ING kann [RM] auf beliebig geneigten nichtdynamisch oder dynamisch belasteten Flächen appliziert werden.

a) Untergrund

Der Untergrund wird wie für die Instandsetzung mit Beton vorbereitet, jedoch werden die Ausbruchufer der Schadstellen und der freigelegten Bewehrung in einem Winkel von 45° hergestellt. Die instand zu setzenden Bereiche werden mit gerade verlaufenden Kanten begrenzt. Der Altbeton muss- außer bei Verwendung einer Expodidharzhaftbrücke- mehrmals gründlich vorgenässt werden und beim Auftragen des Mörtels matt feucht sein. Die Bauteil- und Lufttemperaturen dürfen bei Verwendung von zementgebundenen Haftbrücken 5 °C nicht unterschreiten. Bei Haftbrücken auf Basis von Epoxidharz liegen die Grenzwerte bei 8 °C, und die Temperatur des Untergrundes muss 3 K über der Temperatur des Taupunktes liegen.

► **Hinweis** Nach DIBt TR-IH ist für einen sicheren Verbund eine Vorbereitung des Untergrundes entsprechend einer Mindestrautiefenklasse RT 1,0 vorzunehmen.

b) Haftbrücke

Zur Verbesserung der Haftung des kunststoffmodifizierten Mörtels und Betons am Untergrund ist vorab auf die mattfeuchte Oberfläche eine kunststoffmodifizierte zementgebundene

Haftbrücke durch intensives Bürsten aufzubringen. Luft- und Bauteiltemperatur dürfen 5 °C nicht unterschreiten. Bei Verwendung von Haftbrücken auf Basis von Epoxidharz muss die Temperatur der Luft und des Bauteils über 8 °C und die des Untergrundes mindestens 3 K über der Taupunkttemperatur liegen.

► **Hinweis** Werden kunststoffmodifizierte Mörtel als Feinspachtel zur Egalisierung des Untergrundes als Bestandteil des Oberflächenschutzsystems verwendet, werden sie ohne Haftbrücke auf den mattfeuchten Untergrund entweder mit der Traufel aufgezogen oder mit der Mörtelpumpe aufgespritzt und schließen die Poren und Lunkern.

c) Einbau/Auftrag

Das Aufbringen des kunststoffmodifizierten Zementmörtels/Betons erfolgt „frisch in frisch" unmittelbar nach dem Aufbringen der Haftbrücke entweder von Hand oder bei großflächigen Anwendungen maschinell.

Händisch werden kleinere Betonabplatzungen aufgefüllt oder Kiesnester, lokale Fehlstellen, Oberflächen- und Kantenschäden ausgebessert.

Bei lokaler Anwendung zur Reprofilieren können Schichtdicken von maximal 100 mm eingebaut werden. Bei Ausbesserungstiefen von über 30 mm sollte der Mörtel in zwei Lagen mit entsprechender Wartezeit aufgetragen werden. Wird kunststoffmodifizierter Beton oder Zementmörtel in mehreren Lagen mit größeren zeitlichen Abständen zwischen den einzelnen Aufträgen eingebaut, sind Maßnahmen zur Nachbehandlung und Untergrundvorbereitung durch Aufrauen der Oberfläche der zuerst eingebauten Lage vorzusehen. Großflächige Reprofilierungen werden in Schichtdicken zwischen 10 mm und 50 mm vorgenommen.

Die Konsistenz des Mörtels ist auf die Anwendung einzustellen, z. B. an waagerechten oder senkrechten Flächen oder für Arbeiten über Kopf.

An waagerechten Oberflächen wird der Mörtel mit plastischer Konsistenz, beginnend mit der tiefsten Lage, in dünnen Schichten in mehreren Arbeitsgängen aufgebracht, anschließend wird die Oberfläche abgezogen, und nach Ansteifen des Mörtels wird die Oberfläche abgerieben bzw. geglättet.

Auf waagrechten oder schwach geneigten begehbaren oder befahrbaren Flächen und beim Einbau in dicken Schichten wird kunststoffmodifizierter Beton oder Mörtel maschinell eingebaut und verdichtet.

An senkrechten Flächen und an der Unterseite von Bauteilen kann der Mörtel händisch in Dicken von 30 mm bis 50 mm auch als Spritzbewurf aufgetragen werden. Dabei wird der Mörtel mit der Kelle in dünner Lage nach den Regeln der Putztechnik angeworfen und die letzte Lage mit dem Reibbrett abgezogen. Für „über Kopf" sind Dicken von 15 mm bis 25 mm üblich.

Nach dem Ansteifen des Mörtels erfolgt ein Abreiben. Ein zu frühes Abreiben der Oberfläche kann zu Rissbildung führen. Langes Abreiben vermindert den Verbund zum Untergrund.

d) Korrosionsschutz der Bewehrung

Zur Wiederherstellung des Korrosionsschutzes infolge Realkalisierung ist eine Mindestschichtdicke von 20 mm im Allgemeinen und von 40 mm für Bauwerke nach ZTV-ING erforderlich.

Ist keine ausreichend dicke Überdeckung der Bewehrung sicherzustellen, wird eine Beschichtung der Bewehrung vorgenommen.

Die Bewehrung muss mindestens 2 cm über den korrodierten Bereich hinaus freigelegt und mit dem Oberflächenvorbereitungsgrad Sa2½ gemäß DIN EN ISO 12944 Teil 4 vorbereitet werden. Die Beschichtung wird in mindestens zwei Schichten fehlstellenfrei auf die gesamte Bewehrung und einige Millimeter auf den benachbarten Beton aufgetragen.

Zementgebundene Beschichtungen können auf feuchten Stahl aufgebracht werden, sind einfach in der Handhabung und preiswert. Wenn zur Beschichtung ein Produkt auf Basis von Epoxidharz verwendet wird, wird die letzte Schicht mit Quarzsand abgestreut.

f) Nachbehandlung

Frisch aufgetragener Mörtel und Beton muss vor frühzeitigem Austrocknen, starker Sonnenbestrahlung, Regen und niedrigen Temperaturen geschützt werden. Die Nachbehandlungsdauer für kunststoffmodifizierte Betone und Mörtel beträgt gemäß DAfStb RiLi-SIB und ZTV-ING mindestens drei Tage, nach DIBt TR-IH mindestens fünf Tage.

Feinspachtel oder Schlämmen, die in dünnen Schichten großflächig aufgebracht wurden, müssen grundsätzlich besonders sorgfältig nachbehandelt werden.

g) Qualitätssicherung

Bei Anlieferung der kunststoffmodifizierten Mörtel und Betone, Feinspachtel und der Korrosionsbeschichtungen als Trockenmaterial, denen vor Ort die flüssige Kunststoffkomponente zugegeben wird, müssen die Geräte und Einrichtungen des ausführenden Unternehmens ein genaues Abmessen des Zugabwassers und ein inniges Mischen der Ausgangsstoffe ermöglichen. Die Lieferscheine und Mischanweisungen sind vorzuhalten und auf Anfrage dem Sachkundigen Planer vorzulegen. Die Verwendung von werkseitig gemischtem Trockenbeton erfolgt gemäß DAfStb Richtlinie „Herstellung und Verwendung von Trockenbeton und Trockenmörtel" (Trockenbeton-Richtlinie).

Nach Fertigstellung sind die Oberflächen durch Abklopfen auf Hohl- und Fehlstellen zu prüfen. Die Prüfungen sind zu protokollieren.

Nach DIBt TR-IH sind dem Auftraggeber vor dem Einbau eines Betonersatzes [RC] oder [RM] auf Verlangen die für die verwendete Charge maßgebenden Ergebnisse der Materialprüfungen nach DIN 10204 vorzulegen. Bei Verwendung von Trockenmörtel ist auf die sachgemäße Lagerung zu achten.

▶ **Hinweis** Ein Mischen von getrennt angelieferten Trockenkomponenten auf der Baustelle ist nur dann zulässig, wenn werkähnliche Einrichtungen vorhanden sind und wenn für diese Stoffe eine Grundprüfung am Betonersatzmaterial, einschließlich aller Komponenten, erfolgt ist.

10.3 Instandsetzen mit Beton oder Mörtel mit Kunststoffzusatz im Spritzverfahren

Der kunststoffmodifizierte Spritzbeton hat ein Größtkorn von maximal 8 mm und eignet sich zur großflächigen Erhöhung der Betondeckung, darf jedoch nicht als Konstruktionsbeton eingesetzt werden. Diese Betone werden in der Praxis sehr selten verwendet.

Der kunststoffmodifizierte Spritzmörtel hat ein Größtkorn der Gesteinskörnung von maximal 4 mm und schließt die Lücke zwischen Grobspachtel und Spritzbeton. Er eignet sich zum Einspritzen dichter, mehrlagiger Bewehrung im Hinblick auf das Herstellen eines wirksamen Korrosionsschutzes.

Nach **DAfStb RiLi-SIB** werden kunststoffmodifizierter Spritzbeton oder Spritzmörtel (SPCC) in der Beanspruchungsklasse M2 eingesetzt und eignen sich für eine großflächige Anwendungen auf beliebig orientierten Flächen. Sie können in Schichten von 10 mm bis 50 mm, örtlich bis 100 mm aufgetragen werden.

Nach **DIBt TR-IH** ist bei einer flächigen Instandsetzung durch Spritzen von Beton unbekannter Zusammensetzung [SRC] oder Mörtel unbekannter Zusammensetzung [SRM] gemäß den nachfolgenden Prinzipien

- Prinzip 3: Reprofilierung oder Querschnittsergänzung,
- Prinzip 4: Verstärkung des Betontragwerks durch Querschnittsergänzung durch Mörtel und Beton oder bei Zuführen und Auswechseln von eingebetteten Bewehrungsstäben,
- Prinzip 5: Erhöhung des physikalischen Widerstandes,
- Prinzip 6: Erhöhung des Widerstandes gegen chemische Angriffe,
- Prinzip 7: im Rahmen der Verfahren zum Erzielen einer höheren Betondeckung, beim Ersatz von schadstoffhaltigem oder carbonatisiertem Beton sowie im Zuge der Realkalisierung von carbonatisiertem Beton der Verbund über Adhäsion bei [SRC] in Schichtdicken von 30 mm bis 60 mm und bei [SRM] in Schichtdicken von 20 mm bis 60 mm bei allen den Altbetonklassen außer A1 sichergestellt.

Bei Schichtdicken >60 mm erfolgt der Verbund von [SRC] zum Untergrund über Verankerungen und Bewehrung.

Nach **ZTV-ING** können im Spritzverfahren Beton in Schichtdicken von 20 mm bis 60 mm und Mörtel in Schichtdicken 10 mm bis 50 mm appliziert werden.

a) Untergrund

Die Vorbereitungen entsprechen jenen beim Einsatz von Spritzbeton/Spritzmörtel ohne Kunststoffzusatz. Mindestens einen Tag vor Beginn der Arbeiten muss der Untergrund gründlich vorgenässt werden. Allerdings soll die Betonoberfläche zum Zeitpunkt des Spritzens mattfeucht sein.

b) Haftbrücke

Eine Haftbrücke ist nicht erforderlich.

c) Aufbringen

Der kunststoffmodifizierte Spritzmörtel wird im Nassspritzverfahren zweimal in sehr dünnen Schichten aufgetragen, wobei die obere Lage abgerieben werden kann. Für das Aufbringen in einer Lage ist ein gesonderter Nachweis der Haftzugfestigkeit zu erbringen.

Beim Auftrag von Beton oder Mörtel in mehreren Lagen mit größeren zeitlichen Abständen zwischen den einzelnen Aufträgen sind Maßnahmen zur Nachbehandlung und Untergrundvorbereitung durch Aufrauen der Oberfläche der zuerst eingebauten Lage vorzusehen.

d) Korrosionsschutz

Der Korrosionsschutz erfolgt wie bei der Instandsetzung mit Betonersatz im Betonierverfahren oder durch händischen Auftrag.

e) Nachbehandlungsdauer

Die Nachbehandlungsdauer für kunststoffmodifizierte Betone und Mörtel beträgt mindestens drei Tage.

f) Qualitätssicherung

Für die Ausführung ist qualifiziertes Fachpersonal erforderlich. Der Düsenführer muss den Düsenführerschein (D-Schein) des Ausbildungsbeirates „Verarbeiten von Kunststoffen im Beton“ beim Deutschen Beton-Verein e. V. besitzen. Nach Fertigstellung sind die Oberflächen durch Abklopfen auf Hohl- und Fehlstellen zu prüfen. Die Prüfungen sind zu protokollieren.

► **Hinweis** Bei Instandsetzung nach ZTV-ING ist sowohl beim Trocken- als auch beim Nassspritzen ausschließlich Sackware in kompletten Gebinden einzusetzen.

10.4 Instandsetzen mit Polymerbeton und -mörtel

Polymerbeton und Polymermörtel bestehen aus einer abgestuften Gesteinskörnung mit Größtkorn von maximal 8 mm bei Polymerbeton und von 4 mm bei Polymermörtel und haben als Bindemittel reaktive Polymere, die durch chemische Reaktionen wie Polymerisation, Polyaddition oder Polykondensation entstanden sind. In der Praxis wird oft als Bindemittel Epoxidharz verwendet. Die Betone und Mörtel haben hohe mechanische Festigkeiten, einen hohen Widerstand gegen chemischen Angriff und gegen Abrieb, sind dicht gegen Flüssigkeiten und Schadstoffe und haften sehr gut auf Beton und Stahl.

Nach **DAfStb RiLi-SIB** werden Reaktionsharzmörtel (PC) örtlich begrenzt eingesetzt und eignen sich nicht für das Instandsetzungsprinzip R. Sie ermöglichen den Ersatz von Beton in extrem dünnen Schichten und werden daher ausschließlich im oberflächennahen, statisch nicht wirksamen Bereich für kleinflächige Anwendung eingesetzt. Reaktionsharzmörtel sind während der Applikation und danach dynamisch belastbar. Im Verkehrsbereich ist die maximale Fläche auf 1 m^2 begrenzt.

Reaktionsharzmörtel werden unterteilt in Stofftypen PCI und PCII.

PC I ist geeignet für waagerechte bis schwach geneigte Flächen, wie z. B. befahrbare Flächen unter Belägen auf Brücken und Parkhäusern, während PCII auf beliebig orientierten Flächen aufgetragen werden kann und sich daher auch für die Reparaturen an Brückenuntersichten, Stützwänden, Widerlagern und Fassaden eignet.

Nach **DIBt TR-IH** werden Polymerbeton [PRC] und Polymermörtel [PRM] für kleinflächige Instandsetzungen mit einer Fläche <1 m^2 und nur dann angewendet, wenn aus Zeitgründen oder wegen einer geringen Schichtdicke zementgebundene Betonersatzsysteme ausgeschlossen werden.

Bei einer flächigen Instandsetzung durch Handauftrag gemäß Prinzip 3: „Reprofilierung oder Querschnittsergänzung" ist der Verbund über Adhäsion bei einer Schichtdicken vom 3fachen Durchmesser des Größtkorns bei allen Altbetonklassen außer A1 sichergestellt.

Bei Einhaltung der Anforderung an den Durchmesser des Größtkorns der Gesteinskörnung von mindestens 1/15 und maximal 1/3 der Dicke des Betonersatzes kann Polymermörtel [PRM] auch in Schichtdicke unter 15 mm aufgebracht werden und eignet sich für Reprofilierung einzelner Schadstellen, Instandsetzen in dünnen Schichten, als Haftbrücke, als Reparaturmörtel und als Feinspachtel zur Egalisierung des Untergrundes.

a) Untergrund

Die Oberflächentemperatur des Untergrunds muss mindestens 8 °C betragen und 3 K über der Taupunkttemperatur liegen. Der Untergrund muss trocken sein. Der Feuchtegehalt ist mit dem CM-Gerät zu prüfen.

Gemäß **DIBt TR-IH** ist die Vorbereitung des Untergrundes entsprechend einer Mindestrautiefenklasse RT 0,5 vorzunehmen.

b) Haftbrücke

Bei polymergebundenen Stoffen ist zur Verbesserung des Haftverbunds zum Altbeton eine Haftbrücke aufzubringen. Es empfiehlt sich, das im Betonersatz enthaltene reaktive Bindemittel zu verwenden. Die Haftbrücke wird intensiv in den trockenen Untergrund eingearbeitet.

c) Aufbringen und Verarbeitung

In der Praxis wird oft als Bindemittel Epoxidharz verwendet. In diesem Fall wird auf den Betonuntergrund zuerst ein lösemittelfreies Epoxidharz aufgebracht und darauf „frisch in frisch" der Reaktionsharzmörtel. Wird der Mörtel mit einer Verzögerung von mehr als 24 h aufgebracht, wird die Oberfläche des Epoxidharzes mit feuergetrocknetem Quarzsand eingestreut. Beim Aufbringen eines epoxidharzarmen Mörtels auf die so besandete Oberfläche ist vor dem Auftrag des Mörtels eine dünne Schicht Epoxidharz auf die besandete Oberfläche aufzubringen.

d) Nachbehandlung

Bei Polymerbeton und -mörtel sind die Angaben der Hersteller zu der erforderliche Nachbehandlung und deren Dauer zu berücksichtigen. Bei niedrigen Temperaturen ist die Dauer zu verlängern. Die instand gesetzten Flächen sind bis zur kompletten Aushärtung des Materials vor Regen zu schützen.

e) Qualitätssicherung

Da beim Mischen der Reaktionsharze visuell keine Fehler erkennbar sind, müssen die Mischvorgänge besonders sorgfältig durchgeführt werden. Die Temperatur des Materials darf nicht unter 8 °C sein. Optimale Verarbeitungseigenschaften und damit eine hohe Qualität werden bei Temperaturen zwischen 15 °C und 25 °C erzielt. Der Feuchtegehalt des Untergrundes muss genau gemessen werden, und es muss darauf geachtet werden, dass der Untergrund trocken und staubfrei ist. Für eine dauerhafte Haftung ist durch strenge Kontrolle sicherzustellen, dass die Taupunkttemperatur nicht erreicht wird. Nach Fertigstellung sind die Oberflächen durch Abklopfen auf Hohl-und Fehlstellen zu prüfen. Die Prüfungen sind zu protokollieren. Bei Instandsetzungsmaßnahmen von einer Gesamtfläche von höchstens 10 m^2 können Kontrollprüfungen entfallen.

▶ Hinweis **Korrosionsschutz**

Da Polymerbeton und Polymermörtel nicht alkalisch sind, ist bei freiliegender Bewehrung eine Reprofilierung mit Polymerbeton oder -mörtel nicht erlaubt, und es ist ein Korrosionsschutz der freigelegten Bewehrung durch das Aufbringen einer Beschichtung zwingend erforderlich. Bei Verwendung von Polymerbeton oder Polymermörtel mit Epoxidharz als Bindemittel soll grundsätzlich auch der Korrosionsschutz der Bewehrung auf Basis von Epoxidharz erfolgen.

10.5 Instandsetzen mit Betonersatzsystemen

Betone und Mörtel können mit weiteren, aufeinander abgestimmten Stoffen zu Instandsetzungssystemen kombiniert werden. Zusätzliche Stoffe können sein:

- Beschichtung zum Korrosionsschutz der Bewehrung,
- Haftbrücke zum Betonuntergrund,
- Spachtelmassen zur Herstellung einer Oberfläche, die zum Aufbringen von Oberflächenschutzsystemen geeignet ist (Kratzspachtel, Ausgleichsspachtel),
- passende Oberflächenschutzsysteme.

Als Betonersatzsysteme werden werksmäßig hergestellte zementgebundene Mörtel oder Betone, kunstharzmodifizierte Zementmörtel und Reaktionsharzmörtel auf Basis von Epoxidharz angeboten.

Literatur

DAfStb Richtlinie „Schutz und Instandsetzung von Betonbauteilen" (DAfStb-RiLi SIB), Ausgabe 10/2001

DAfStb Richtlinie „Herstellung und Verwendung von Trockenbeton und Trockenmörtel" – 2005-06

DAfStb Richtlinie „Herstellung und Verwendung von zementgebunden Vergussbetonen und Vergussmörtel" Berichtigung 3

DAfStb Richtlinie „Herstellung und Verwendung von zementgebundenem Vergussbeton und Vergussmörtel"– 2011-11

DAfStb Richtlinie „Selbstverdichtender Beton (SVB-Richtlinie)" 2012-09

DBV-Ausbildungsbeirat „Verarbeiten von Kunststoffen im Betonbau": SIVV-Handbuch: Schützen, Instandsetzen, Verbinden und Verstärken von Betonbauteilen, Frauenhofer IRB Verlag, 2005

DIBt Technische Regel Instandhaltung von Betonbauwerken, 2020

DIN 1045 Tragwerke aus Beton, Stahlbeton und Spannbeton, Teil 2, Beton Festlegung, Eigenschaften, Herstellung und Konformität – Anwendungsregeln zu DIN EN 2016-1. Ausgabe 08/2008

DIN 1164 Zement mit besonderen Eigenschaften Teil 11: Zusammensetzung, Anforderungen und Übereinstimmungsnachweis von Zement mit verkürztem Erstarren, Ausgabe 11/2003

DIN 1164 Zement mit besonderen Eigenschaften Teil 10: Zusammensetzung, Anforderungen und Übereinstimmungsnachweis von Normalzement mit besonderen Eigenschaften, Ausgabe 08/2004

DIN 1164 Zement mit besonderen Eigenschaften Teil 12: Zusammensetzung, Anforderungen und Übereinstimmungsnachweis von Zement mit einem erhöhten Anteil an organischen Bestandteilen, Ausgabe 06/2005

DIN 18551: Spritzbeton – Nationale Anwendungsregeln zur Reihe DIN EN 14487 und Regeln für die Bemessung von Spritzbetonkonstruktionen 2014-08

DIN EN 1008 Zugabewasser für Beton – Festlegung, Prüfung und Beurteilung der Eignung von Wasser, einschließlich bei der Betonherstellung anfallendem Wasser als Zugabewasser für Beton, Fassung 10/2002

DIN EN 12350 Prüfverfahren für Frischbeton, Teil 1: Probenahme, Deutsche Fassung 03/2000

DIN EN 12504 Prüfung von Beton in Bauwerken – Teil 3: Bestimmung der Ausziehkraft, Fassung 03/2005

DIN EN 12620 Gesteinskörnung für Beton, Fassung 07/2008

DIN EN 13670 Ausführung von Tragwerken aus Beton, Stahlbeton und Spannbeton, Ausgabe 03/2011

DIN EN 14487 Spritzbeton – Teil 1: Begriffe, Festlegungen und Konformität, Deutsche Fassung EN 14487-1:2005

DIN EN 197-1 Zement – Teil 1: Zusammensetzung, Anforderungen und Konformitätskriterien von Normalzement, Deutsche Fassung 08/2004

DIN EN 206-1 Beton – Teil 1: Festlegung, Eigenschaften, Herstellung und Konformität, Deutsche Fassung 07/2001

TL BE-PC Technische Lieferbedingungen für Reaktionsharzmörtel

TL BE-PCC Technische Lieferbedingungen für kunststoffmodifizierten Beton oder Mörtel

TL BE-SPCC Technische Lieferbedingungen für kunststoffmodifizierten Spritzbeton oder Spritzmörtel

TP BE-PC Technische Prüfvorschriften für PC-Reaktionsharzmörtel

TP BE-PCC Technische Prüfvorschriften für kunststoffmodifizierten Beton oder Mörtel

TP BE-SPCC Technische Prüfvorschriften für kunststoffmodifizierten Spritzbeton oder Spritzmörtel

ZTV-ING Zusätzliche technische Vertragsbedingungen für den Ingenieurbau, Ausgabe 2017

DIN EN 14889-1 Fasern für Beton – Teil 1: Stahlfasern – Begriffe, Festlegungen und Konformität; Deutsche Fassung EN 14889-1:2006

Nachweis der Bilder

[1] Mit freundlicher Genehmigung von Frau Dipl.-Ing. (FH) K. Souczek

[2] Mit freundlicher Genehmigung von Herrn Dipl.-Ing. (FH) F. Schäfer, Ed. Züblin AG

[3] Mit freundlicher Genehmigung MC-Bauchemie Müller GmbH

Instandsetzung durch Oberflächenschutz 11

Materialien für den Oberflächenschutz von Betonbauwerken erhöhen zeitlich begrenzt die Widerstandsfähigkeit der Betonbauteile gegen eine Vielzahl von äußeren Einwirkungen bzw. Beanspruchungen. Wegen der zeitlichen Begrenzung ihrer Wirksamkeit werden sie gegenüber einer ausreichend dichten und dicken Betondeckung nicht als gleichwertig betrachtet.

Nach **DIN EN 1504** werden die Stoffe für Oberflächenschutz gemäß Prinzip 1 [PI] Schutz gegen Eindringen von Schadstoffen („Protection against Ingress"), Prinzip 2 [MC] Kontrolle des Betonfeuchtegehalts („Moisture Control"), Prinzip 5 [PR] Widerstand gegen physikalische/mechanische Beanspruchung („Physical Resistance") und Prinzip 6 [RC] Widerstand gegen chemische Beanspruchung („Resistance to Chemicals") verwendet.

Die Verwendung nach DAfStb Richtlinie „Instandsetzung", Technischer Regel „Instandhaltung von Betonbauwerken" des DIBt und ZTV-ING werden in der Beschreibung des einzelnen Oberflächenschutzsystems erläutert.

Für die Instandhaltung werden drei Typen von Oberflächenschutz unterschieden: Hydrophobierung, Imprägnierung und Beschichtungen.

11.1 Hydrophobierung

Die in Abb. 11.1 dargestellte Hydrophobierung entsteht infolge des Aufbringens einer wasserabweisenden Substanz, die in die Poren eindringt. Sie bildet keinen sichtbaren Film an der Oberfläche des Betons oder Mörtels und verändert das Aussehen nicht.

Die Hydrophobierungsstoffe dringen je nach Porosität des Betons bis in eine Tiefe von ca. 10 mm in die Betonunterlage ein und führen zu einer Verminderung der Wasseraufnahme und damit verbunden zu einer Verminderung des Eindringens von beton- und stahlangreifenden Stoffen, ohne dass die Wasserdampfdiffusionsfähigkeit behindert wird. Gleichzeitig wird auch die Neigung zur Verschmutzung durch Algen, Moose und Pilze

S. Weber, *Betoninstandsetzung*,
https://doi.org/10.1007/978-3-658-33947-0_11

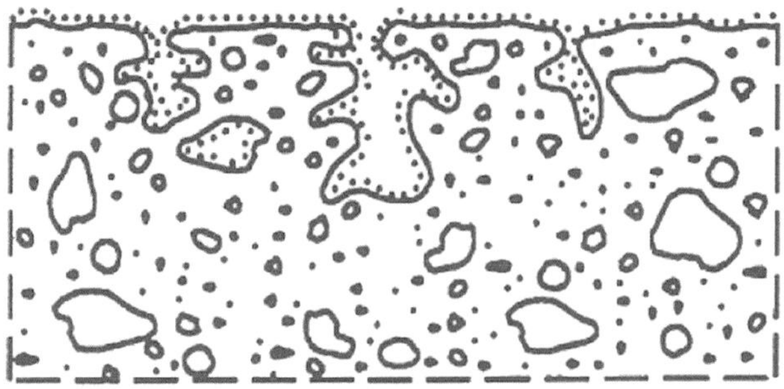

Abb. 11.1 Hydrophobierung

vermindert und der Frost und der Frost-Tausalz-Widerstand verbessert. Der anfängliche Abperleffekt reduziert sich im Laufe der Zeit, die Wirkung der Hydrophobierung in der Tiefe bleibt jedoch erhalten.

Die Hydrophobierung wird mit Silanen und Siloxanen durchgeführt.

Silane dringen zwar besser in die Betonunterlage ein, verdunsten aber leichter, wodurch ein geringer Anteil an Wirkstoff erhalten bleibt. Die Temperatur der Betonunterlage beim Auftragen der Silane darf maximal 25 °C betragen.

Siloxane dringen zwar etwas weniger, aber immer noch ausreichend tief in den Beton ein, und haben eine sehr geringe Flüchtigkeit, sodass der gesamte Wirkstoff auf dem Beton erhalten bleibt.

Das Aufbringen einer Hydrophobierung vor dem Aufbringen einer Beschichtung führt zu einer langfristig verbesserten Haftung der Beschichtung am Untergrund. Sie reduziert die Wasseraufnahme des Betons, besonders im Bereich herstellungsbedingter Fehlstellen der Beschichtung, z. B. über Poren und Lunkern sowie bei nachträglich auftretenden Haarrissen.

Eine Hydrophobierung kann im Aufbau von Oberflächenschutzsystemen (OS-Systemen) auch als Grundierung eingesetzt werden. Dies ist besonders zu empfehlen, wenn eine Tausalzbeanspruchung zu erwarten ist. Die Verträglichkeit der Hydrophobierung mit dem jeweiligen Oberflächenschutzsystem ist in der Grundprüfung nachzuweisen.

► **Hinweis** Es ist zu beachten, dass aufgrund der Hydrophobierung die Carbonatisierungsprozesse der Betonunterlage beschleunigt werden können.

11.2 Imprägnierung

Imprägnierung ist die versiegelnde Behandlung einer kapillarporigen Betonunterlage zur Reduzierung der Oberflächenporosität mit niedermolekularen, dünnflüssigen, lösemittelhaltigen bis lösemittelfreien Stoffen auf Basis von Epoxid-, Polyurethan- oder Acrylatharz. Die Poren und Kapillaren sind teilweise gefüllt, und es entsteht ein ungleichmäßiger Film von 10 μm bis 100 μm Dicke an der Betonoberfläche Abb. 11.2.

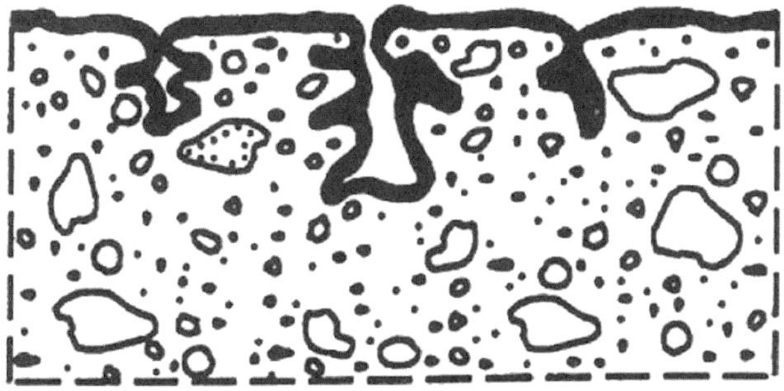

Abb. 11.2 Imprägnierung

Die Imprägnierung führt zu einer Verfestigung der äußersten Betonrandzone. Auf horizontalen Flächen füllen die Imprägnierungsstoffe weitgehend die oberflächennahen Poren und bilden einen durchgehenden, hauchdünnen Film an der Oberfläche, der den Widerstand gegen chemischen Angriff und mechanische Beanspruchung erhöht. An senkrechten Flächen werden die Poren des Betons nur teilweise ausgekleidet, und der Film an der Oberfläche ist nicht durchgehend. Je nach verwendetem Stoff verhindert die Imprägnierung die Diffusion von Wasserdampf und Kohlendioxid.

Als Grundierung verbessert die Imprägnierung die Festigkeit des Untergrundes oder die Haftung zur nächsten Schicht.

▶ **Hinweis** Nach DIBt TR-IH und ZTV-ING dürfen Imprägnierungen nicht vorgenommen werden.

11.3 Beschichtung

Beschichtung ist die Behandlung der kapillarporigen Betonunterlage mit einem Beschichtungsstoff, die zu einer geschlossenen, dichten Schicht von in der Regel 100 μm bis 6000 μm Dicke an der Betonoberfläche führt (Abb. 11.3).

Diese Schicht verhindert das Eindringen von flüssigen oder gasförmigen Stoffen in den Beton, schützt ihn vor mechanischen und chemischen Beanspruchungen und kann Risse überbrücken. Als Material für Beschichtungen werden verwendet: Reaktionsharze auf Basis von Epoxidharz, Polyurethan, Acrylat, Polymerdispersionen, mit mehr oder weniger Quarzsand und mit Polymerdispersion modifizierte Zementschlämme.

Beschichtungen sind aus einer oder mehreren Schichten aufgebaut. Hinsichtlich der Funktionen unterscheiden sich die Oberflächenschutzschichten in:

- Grundierung,

Abb. 11.3 Beschichtung

- Kratz- und Ausgleichsspachtelung,
- hauptsächlich wirksame Oberflächenschutzschicht,
- Deckelversiegelungen,
- Verschleißschichten.

Eine Beschichtung besteht immer mindestens aus einer Grundierung und einer Oberflächenschutzschicht. Die hauptsächlich wirksamen Oberflächenschutzschichten hwO sind abdichtende Oberflächenschutzschichten, rissüberbrückende Schichten und Verschleißschichten.

Alle durchgeführten Beschichtungen von Betonbauteilen sollten das Eindringen von Wasser in den Beton und damit die Aufnahme von in Wasser gelösten Schadstoffen, die beton- bzw. stahlangreifend sind, zuverlässig verhindern.

Die Schutzschichten können folgende Aufgaben übernehmen:

- Gewährleistung der Wasserdampfdurchlässigkeit,
- Verbesserung des Frost- und Tausalzwiderstands,
- Erhöhung der chemischen Beständigkeit bei starken Angriffen von Säuren, Laugen, Lösemitteln und Chemikalien,
- Erhöhung des Kohlendioxiddiffusionswiderstandes,
- Verminderung der Carbonatisierung,
- Gewährleistung der Rissüberbrückung auf nichtbefahrenen Flächen,
- Gewährleistung der Rissüberbrückung auf befahrenen Flächen,
- Erhöhung des Verschleißwiderstandes bei mechanisch hoch belasteten Oberflächen.

Die Beschichtungen können je nach Anwendung zusätzliche Eigenschaften haben wie: Ableitung elektrostatischer Ladungen, Reinigungsfähigkeit, Hitzebeständigkeit, Witterungsbeständigkeit, Alterungsbeständigkeit, keine Veränderung des optischen Erscheinungsbildes

Manche der speziellen Beschichtungssysteme bieten eine Kombination dieser Eigenschaften an, z. B. jene für den Gewässerschutz nach dem Wasserhaushaltsgesetz. Hier werden häufig Beschichtungen gefordert, die gleichzeitig rissüberbrückend, chemikalienbeständig und elektrisch ableitfähig sind.

Bei Schichtdicken kleiner als 100 μm ist zum Erreichen einer geschlossenen Schicht mit gleichmäßiger Oberflächenbeschaffenheit und zum Ausfüllen von Poren und Lunkern anstelle bzw. zusätzlich zur Grundierung eine Kratz- bzw. Ausgleichsspachtelung erforderlich.

Bei Schichtdicken größer als 100 μm erfolgt vorab ein von der Rautiefe abhängiger Ausgleich der Oberflächenrauigkeit.

Bei besonderen Anforderungen kommen z. B. rissüberbrückende Beschichtungen und/oder Verschleißschichten und ggf. Deckversiegelungen zur Anwendung.

a) Grundierung

Die Grundierung erfüllt folgende Aufgaben:

- Verschließung der Poren,
- Verhinderung des Absaugens des Bindemittels aus den nachfolgenden Schichten,
- Sperre gegen aufsteigende Luft, Alkalien oder Feuchtigkeit aus der Unterlage,
- Verfestigung der äußeren Randzone des Untergrundes,
- Erhöhung der Verbundfestigkeit zwischen Unterlage und Beschichtung.

Die Arbeitsgänge bei der Herstellung von Grundierungen sind in der Regel:

- Fluten von niederviskosem pigment- und füllstofffreiem Reaktionsharz in vorgegebener Menge,
- Verteilung mit einem weichen Gummischieber,
- Einwirkung gemäß den Angaben der Hersteller,
- Nachrollen mit Fellrollen,
- gleichmäßiges Abstreuen mit trockenem Quarzsand in einer angegebenen Menge,
- Entfernen des losen und überschüssigen Abstreumaterials nach Austrocknen.

Beim Aufbringen von Grundierungen bei höheren Lufttemperaturen besteht die Gefahr der Blasenbildung durch aufsteigende Luft aus der Unterlage.

b) Kratz- bzw. Ausgleichsspachtelung

Zum Ausfüllen von Poren, Lunkern, Kapillaren und Kiesnestern sowie zum Rautiefenausgleich ist eine Kratzspachtelung erforderlich. Sie gewährleistet eine gleichmäßige Schichtdicke der nachfolgenden Beschichtung, was insbesondere bei rissüberbrückenden Beschichtungen sehr wichtig ist.

Für die Kratz- und Ausgleichsspachtelung werden keine Angaben zu Schichtdicken gemacht. Bei geringen Unebenheiten eignen sich Systeme mit einem Größtkorn von 0,5 mm. Um Unebenheiten bis zu 2 mm Tiefe auszugleichen, ist eine vollflächige Ausgleichsspachtelung in einer Schichtdicke von 2 mm bis 3 mm erforderlich. Das Größtkorn dieser Ausgleichsspachtelung liegt bei ca. 1 mm.

An senkrechten Wänden wird eine geschlossene Beschichtung nur durch eine Spachtelung erreicht. An horizontalen Flächen kann eine gleichmäßige, ebene Oberfläche auch durch Erhöhung der Dicke der Beschichtung erreicht werden.

Unter mechanisch gering belasteten, wasserdampfdiffusionsfähigen Beschichtungen an senkrechten Flächen nach OS 4, OS 5 und OS 9 werden ausschließlich Spachtelungen auf Basis von Polymermörtel ausgeführt. Der Kratz- bzw. Ausgleichspachtel muss am Objekt eine ausreichende Oberflächenzugfestigkeit erreichen.

Unter mechanisch hoch belasteten Beschichtungen auf horizontalen Flächen nach OS 11 kommen in der Regel nur Spachtelungen auf Reaktionsharzbasis zum Einsatz.

c) Rautiefenausgleich

Die Rautiefe von horizontalen Flächen wird an der vorbereiteten Betonoberfläche mit dem Sandflächenverfahren gemessen.

An einer geglätteten, gut nachbehandelten, waagerechten Betonfläche ist die Rautiefe nach der Vorbereitung in der Regel kleiner als 0,5 mm.

Bei einer **Rautiefe von weniger als 0, 5 mm** genügt das Grundieren mit einem lösemittelfreien, dünnflüssigen Reaktionsharzbindemittel mit einem Materialverbrauch von 300 bis 500 g/m^2 und, falls erforderlich, ein gleichmäßiges Abstreuen mit trockenem Quarzsand der Körnung 0,2–0,7 mm bzw. 0,7–1,2 mm.

Bei einer **Rautiefe zwischen 0,5 und 1 mm** wird anstelle einer lösemittelfreien Grundierung eine Grundierspachtelung verwendet, die aus einem Masseteil lösemittelfreiem, dünnflüssigem, unpigmentiertem Reaktionsharzbindemittel und ca. einem Masseteil trockenem Quarzsand, Körnung mit Durchmesser von 0,1 mm bis 0,3 mm besteht. Der Verbrauch an Reaktionsharzbindemittel beträgt ca. 500 g/m^2. Der Grundierspachtel wird gleichmäßig mit trockenem Quarzsand der Körnung 0,2–0,7 mm bzw. 0,7–1,2 mm abgestreut.

Bei einer **Rautiefe von mehr als 1 mm** ist eine Kratzspachtelung auf einer abgestreuten Grundierung erforderlich. Die Kratzspachtelung besteht aus einem Masseteil lösemittelfreiem, dünnflüssigem, unpigmentiertem Reaktionsharzbindemittel und zwei bis drei Masseteilen trockenem Quarzsand mit abgestufter Sieblinie. Der Materialverbrauch an reinem Reaktionsharzbindemittel beträgt ca. 500 g/m^2 pro mm Schichtdicke. Der Kratzspachtel wird in der Regel mit trockenem Quarzsand der Körnung 0,2–0,7 mm bzw. 0,7–1,2 mm abgestreut.

d) Rissüberbrückende Beschichtungen

Die Eigenschaft einer Beschichtung, Risse zu überbrücken, kann entweder durch die Verwendung einer elastischen Beschichtung oder durch die Vergrößerung der Schichtdicke erreicht werden. Eine Verstärkung der Beschichtungssysteme mit Glas- oder Polyestervlies bzw. Glasgittergewebe verbessert die Zugfestigkeit einer starren Beschichtung so, dass sie Risse überbrücken kann.

Mechanisch und chemisch belastete, rissüberbrückende Beschichtungen erfordern bei höherer Härte eine höhere Schichtdicke als weiche und weniger belastete Beschichtungen.

Zur Überbrückung von oberflächennahen Rissen bei mechanisch gering belasteten Bauteilen kommen rissüberbrückende Systeme auf Basis von Polymerdispersionen oder flexiblen Polymer-/Zementschlämmen zum Einsatz.

An freibewitterten, mechanisch belasteten Bauteilen mit Trennrissen werden überwiegend rissüberbrückende Systeme auf Basis von Polyurethan bzw. einer Epoxid-Polyurethan-Kombination eingesetzt. Typische Anwendungsfälle für rissüberbrückende Beschichtungen im befahrbaren Bereich sind u. a. Brückenkappen, Schrammborde, Parkhäuser, Parkdecks und Rampen. Da die Rissüberbrückungsfähigkeit einer Beschichtung von der Schichtdicke abhängt, ist bei freibewitterten, befahrenen Beschichtungen eine Verschleißschicht aufzutragen.

e) Verschleißschichten

Beschichtungen mit hohem Widerstand gegen mechanische und chemische Angriffe werden als Verlaufmörtel in Schichtdicken bis ca. 5 mm ausgeführt. Die Griffigkeit der Oberflächen wird durch Abstreuen mit Quarzsand, Siliciumcarbid oder Korund erzielt. Für Oberflächen mit geringerer Anforderung an die Griffigkeit werden Korngrößen von ca. 0,5 mm und bei befahrenen Brückenbelägen von 5 mm verwendet.

f) Deckversiegelungen

Um in überdachten Bereichen raue, jedoch gut zu reinigende Flächen zu erhalten, wird auf die abgestreute Beschichtung eine Deckversiegelung (Kopfversiegelung) aufgebracht. Durch die aufgebrachte Menge an Deckversiegelung kann die Rutschfestigkeit in bestimmten Grenzen variiert werden. Die Deckversiegelung ermöglicht eine bessere Einbindung des abgestreuten Materials und vermindert dadurch den Abrieb. Für nichtbefahrbare, vertikale Flächen werden überwiegend Polymerlösungen (Acrylharze, Polymerdispersionen) eingesetzt.

Bei zusätzlicher Anforderung an eine Rissüberbrückung kommen flexible Systeme wie Acrylharzdispersionen, kunststoffmodifizierte Zementschlämme und elastische Polyurethane zum Einsatz.

Befahrbare Beschichtungen mit hoher chemischer und mechanischer Beständigkeit basieren zumeist auf Epoxidharzen, Polyurethanharzen und Acrylharzen. Bei Anforderungen an eine Rissüberbrückung werden überwiegend Polyurethane und Epoxidharz-Polyurethanharz-Kombinationen eingesetzt.

g) Mörtelbeschichtungen

Mörtelbeschichtungen werden als kleinflächiger, vertikaler oder horizontaler Betonersatz eingesetzt. Als gefüllte Reaktionsharze werden sie in Schichtdicken von etwa 5 mm bis 40 mm ausgeführt. Vollflächig werden sie als Reaktionsharzestrich in Dicken von 8 mm bis 15 mm aufgebracht.

Der Mörtel besteht aus einem Gewichtteil Bindemittel und bis zu 20 Gewichtteilen Gesteinskörnung. Das Korngemisch hat ein Größtkorn von maximal 4 mm (bzw. kleiner als ein Drittel der Schichtdicke), muss ofentrocken sein und eine günstige Sieblinie aufweisen.

Für vertikale Flächen eignen sich standfestere Einstellungen, denen erforderlichenfalls Stellmittel zugesetzt werden. Im horizontalen Bereich ist dagegen eine pastose, leicht verlaufende Konsistenz der Mischungen von Vorteil.

Mörtelbeschichtungen auf Reaktionsharzbasis haben eine hohe Festigkeit, entwickeln ihre Festigkeit schnell, weisen eine hohe Dichtigkeit gegen Flüssigkeiten und Gase auf und sind beständig gegen Chemikalien. Die kurzen Wartezeiten zwischen den Arbeitsgängen und die geringen Anforderungen an die Nachbehandlung dieser Mörtelbeschichtung ermöglichen eine schnelle Instandsetzung.

Reaktionsharzmörtel, der überwiegend auf lösemittelfreien Epoxid- oder Acrylharzen basiert, wird in der Regel vorgefertigt angeliefert, kann aber auch auf der Baustelle zusammengesetzt werden.

11.4 Oberflächenschutzsysteme (OSS)

Oberflächenschutzsysteme bestehen in der Regel aus mehreren Funktionsschichten, die je nach Anforderungsprofil, unterschiedlich aufgebaut sind. In DAfStb RiLi-SIB und DIBt-Technische-Regel „Instandsetzung von Betonbauwerken" werden unterschieden: OS 1 (OS-A), OS 2 (OS-B), OS 4 (OS-C), OS 5a (OS-DII), OS 5b (OS-DI), OS 7, OS 8, OS 11a (OS-Fa), OS 11b (OS-Fb) und OS 14, von denen sechs identisch sind mit den Oberflächenschutzsystemen OS-A bis OS-F nach ZTV-ING.

Bei der Ausführung von Instandsetzung mit Oberflächenschutzsystemen ist es erforderlich, die Unterlage zu prüfen und die Angaben des Herstellers zu beachten. Ein wichtiger Parameter zur Anwendung der OSS sind die in der Tab. 11.1 aufgeführten Anforderungen an die Oberflächenzugfestigkeit/Abrissfestigkeit des Untergrundes.

Die Gewährleistung der Funktion der Oberflächenschutzsysteme hängt maßgebend von den Eigenschaften des Untergrundes, von der Dicke der hauptsächlich wirksamen Oberflächenschutzschicht des Stoffes (hwO) in getrocknetem Zustand (mit Ausnahme von OS8, wo die Gesamtdicke des aufzubringenden Stoffes gilt) und dem korrekten Systemaufbau ab.

Tab. 11.1 Anforderungen an die Oberflächenzugfestigkeit/Abreißfestigkeit des Betonuntergrundes

Oberflächenschutzsystem	Verwendung nach:	Mindestwert Oberflächenzugfestigkeit/Abreißfestigkeit [N/mm²]	
		Mittelwert	**Kleinster Einzelwert**
OS 2 (OS-B)	DAfStb RiLi-SIB, ZTV-ING, DIBt TR-IH	0,8	0,5
OS 4 (OS-C)	DAfStb RiLi-SIB, ZTV-ING, DIBt TR-IH	1,3	0,8
OS 5 (OS- D) ohne Feinspachtel	DAfStb RiLi-SIB, ZTV-ING, DIBt TR-IH	1,0	0,6
OS 5 (OS- D) mit Feinspachtel	DAfStb RiLi-SIB, ZTV-ING, DIBt TR-IH	1,3	0,8
OS 8	DIBt-TRIH	1,5	1,0
OS 9 (OS-E) mit Feinspachtel	DAfStb RiLi-SIB, ZTV-ING	1,3	0,8
OS 11 (OS-F)	DAfStb RiLi-SIB, ZTV-ING, DIBt TR-IH	1,5	1,0
OS 13	DAfStb RiLi-SIB	1,5	1,0
OS 14	DIBt TR-IH	1,5	1,0

Je nach Instandsetzungsziel werden an die Beschichtungen unterschiedliche in verschiedenen Klassen unterteilte Anforderungen an die hauptsächlich wirksame Oberfläche gestellt, wie z. B.

- Durchlässigkeit von CO_2 geprüft nach DIN EN 1062–6
  $s_D > 50m$,
- Wasserdampfdurchlässigkeit geprüft nach DIN EN ISO 7783
  Klasse I $s_D < 5m$, Klasse II 5m $s_D < 50m$, Klasse III $s_D > 50m$,
- Brandverhalten nach Aufbringung geprüft nach DIN EN 13.501-1
  Klasse E-d2, E-fl,

- Rissüberbrückungsfähigkeit geprüft nach DIN EN 1062-7 Verfahren B Periodische Änderung der Rissbreite
  - Klasse B2 = Überbrückung von vorhandenen und nachträglich entstehenden oberflächennahen Rissen mit einer maximalen Rissbreite von 0,15 mm, die sich unter Temperaturbeanspruchung maximal 0,05 mm öffnen oder schließen,
  - Klasse B3.2 = Überbrückung von vorhandenen und nachträglich entstehenden oberflächennahen Rissen mit einer maximalen Rissbreite von 0,30 mm, die sich unter Temperaturbeanspruchung maximal 0,2 mm öffnen oder schließen,
  - Klasse B4.2 = Überbrückung von vorhandenen und nachträglich entstehenden oberflächennahen Rissen und Trennrissen mit einer maximalen Rissbreite von 0,50 mm, die sich unter Temperaturbeanspruchung und dynamischer Beanspruchung maximal 0,3 mm öffnen oder schließen.

Die Ausführungsanweisungen des Herstellers enthalten verbindliche Angaben zum Schichtaufbau des Oberflächenschutzsystems und zu den dazu gehörigen Dicken, die unbedingt zu beachten sind.

In **DAfStb RiLi-SIB** wird hinsichtlich der Schichtdicken unterschieden in Mindestschichtdicke ($d_{\min}$), Maximalschichtdicke ($d_{\max}$), Sollschichtdicke (d_S) und Schichtdickenzuschlag (d_Z).

Die Mindest- bzw. Maximalschichtdicken der hauptsächlich wirksamen Oberflächenschutzschichten hwO ergeben sich für jedes Oberflächenschutzsystem nach unterschiedlichen Kriterien. Die Schichtdicken sind im Rahmen der Grundprüfung von der Prüfstelle festzulegen.

Die Mindestschichtdicke d_{min} wird je nach System ermittelt und ergibt sich als größter Wert der Schichtdicke, die erforderlich ist, um Spannungen infolge Temperaturwechsel zu ertragen, Risse bestimmter Größe zu überbrücken und einen geforderten CO_2-Diffusionswiderstand zu erreichen.

Damit die in der Grundprüfung ermittelte Mindestschichtdicke d_{min} in der Praxis auch sicher erreicht wird, ist in Abhängigkeit der Rauheit der Unterlage, der Materialeigenschaften und der Verarbeitungsverfahren ein Materialzuschlag notwendig. Die zugehörige Materialverbrauchsmenge (MV) ist ebenfalls anzugeben.

Die für die Baupraxis relevante Sollschichtdicke d_s ist in der Ausführungsanweisung anzugeben. Sie ergibt sich aus der in der Grundprüfung festgestellten Mindestschichtdicke d_{min} und dem Schichtdickenzuschlag d_z, der von dem Mittelwert der gemessenen Rautiefe RT abhängig ist (siehe Tab.11.2).

$$d_s = d_{\min} + d_z$$

Tab. 11.2 Mindestschichtdicke und Schichtdickenzuschlag in Abhängigkeit von der Rautiefe nach DAfStb RiLi-SIB

Oberflächenschutzsystem	Mindestschichtdicke d_{min} [μm]	Rautiefe R_{TM} [mm]	Schichtdickenzuschlag d_Z [μm]
OS 2 (OS-B)	80	0,2	50
		0,5	70
OS 4 (OS-C)		0,2	50
	80	0,5	70
OS 5a (OS DII)		0,2	70
	300	0,5	100
OS 5b (OS DI)	2000	0,2	250
		0,5	400
		1,0	600
OS 9 (OS E)	1000	0,2	250
		0,5	400
OS 11 (OS-Fa) Aufbau mit Verschleißschicht	3000	0,2	300
OS 11 (OS-Fa) Aufbau mit elastischem Oberflächenschutz	1500	0,5	600
		1,0	100
OS 11 (OS-Fb)	4000	0,5	750
	4000	1,0	1200
OS 13	2500[a]	0,5	750
		1,0	1200

[a]Gesamtschichtdicke

In der **DIBt TR-IH** wird hinsichtlich der Schichtdicken unterschieden in:

- systemspezifische Mindestschichtdicke (d_{minS}),
- produktspezifische Mindestschichtdicke (d_{minP}),
- produktspezifische Maximalschichtdicke (d_{maxP}),
- mittlere Schichtdicke ($d_{ist, m}$),
- Mengenzuschlag (m_z).

Die systemspezifische Mindestschichtdicke d_{minS} wird für jedes einzelne System ermittelt und stellt den Wert der Schichtdicke dar, der in der Erstprüfung nicht unterschritten werden darf.

Tab. 11.3 Mindestschichtdicken nach DIBt TR-IH

Oberflächenschutzsystem	Mindestschichtdicke $d_{min,S}$ [µm]
OS 2 (OS-B)	80
OS 4 (OS-C)	80
OS 5a (OS- DII)	300
OS 5b (OS- DI)	2000
OS 8	2500[a]
OS 11a (OS-Fa) mit Deckschicht	3000
OS 11a (OS-Fa) mit elastischer Oberflächenschutzschicht	1500
OS 11b (OS-Fb)	4000
OS 14 mit Deckschicht	4000
OS 14 mit elastischer Oberflächenschutzschicht	2000

[a] Gesamtschichtdicke (inklusive Grundierung und Deckschicht)

Die nach DIBt TR-IH geforderten Mindestschichtdicken der hauptsächlich wirksamen Oberflächenschutzschicht des Stoffes (hwO) in getrocknetem Zustand sind in Tab. 11.3 gegeben.

Die produktspezifische Mindestschichtdicke d_{minP} wird vom Hersteller in der Angabe zur Ausführung angegeben und stellt jenen Wert der Schichtdicke dar, die erforderlich ist, um Spannungen infolge Temperaturwechsel aufzunehmen, Risse bestimmter Größe zu überbrücken und einen geforderten CO_2-Diffusionswiderstand zu erreichen.

Die produktspezifische Maximalschichtdicke d_{maxP} wird in der Angabe zur Ausführung angegeben und stellt einen rechnerisch ermittelten Wert der Schichtdicke dar.

Sowohl die produktspezifische Mindestschichtdicke d_{minP} als auch die Maximalschichtdicke d_{maxP} für die unterschiedlichem Oberflächenschutzsysteme werden in Abhängigkeit der zu erfüllenden Anforderungen nach den dazugehörigen Kriterien festgelegt.

Damit die in der Grundprüfung ermittelte Mindestschichtdicke in der Praxis auch sicher erreicht wird, ist in Abhängigkeit der Rauheit der Unterlage, der Materialeigenschaften und der Verarbeitungsverfahren ein Materialzuschlag m_z notwendig. Die Rauheit des Betonuntergrundes wird als mittlere Rautiefe mit dem Sandflächenverfahren ermittelt und/oder berücksichtigt die aus der Vorbereitung des Betonuntergrundes ergebenen Rautiefen.

In d en Angaben zur Ausführung sind Werte für den flächenbezogenen Stoffverbrauch anzugeben. Dieser berücksichtigen den für das zielsichere Erreichen der mittlere Schichtdicke $d_{ist,m}$ erforderlichen Mengenzuschlag (m_z).

► **Hinweis** Gemäß ZTV-ING ist für alle Oberflächenschutzsysteme ein pauschaler Schichtdickenzuschlag d_z von 60 µm anzusetzen.

11.4.1 OS 1 (OS-A)

Oberflächenschutzsysteme OS 1 sind geeignet zum Schutz gegen das Eindringen von Stoffen, zur Regulierung des Wasserhaushaltes des Betons und zur Erhöhung des elektrischen Widerstandes. Nach **DIBt TR-IH** können OS 1 gemäß Prinzip 1, Prinzip 2 und Prinzip 8 verwendet werden. Diese Systeme entsprechen einer Hydrophobierung (siehe Abb. 11.1) und bieten bedingt Feuchte- bzw. Wetter- und Regenschutz auf vertikalen und geneigten, freibewitterten Flächen mit Rissen mit einer Rissbreite von maximal 0,1 mm.

Verwendet werden Silane und Siloxane. Je nach Saugfähigkeit des Untergrundes werden sie in ein- bis zweimaligem Auftrag aufgebracht. Da sie keinen durchgehenden Film bilden und somit die Schichtdicke nicht messbar ist, legt der Sachkundige Planer die Mindestauftragsmenge und die Mindesteintragstiefe fest, die vorab an Musterflächen ermittelt wurden. Bei den auf dem Markt erhältlichen Systemen der Eindringtiefenklasse I mit Eindringtiefe von< 10 mm oder Eindringtiefe II mit Eindringtiefe> 10 mm beträgt die zu verbrauchende Menge ca. 300–800 g/m^2.

An die Betonunterlage werden folgende Anforderungen gestellt:

- Die Betonoberfläche muss trocken sein.
- Temperatur der Betonoberfläche 8–30° C.

▶ **Hinweis** Gemäß ZTV-ING ist bei der Hydrophobierung von Flächen von mindestens 500 m^2 je angefangene 100 m^2 behandelter Fläche die Qualität der Hydrophobierung an der Messfläche im Beisein des Auftraggebers zu prüfen.

11.4.2 OS 2 (OS-B)

Die in Abb. 11.4 dargestellten Oberflächenschutzsysteme vom Typ OS 2 (OS-B) sind

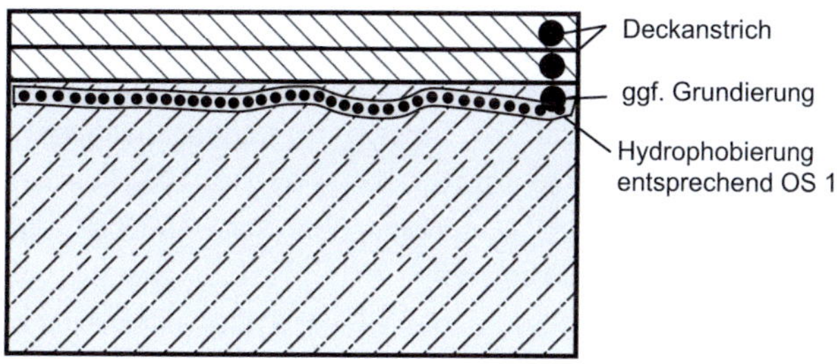

Abb. 11.4 Regelaufbau von OS 2 (OS-B)

geeignet zum Schutz gegen das Eindringen von Stoffen, zur Regulierung des Wasserhaushaltes des Betons, zur Erhöhung des elektrischen Widerstandes und zum Erhalt oder Wiederherstellung der Passivität der Bewehrung. Nach **DIBt TR-IH** können OS 2 gemäß Prinzip 1, Prinzip 2, Prinzip 7 und Prinzip 8 verwendet werden. Sie eignen sich zum Schutz von nicht begeh- und nicht befahrbaren Flächen (ohne Kratz- bzw. Ausgleichsspachtelung) und verzögern den Fortschritt der Carbonatisierung und werden daher überwiegend als vorbeugende Schutzmaßnahmen von freibewitterten Betonbauteilen mit geschlossenen Oberflächen und ausreichendem Wasserabfluss angewendet.

OS 2 sind dampfdiffusionsoffene Beschichtungen, die bezüglich der Wasserdampfdurchlässigkeit DIN EN 1504-2 die Anforderungen der Klasse I erfüllen. Das System OS 2 hat eine Mindestschichtdicke hwO von 80 μm. Die Hauptbindemittelgruppen sind gelöstes Mischpolymer, Polyurethan, wasseremulgierbare Epoxidharze und für den Aufbau der Hydrophobierung Silane und Siloxane, mit Eindringstiefe I oder II. Die Grundierung ist Bestandteil des Oberflächenschutzsystems.

Da keine ganzflächige Kratz- oder Ausgleichsspachtelung vorgesehen ist, können sich Fehlstellen im Schutzfilm bilden. Die Wirksamkeit von OS 2 hängt von der Größe und Menge der Poren an der Betonoberfläche ab.

An die Betonunterlage werden folgende Anforderungen gestellt:

- Reinigung der Betonoberfläche mit Hochdruckreiniger,
- evtl. Öffnen der Poren durch leichtes Sandstrahlen,
- Betonoberfläche: trocken,
- Temperatur der Betonoberfläche: 8–30 °C.
- Oberflächenzugfestigkeit gemäß Tab. 11.1.

In der Regel erfolgt die Applikation in folgenden Arbeitsgängen:

Arbeitsgang 1: Aufbringen einer Hydrophobierung entsprechend OS 1
Arbeitsgang 2: Aufbringen einer nichtpigmentierten, farblosen Grundierung – optional
Arbeitsgang 3: Auftragen von mindestens zwei Schichten farblosen, lasierenden oder pigmentierten Deckanstrichen

Die Hydrophobierung entsprechend OS 1 muss alkalibeständig sein und die Wasseraufnahme des Betons besonders im Bereich herstellungsbedingter Fehlstellen der Beschichtung, z. B. über Poren und Lunker sowie bei nachträglich auftretenden Haarrissen, reduzieren. Die Grundierung reduziert die Saugfähigkeit und verfestigt die äußerste Betonrandzone. Die Deckanstriche sind in einer Menge von ca. 200 g/m^2 bis 500 g/m^2 vorzunehmen. Da keine ganzflächige Kratz- oder Ausgleichsspachtelung vorgesehen ist, ist darauf zu achten, dass sich keine Fehlstellen im Schutzfilm bilden.

▶ **Hinweis** OS 2 schützt nur bedingt gegen das Eindringen von Chloriden.

▶ **Hinweis** Gemäß ZTV-ING ist die Schichtdicke der Beschichtung mindestens je abgeschlossene Tagesleistung über die Verbrauchsmenge zu prüfen.

11.4.3 OS 4 (OS-C)

Oberflächenschutzsysteme OS 4 sind geeignet zum Schutz gegen das Eindringen von Stoffen, zur Regulierung des Wasserhaushaltes des Betons, zur Erhöhung des elektrischen Widerstandes, zum Erhalt oder Wiederherstellung der Passivität der Bewehrung und, mit entsprechendem Nachweis des Herstellers, zur Erhöhung des Widerstandes gegen chemische Angriffe. Nach **DAfStb RiLi-SIB** können diese Oberflächenschutzsysteme bei der Instandsetzung nach dem Prinzip W oder Prinzip C auf rissfreiem Untergrund verwendet werden. Nach **DIBt TR-IH** können sie gemäß Prinzip 1, Prinzip 2, Prinzip 7, Prinzip 8 und mit entsprechendem Nachweis des Herstellers gemäß Prinzip 6 verwendet werden.

Oberflächenschutzsysteme vom Typ OS 4 (OS-C) sind dampfdiffusionsoffene Beschichtungen, die bezüglich der Wasserdampfdurchlässigkeit DIN EN 1504-2 die Anforderungen der Klasse I erfüllen. Die Hauptbindemittelgruppen sind gelöstes Mischpolymer, Polyurethan oder wasseremulgierbare Epoxidharze.

Der in Abb. 11.5 gezeigte Regelaufbau führt zu einer gleichmäßigen und geschlossenen Beschichtung mit erhöhter Dichtigkeit für nichtbegeh- und nichtbefahrbare Flächen (mit Kratz- und Ausgleichspachtelung) und verzögert den Fortschritt der Carbonatisierung.

Um einen dauerhaften porenfreien Schutzfilm zu erreichen, ist eine Mindestschichtdicke hwO von 100 μm erforderlich. Dadurch wird bei Erhaltung einer ausreichenden Wasserdampfdiffusionsfähigkeit die Aufnahme von Wasser und die $C0_2$- Diffusion stark reduziert. Dieses System ist das „Standardoberflächenschutzsystem" bei der Instandsetzung von freibewitterten Betonbauteilen im Sprühbereich von Auftausalzen und kann bei entsprechendem Eignungsnachweis auch im Spritzbereich verwendet werden. Mit entsprechendem Nachweis des Herstellers sind sie widerstandsfähig gegen einen definierten chemischen Angriff.

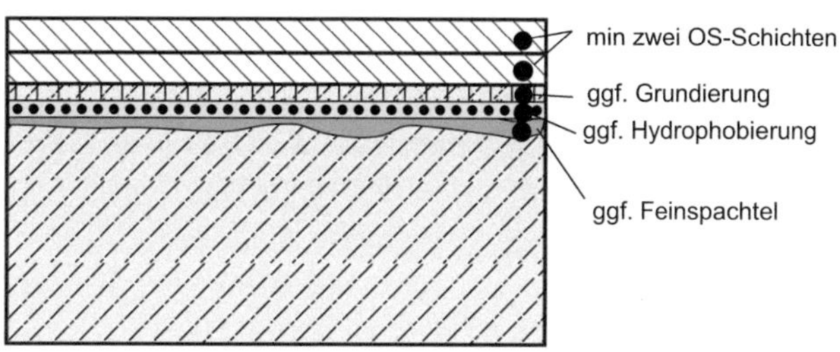

Abb. 11.5 Regelaufbau von OS 4 (OS-C)

Die Anforderungen an den Untergrund sind:

- Reinigung der Betonoberfläche mit Hochdruckreiniger,
- evtl. Öffnen der Poren durch leichtes Sandstrahlen,
- Betonoberfläche: trocken,
- Temperatur der Betonoberfläche: 8–30 °C,
- Oberflächenzugfestigkeit gemäß Tab. 11.1.

In der Regel erfolgt die Applikation in folgenden Arbeitsgängen:

Arbeitsgang 1: Instandsetzen lokaler Schadstellen
Arbeitsgang 2: Aufbringen eines Feinspachtels auf die gesamte Betonoberfläche
Arbeitsgang 3: die Arbeitsgänge entsprechend OS 2 mit Feinspachtel

Bei Belastung des Bauteils durch Tausalze wird folgendermaßen vorgegangen:

Arbeitsgang 1: Aufbringen einer Ausgleichsspachtelung
Arbeitsgang 2: Aufbringen einer Hydrophobierung
Arbeitsgang 3: Aufbringen einer ggf. nichtpigmentierten, ungefüllten Grundierung
Arbeitsgang 4: Auftragen von mindestens zwei pigmentierten Oberflächenschutzschichten

▶ **Hinweis** Gemäß ZTV-ING ist die Schichtdicke der Beschichtung mindestens je abgeschlossene Tagesleistung über die Verbrauchsmenge ggf. durch ein in der Leistungsbeschreibung vereinbartes Verfahren zu prüfen.

11.4.4 OS 5 (OS-D)

Oberflächenschutzsysteme OS 5 sind geeignet zum Schutz gegen das Eindringen von Stoffen, zur Regulierung des Wasserhaushaltes des Betons, zur Erhöhung des elektrischen Widerstandes, zum Erhalt oder zur Wiederherstellung der Passivität der Bewehrung und mit entsprechendem Nachweis des Herstellers zur Erhöhung des Widerstandes gegen chemische Angriffe. Nach **DIBt TR-IH** können sie gemäß Prinzip 1, Prinzip 2, Prinzip 7, Prinzip 8 und mit entsprechendem Nachweis des Herstellers gemäß Prinzip 6 verwendet werden.

Dieses Oberflächenschutzsystem ist eine Beschichtung mit geringer Rissüberbrückungsfähigkeit für nichtbegeh- und nichtbefahrbare Flächen (mit Kratz- bzw. Ausgleichspachtelung) und einer Mindestschichtdicke hwO von 300 µm. Die Beschichtung reduziert die Wasseraufnahme, das Eindringen von beton- und stahlangreifenden Stoffen und von Kohlendioxid und verbessert den Frost- und Frost-Tausalz-Widerstand, hat jedoch eine nur begrenzte Wasserdampfdurchlässigkeit. Oberflächenschutzsysteme vom Typ OS 5 werden auf frei bewitterten Betonbauteilen mit oberflächennahen Rissen und bei Betonbauteilen im Sprühnebelbereich von Auftausalzen angewendet. Mit Eignungsnachweis können sie auch im Spritzbereich von Auftausalzen eingesetzt werden, und, mit entsprechendem Nachweis des Herstellers, sind sie widerstandsfähig gegen einen definierten chemischen Angriff. Die Systeme OS-5 entsprechen der Rissüberbrückungsfähigkeit Klasse B2.

Die Anforderungen an den Untergrund sind:

- Reinigung der Betonoberfläche wie bei OS 2,
- Oberflächenzugfestigkeit gemäß Tab. 11.1.

Zu unterscheiden sind die Aufbauten OS 5a (OS-D II), bei denen die Bindemittelgruppe für die hauptsächlich wirksame Oberflächenschicht Polymerdispersion sind und OS 5b (OS-D I), bei denen Polymer-Zement-Gemische verwendet werden und die dazugehörigen Feinspachtel.

OS 5a (OS-D II)

Der in Abb. 11.6 dargestellte Aufbau mit Mindestschichtdicke der hwO von 300 μm stellt die „Standardbeschichtung" für die Instandsetzung von Bauwerken mit oberflächennahen Rissen mit einer maximalen Rissbreite von 0,15 mm und einer maximalen Rissbewegung von 0,05 mm dar.

Die Vorgehensweise beim Aufbringen des Systems mit Polymerdispersion ist:

Arbeitsgang 1: Aufbringen einer Kratz- bzw. Ausgleichsspachtelung
Arbeitsgang 2: Auftragen einer Grundierung

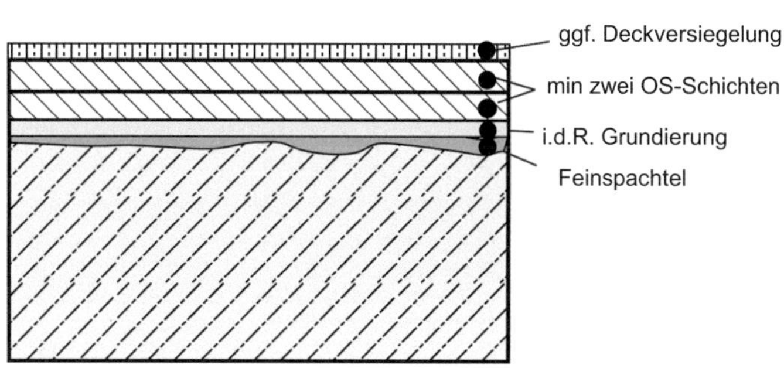

Abb. 11.6 Regelaufbau von OS 5a (OS-D II)

Arbeitsgang 3: Auftragen von mindestens zwei elastischen Oberflächenschutzschichten auf Basis von elastischen Polymerdispersionen
Arbeitsgang 4: ggf. eine Deckversiegelung

Die erforderliche Temperatur der trockenen Betonoberfläche beim Auftrag beträgt 8–30 °C.

Zur Vermeidung von Oberflächenverschmutzung empfiehlt sich die Verwendung einer Deckschicht aus UV-vernetzenden Acrylatdispersionen.

OS 5b (OS-D I)

Die Abb. 11.7 zeigt den Regelaufbau für eine Beschichtung mit Polymer-Zement-Gemische. Für die Ausführung ist eine systemspezifische Mindestschichtdicke der hwO von 2000 μm erforderlich.

Beim Auftrag muss die Betonoberfläche feucht sein und eine Temperatur von 5 bis 30 °C haben.

Der Oberflächenschutz mit Polymerzementgemisch wird wie folgt hergestellt:

Arbeitsgang 1: Aufbringen ggf. einer Kratz- bzw. Ausgleichsspachtelung
Arbeitsgang 2: Aufbringen von mindestens zwei elastischen Oberflächenschutzschichten mit Dichtungsschlämmen auf basis
Arbeitsgang 3: Auftragen ggf. einer Deckschicht

Für die Ausführung ist eine Mindestschichtdicke hwO von 2 mm erforderlich. Die Deckschicht ist eine elastische, rissüberbrückende, klebefreie Dispersion, die eine starke Verschmutzung der Dichtungsschlämme auf Polymerzementbasis bei freier Bewitterung verhindert.

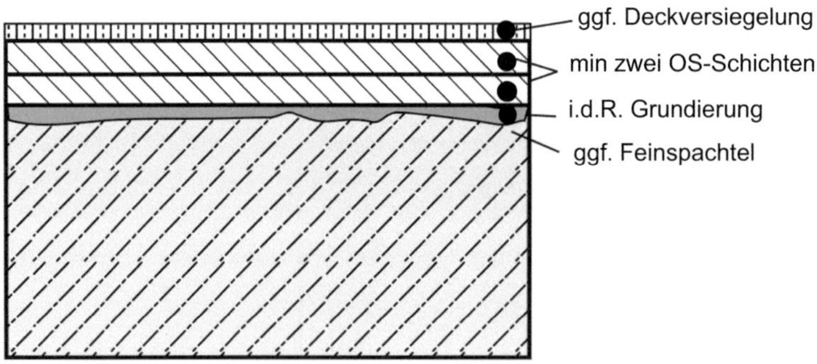

Abb. 11.7 Regelaufbau von OS 5b (OS-D I)

▶ **Hinweis** Bei der Instandsetzung von Bauteilen mit einer Schädigung aus Alkali-Kieselsäure-Reaktion ist die Anwendung von OS 5 mit Wasserdampfdurchlässigkeit I nicht erlaubt. Für diese Anwendung ist $s_D \leq 2{,}5$ m erforderlich.

▶ **Hinweis** Gemäß *ZTV-ING* ist die Schichtdicke der Beschichtung je angefangenen 350 m^2 oder mindestens je abgeschlossener Tagesleistung durch Messungen an mindestens 40 gleichmäßig über die Fläche verteilten Stellen mit dem in der Leistungsbeschreibung vereinbarten Verfahren zu prüfen. Bei Prüfungen an Bohrkernen erfolgt die Prüfung an fünf Stellen von acht Bohrkernen. Das Verfahren zur Bestimmung der Schichtdicke ist in der Leistungsbeschreibung festzulegen.

11.4.5 OS 8

Oberflächenschutzsysteme OS 8 sind geeignet zum Schutz gegen das Eindringen von Stoffen, zur Regulierung des Wasserhaushaltes des Betons, zur Erhöhung des elektrischen und physikalischen Widerstandes, zum Erhalt oder Wiederherstellung der Passivität der Bewehrung und mit entsprechendem Nachweis des Herstellers zur Erhöhung des Widerstandes gegen chemische Angriffe. Nach **DIBt TR-IH** können sie gemäß Prinzip 1, Prinzip 2, Prinzip 5, Prinzip 7, Prinzip 8 und mit entsprechendem Nachweis des Herstellers gemäß Prinzip 6 verwendet werden.

Dieses Oberflächenschutzsystem ist eine starre Beschichtung mit hoher dynamischer Rissüberbrückungsfähigkeit für befahrbare Flächen. Sie verhindert das Eindringen von in Wasser gelösten beton- und stahlangreifenden Stoffen und verbessert den Frost- und Frost-Tausalz-Widerstand und die Beständigkeit gegen Chemikalien, erhöht den Verschleißwiderstand und verbessert die Griffigkeit. Diese Systeme werden auf mechanisch und chemisch beanspruchten Flächen im überdachten Bereich verwendet und eignen sich auch als Innenbeschichtung von Behältern. Mit Eignungsnachweis können sie auch auf bewitterten Oberflächen wie z. B. Fahrbahnen und Industrieböden eingesetzt werden. Die Beschichtung erfüllt die Anforderungen an $C0_2$-Durchlässigkeit $s_D > 50$ m und Wasserdampfdurchlässigkeit gemäß Klasse I, II und III.

Die Anforderungen an den Untergrund sind:

- Reinigung der Betonoberfläche,
- Betonoberfläche: trocken,
- Betontemperatur 8–30 °C,
- Oberflächenzugfestigkeit gemäß Tab. 11.1.

Die Mindestschichtdicke von 2500 µm ist inklusive Grundierung und Deckschicht. Die Hauptbindemittelgruppe ist Epoxidharz. Der Regelaufbau sieht üblicherweise eine Grundierung oder Grundspachtelung vor, gefolgt vom Aufbringen einer gegebenenfalls mehrlagigen, verschleißfesten oder vorgefüllten Schutzschicht und einer Deckversiegelung. Die instand gesetzte Oberfläche ist rutschfest und griffig (Klasse III nach DIN EN 13036-4), abrieb-und schlagfest und leicht zu reinigen.

In der Praxis werden zur Herstellung von starren Beschichtungen für befahrbare Flächen je nach Gesamtschichtdicke drei Typen von Aufbauten unterschieden. In den Ausführungsangaben der Hersteller ist der Schichtenaufbau und deren Dicke vorgegeben.

Aufbau 1 Die Gesamtschichtdicke beträgt mindestens 100 µm.

Arbeitsgang 1: Aufbringen einer dünnflüssigen, lösemittelfreien Grundierung,
Arbeitsgang 2: Abstreuen,
Arbeitsgang 3: Auftrag einer pigmentierten Deckbeschichtung.

Aufbau 2 Die Gesamtschichtdicke beträgt 200–300 µm.

Arbeitsgang 1: Aufbringen einer dünnflüssigen, lösemittelfreien Grundierung,
Arbeitsgang 2: Abstreuen,
Arbeitsgang 3: Aufbringen eines quarzsandgefüllten Verlaufmörtels.

Aufbau 3 Die Gesamtschichtdicke ist größer als 2500 µm.

Arbeitsgang 1: Aufbringen einer Grundierung mit lösemittelfreiem, dünnflüssigem, farblosem Reaktionsharzsystem,
Arbeitsgang 2: Abstreuen mit trockenem Quarzsand der Körnung 0,7–1,2 mm
Arbeitsgang 3: Aufbringen eines Verlaufmörtels,
Arbeitsgang 4: Abstreuen mit trockenem Quarzsand der Körnung 0,7–1,2 mm
Arbeitsgang 5: Auftragen einer Deckversiegelung aus lösemittelfreiem, pigmentiertem Reaktionsharzbindemittel.

Der Verlaufmörtel wird hergestellt aus einem Masseteil lösemittelfreiem, pigmentiertem Reaktionsharzbindemittel und 0,5–0,8 Masseteilen trockenem Quarzsand der Körnung 0,1–0,3 mm.

11.4.6 OS 9 (OS-E)

Die Beschichtungen OS 9 (OS-E) mit Kratz- bzw. Ausgleichsspachtelung verhindern die Wasseraufnahme und das Eindringen von beton- und stahlangreifenden Stoffen und verbessern den Frost- und Frost-Tausalz-Widerstand und haben eine erhöhte Rissüberbrückungsfähigkeit für nichtbegeh- und nichtbefahrbare Flächen.

OS 9-Systeme werden nach **DAfStb RiLi-SIB** für alle frei bewitterten Betonbauteile, Widerlager, Stützwände und Fassaden mit oberflächennahen Rissen und/oder Trennrissen, die auch nach dem Aufbringen der Beschichtung auftreten können, eingesetzt und eignen sich auch im Sprüh- und Spritzbereich von Auftausalzen.

OS-E werden nach **ZTV-ING** zur dauerhaften Überbrückung sowohl von schon vorhandenen Rissen als auch von später auftretenden Rissen sowie Trennrissen eingesetzt. Diese Anwendung erfolgt bei Rissen mit einer maximalen Rissbreite von 0,3 mm, die sich temperatur- oder lastbedingt nicht mehr als 0,2 mm bewegen.

Als Stoffe werden Polyurethan, modifizierte Epoxidharze, Epoxid-Polyurethan-Kombinationen, Polymerdispersionen und 2-K- Polymethylacrylat verwendet.

Die Anforderungen an den Betonuntergrund sind:

- Aufrauen der Betonoberfläche mit Hochdruckwasserstrahl,
- Betonoberfläche: trocken,
- Temperatur der Betonoberfläche 8–30 °C,
- Oberflächenzugfestigkeit gemäß Tab. 11.1.

Der allgemeine Aufbau besteht aus:

Arbeitsgang 1. Aufbringen einer Kratz- bzw. Ausgleichsspachtelung als Grundierung
Arbeitsgang 2: Aufbringen von mindestens zwei elastischen Oberflächenschutzschichten mit einer Mindestschichtdicke größer als 100 μm
Arbeitsgang 3: ggf. Auftragen einer Deckschicht

▶ **Hinweis** Gemäß ZTV-ING ist die Schichtdicke der Beschichtung je angefangenen 350 m^2 oder mindestens je abgeschlossener Tagesleistung durch Messungen an mindestens 40 gleichmäßig über die Fläche verteilten Stellen mit dem in der Leistungsbeschreibung vereinbarten Verfahren zu prüfen. Bei Prüfungen an Bohrkernen erfolgt die Prüfung an fünf Stellen von acht Bohrkernen. Das Verfahren zur Bestimmung der Schichtdicke ist in der Leistungsbeschreibung festzulegen.

11.4.7 OS 11 (OS-F)

Oberflächenschutzsysteme vom Typ OS 11 sind geeignet zum Schutz gegen das Eindringen von Stoffen, zur Regulierung des Wasserhaushaltes des Betons, zur Erhöhung des elektrischen Widerstandes, zum Erhalt oder Wiederherstellung der Passivität der Bewehrung und mit entsprechendem Nachweis des Herstellers zur Erhöhung des Widerstandes gegen chemische Angriffe. Nach **DIBt TR-IH** können sie gemäß Prinzip 1, Prinzip 2, Prinzip 7, Prinzip 8 und mit entsprechendem Nachweis des Herstellers gemäß Prinzip

6 und als Bandage zur Abdeckung von lokalen Rissen gemäß Prinzip 1 und Prinzip 7 verwendet werden.

OS 11 sind Beschichtungen mit erhöhter dynamischer Rissüberbrückungsfähigkeit für begeh- und befahrbare Flächen. Sie verbessern den Frost- und Frost-Tausalz-Widerstand und die Griffigkeit der Oberflächen, verhindern die Wasseraufnahme und die Zufuhr von in Wasser gelöstem Beton oder stahlangreifenden Stoffen. Sie werden angewendet bei der Instandsetzung von Betonbauteilen, die oberflächennahe Risse und/oder Trennrisse von maximal 0,3 mm Rissbreite aufweisen oder entwickeln, die planmäßig mechanisch beansprucht werden und sich im Sprüh- und Spritzbereich von Auftausalzen befinden oder frei bewittert sind. Die Systeme OS-11 erfüllen die Anforderungen der Rissüberbrückungsfähigkeit Klasse B3.2. Bewegungen der Risse unter Temperatur- und Lastbeanspruchungen sind bis 0,2 mm erlaubt.

Die Beschichtung erfüllt die Anforderungen an $C0_2$-Durchlässigkeit $s_D > 50$ m und Wasser-Dampf-Durchlässigkeit gemäß Klasse I, II und III.

Die Anforderungen an den Untergrund sind:

- Aufrauen der Betonoberfläche mit Hochdruckwasserstrahl oder Sandstrahlen,
- Betonoberfläche: trocken,
- Betontemperatur: 8–30 °C,
- Oberflächenzugfestigkeit gemäß Tab. 11.1.

Als Stoffe werden Polyurethan, modifizierte Epoxidharze, Epoxid-Polyurethan-Kombinationen und 2-K-Polymethylacrylat verwendet. Der Aufbau von OS 11 kann als Ein- bzw. Zweischichtsystem erfolgen.

Aufbau Zweischichtsystem

Die Zweischichtaufbauten können an Bauteilen im Freien angewendet werden, bei denen eine hohe Rutschfestigkeit gefordert wird. Ist die Reinigungsfähigkeit der Fläche gefordert, wird zusätzlich zu dem in Abb. 11.8 gezeigten Aufbau eine Deckbeschichtung aufgebracht, bestehend aus einem lösemittelfreien, pigmentierten, elastischen Beschichtungssystem.

Die systemspezifische Mindestschichtdicke beträgt 4500 µm. Die Mindestschichtdicke der hwO der elastischen Oberflächenschutzschicht (Schwimmschicht) beträgt 1500 µm. In der Regel wird eine elastische Zwischenschicht als Rissüberbrückung und eine etwas härtere Deckschicht mit einer Mindestschichtdicke von 3000 µm als Verschleißschicht verwendet. Sowohl für die Schwimmschicht (hwO) als auch für die Verschleißschicht werden Polyurethan- bzw. Epoxid-Polyurethan-Kombinationssysteme eingesetzt.

Arbeitsgang 1: Aufbringen einer Grundierung aus nichtpigmentierten, dünnflüssigen, lösemittelfreien Epoxidharzsystemen

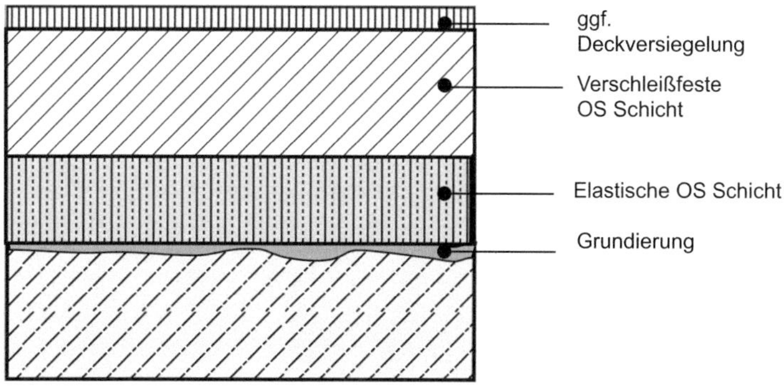

Abb. 11.8 Regelaufbau bei OS 11 (OS-F) als Zweischichtsystem

Arbeitsgang 2: Abstreuung mit trockenem Quarzsand der Körnung 0,2–0,7 mm, ggf. bei einer Rautiefe größer als 1 mm Aufbringen einer Spachtelung mit Epoxidharz und Quarzsand
Arbeitsgang 3: Auftragen der elastischen Oberflächenschutzschicht (Schwimmschicht)
Arbeitsgang 4: Aufbringen einer verschleißfesten, vorgefüllten, elastischen Deckschicht
Arbeitsgang 5: Abstreuen
Arbeitsgang 6: Aufbringen einer Deckversiegelung

► **Hinweis** Da die elastische Oberflächenschutzschicht nicht abgestreut wird, können – in Abhängigkeit von den Witterungsbedingungen – Haftungsprobleme zwischen Schwimm- und Verschleißschicht auftreten.

Aufbau Einschichtsystem

Aufbau Zweischichtsystem Beim Einschichtsystem OS 11b beträgt die systemspezifische Mindestschichtdicke der hauptsächlich wirksamen Oberflächenschutzschicht 4000 μm. Das in Abb. 11.9 gezeigte Oberflächenschutzsystem wird wie folgt hergestellt:

Arbeitsgang 1: Aufbringen einer Grundierung aus nichtpigmentierten, dünnflüssigen, lösemittelfreien Epoxidharzsystemen
Arbeitsgang 2: Abstreuen mit trockenem Quarzsand der Körnung 0,2–0,7 mm
Arbeitsgang 3: Aufbringen einer verschleißfesten, vorgefüllten, elastischen Oberflächenschutzschicht
Arbeitsgang 4: Abstreuen
Arbeitsgang 5: Aufbringen einer Deckversiegelung aus einem lösemittelfreien, pigmentierten elastischen Beschichtungssystem
Arbeitsgang 6: Abstreuen

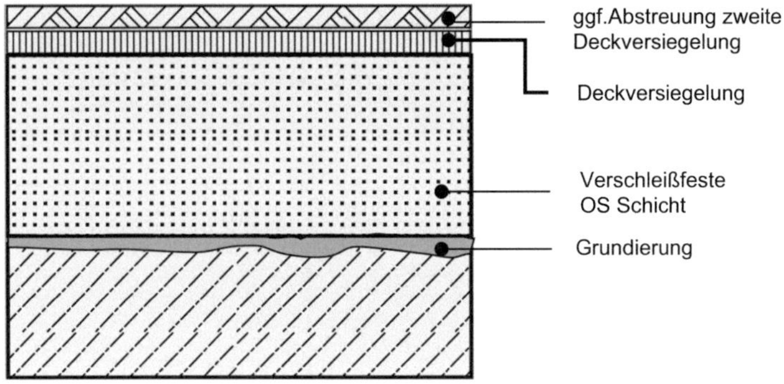

Abb. 11.9 Regelaufbau von OS 11 (OS-F) als Einschichtsystem

Arbeitsgang 7: Aufbringen einer Deckversiegelung Auftragen einer zweiten Schicht Deckversiegelung aus einem lösemittelfreien, pigmentierten, elastischen Beschichtungssystem

► **Hinweis** Beim Aufbau aus einer Schicht übernimmt die elastische Oberflächenschutzschicht sowohl die rissüberbrückende Funktion als auch die einer Verschleißschicht. Um die entsprechende Rissüberbrückung zu erreichen, können in der Regel nur hoch flexible Polyurethansysteme angewendet werden. Diese elastischen Systeme binden das Abstreukorn schlechter ein als härter eingestellte PU- oder EP-PU-Kombinationssysteme. Beim Einschichtsystem ist deshalb unbedingt zur Einbindung des Korns eine Deckversiegelung vorzunehmen (Abb. 11.9).

► **Hinweis** Gemäß ZTV-ING ist die Schichtdicke der Beschichtung je angefangenen 350 m^2 jedoch mindestens je abgeschlossener Tagesleistung durch Messungen an mindestens 40 gleichmäßig über die Fläche verteilten Stellen gemäß dem in der Leistungsbeschreibung festgelegten Verfahren zu prüfen. Bei Prüfungen an Bohrkernen erfolgt die Prüfung an fünf Stellen von acht Bohrkernen.

11.4.8 OS 14

Oberflächenschutzsysteme vom Typ OS 14 sind geeignet zum Schutz gegen das Eindringen von Stoffen, zur Regulierung des Wasserhaushaltes des Betons, zur Erhöhung des physikalischen und elektrischen Widerstandes, zum Erhalt oder Wiederherstellung der Passivität der Bewehrung und mit entsprechendem Nachweis des Herstellers zur Erhöhung des Widerstandes gegen chemische Angriffe. Nach **DIBt TR-IH** können sie gemäß Prinzip 1, Prinzip 2, Prinzip 5, Prinzip 7, Prinzip 8 und mit entsprechendem Nachweis des

Herstellers gemäß Prinzip 6 und als Bandage zur Abdeckung von lokalen Rissen gemäß Prinzip 1 und Prinzip 7 verwendet werden.

Das Oberflächenschutzsystem vom Typ OS 14 ist eine Beschichtung mit hoher dynamischer Rissüberbrückungsfähigkeit für direkt befahrbare Flächen. Sie ist schlagfest, verbessert den Frost- und Frost-Tausalz-Widerstand und verhindert die Wasseraufnahme und die Zufuhr von in Wasser gelöstem Beton oder stahlangreifenden Stoffen. Beschichtungen dieser Art werden bei der Instandsetzung von planmäßig mechanisch belasteten Betonbauteilen mit Trennrissen mit temperatur- und lastabhängigen Veränderungen der Rissbreite angewendet, denn sie erfüllen die Anforderungen an eine dauerhafte Instandsetzung für Rissüberbrückungsklasse B4.2. Bewegungen der Risse unter Temperatur- und Lastbeanspruchungen sind bis 0,3 mm erlaubt. Die Beschichtung entspricht den Anforderungen der Griffigkeit Klasse III nach DIN EN 13.036-4 und der Abriebfestigkeit nach DIN EN ISO 5470-1.

Die Anforderungen an den Untergrund sind:

- Reinigung der Betonoberfläche mit Hochdruckwasserstrahl oder Sandstrahlen,
- Betonoberfläche: trocken,
- Betontemperatur: 8–30 °C,
- Oberflächenzugfestigkeit gemäß Tab. 11.1.

Die Hauptbindemittelgruppe sind Reaktionsharze. Die systemspezifische Mindestschichtdicke beträgt 6000 µm. Die hwO ist eine elastische Oberflächenschutzschicht (Schwimmschicht) mit einer Mindestschichtdicke von 2000 µm. In der Regel wird eine elastische Zwischenschicht als Rissüberbrückung und eine etwas härtere Deckschicht mit einer Mindestschichtdicke von 4000 µm als Verschleißschicht verwendet.

Arbeitsgang 1: Aufbringen einer Grundierung aus nichtpigmentierten, dünnflüssigen, lösemittelfreien Epoxidharzsystemen
Arbeitsgang 2: Abstreuung mit trockenem Quarzsand der Körnung 0,2–0,7 mm ggf. bei einer Rautiefe größer als 1 mm Aufbringen einer Spachtelung
Arbeitsgang 3: Auftragen einer elastischen Oberflächenschutzschicht (Schwimmschicht)
Arbeitsgang 4: Aufbringen einer verschleißfesten, vorgefüllten, elastischen Deckschicht in einer Mindestschichtdicke von 4000 µm
Arbeitsgang 5: Abstreuen
Arbeitsgang 6: Aufbringen einer Deckversiegelung

11.4.9 Qualitätssicherung

Die Planung der Instandhaltungsmaßnahme erfolgt durch den Sachkundigen Planer, der auch einen Instandhaltungsplan für die Oberflächenschutzsysteme erstellt. Erfahrungen zeigen, dass beispielsweise OS-1 in der Regel für eine Dauer von bis zu zehn Jahren Wasser abweisend wirkt. Bei Fassaden beträgt die Wirkung erfahrungsgemäß acht Jahre. Der Sachkundige Planer hat dem Nachlassen dieser Wirkung rechtzeitig entgegenzuwirken und muss daher die regelmäßige Überprüfung der Systeme und ggf. deren Erneuerung einplanen.

Der Nachweis der Eignung der Oberflächenschutzsysteme für den jeweiligen Einsatzbereich wird im Rahmen der Eignungsprüfung erbracht. Die Eigenüberwachung durch den Hersteller stellt die gleichbleibenden Eigenschaften und die Verarbeitung der Stoffe sicher.

Damit der Oberflächenschutz seine geplanten Eigenschaften erreicht, sind die Angaben des Herstellers hinsichtlich Vorbereitung der Unterlage (Rauheit, Temperatur, Feuchtegehalt) zu prüfen, und die Verarbeitungsbedingungen müssen strikt eingehalten werden. Die Ausführung ist entsprechend den Anweisungen bzw. den technischen Merkblättern des Herstellers vorzunehmen. Es dürfen nur Betriebe mit dafür qualifiziertem Baustellenfachpersonal daran beteiligt sein (z. B. Nachweis SIVV-Schein).

Bei der Ausführung muss sichergestellt werden, dass die vom Hersteller angegebenen erforderlichen Schichtdicken erreicht wurden.

Auf der Baustelle kann die Schichtdicke gemäß DAfStb RiLi-SIB kontrolliert werden durch:

- Erfassung des Verbrauchs nach Gewicht bei bekannter Materialdichte,
- Messung der Nassschichtdicke mit einem Nassfilmdickenmesser,
- Messung der Trockenfilmdicke mit Schieblehren bzw. Fühllehren,
- Differenzschichtdickenmessung gemäß DIN 50933,
- Messung der Trockenfilmdicke mittels Keilschnittverfahren gemäß DIN 50986,
- Messung der Trockenfilmdicke mittels Paint-Bohrer,
- Messung der Trockenfilmdicke am Bohrkern.

Gemäß DAfStb RiLi-SIB ist die Dicke der Beschichtung sowohl durch Verbrauch pro Fläche (unter Berücksichtigung der Rautiefe) als auch durch die Messung der Nassschichtdicke nachzuweisen.

Im Rahmen der Überwachung wird die ausgeführte Dicke der Beschichtungen mittels Differenzschichtdickenmessung oder mittels Keilschnittverfahren nachgewiesen. Die Messung der Trockenfilmdicke am Bohrkern von maximal 50 mm Durchmesser erfolgt nur in begründeten Fällen.

Im Rahmen der Überwachung durch eine anerkannte Prüfstelle wird die Gitterschnittprüfung mit Tapetest durchgeführt.

▶ **Hinweis** Werden gemäß ZTV-ING Kontrollprüfungen durchgeführt, erfolgt die Prüfung der fertigen Beschichtung nach Augenschein. Sind Abreißprüfungen vorgesehen, werden diese je angefangene 350 m^2 beschichtete Flächen an drei gleichmäßig über die Fläche verteilten Stellen vorgenommen.

11.5 Graffitischutzsysteme

Vorbeugend aufgebracht, bilden Graffitischutzsysteme eine Trennschicht auf der Fassadenoberfläche, die das Erscheinungsbild nicht beeinträchtigt, aber das Haften von Sprühfarben verhindert und ein schnelles und umfassendes Entfernen von Verunreinigungen von der Betonoberfläche ermöglicht.

Die Entfernbarkeit von aufgebrachten Graffiti hängt sowohl von der chemischen Zusammensetzung der verwendeten Graffitifarbe als auch von der Beschaffenheit und der chemischen Zusammensetzung des Graffitischutzsystems ab.

Die Graffitischutzsysteme werden nach ihrer Wirkung eingeteilt in permanente, semipermanente und temporäre Schutzsysteme. Permanente Graffitischutzsysteme sind irreversibel, witterungsbeständig, können mit Lösungsmitteln gereinigt werden und haben eine geringe Dampfdurchlässigkeit. Nachteilig ist, dass sie optisch erkennbar sind und dadurch das Aussehen der Betonoberfläche verändern.

Semipermanente Systeme sind teilweise reversibel, haben eine eingeschränkte Wasserdampfdurchlässigkeit und können mit Wasser oder Lösungsmitteln gereinigt werden. Einschichtig aufgetragen sind sie stabil gegen Witterungseinflüsse, bei zweischichtigem Aufbau hingegen ist die Deckschicht nicht immer ausreichend beständig.

Temporäre Graffitischutzsysteme sind meistens unsichtbar und reversibel. Sie haben eine hohe Wasserdampfdurchlässigkeit und sind leicht mit Wasser zu reinigen, sind jedoch insgesamt weniger dauerhaft gegen Witterungseinflüsse.

Sprühfarben auf Basis von lufttrocknenden Acrylaten sind relativ leicht mithilfe von Lösungsmitteln zu entfernen. Zum Entfernen von Farben auf Basis von Alkydharzen kommt Beizmittel zum Einsatz. Bituminöse und ölige Stoffe können nur sehr schwer und nur mit sehr starken Lösungsmitteln entfernt werden, die unter Umständen das Aussehen der Betonoberfläche nicht nur stark verändern, sondern auch die Betonoberfläche schädigen. Wasserfeste Filzstifte durchdringen problemlos die meisten Schutzsysteme.

▶ **Hinweis** Da produktabhängig optische Veränderungen wie Glanz, die Vertiefung des Farbtons, eine Glättung der Oberfläche, Abwitterung (Kreiden) oder farbliche Gestaltung auftreten können, empfiehlt es sich, vorab Musterflächen anzulegen und die Wirksamkeit zu prüfen.

11.6 Brückenabdichtungen nach ZTV-ING

Die Ausführung von Brückenabdichtungen auf Beton erfolgt nach ZTV-ING. Nach Vorbereitung des Untergrundes erfolgt eine Grundierung, ggf. eine Versiegelung und eine Kratzspachtelung. Anschließend wird eine der in Abb. 11.10, Abb. 11.11 und Abb. 11.12 gezeigten Varianten ausgeführt.

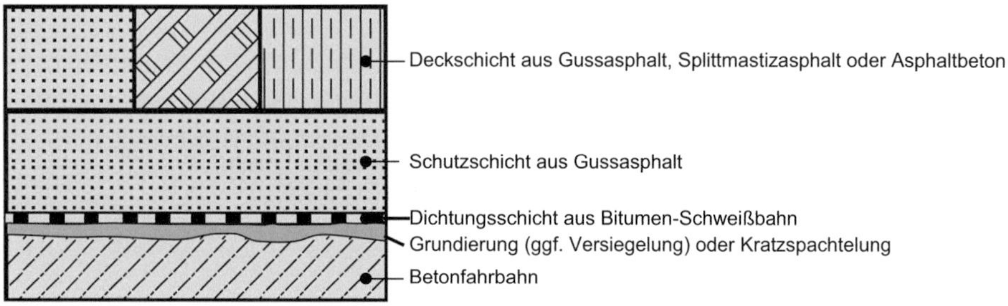

Abb. 11.10 Brückenbelag auf Beton mit Dichtungsschicht aus Bitumenschweißbahnen

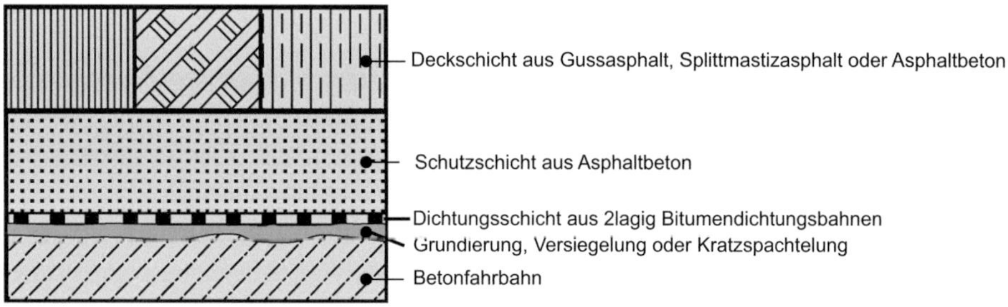

Abb. 11.11 Brückenbelag auf Beton mit Dichtungsschicht aus zweilagig aufgebrachten Bitumendichtungsbahnen

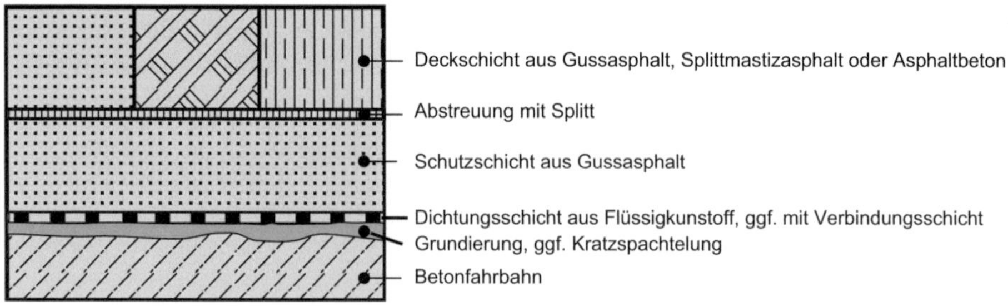

Abb. 11.12 Brückenbelag auf Beton mit Dichtungsschicht aus Flüssigkunststoff

Bei der in Abb. 11.10 gezeigten Variante wird eine Dichtungsschicht aus Bitumenschweißbahnen aufgebracht. Es folgt eine Schutzschicht aus Gussasphalt, auf die eine Deckschicht aus Gussasphalt, Splittmastixasphalt oder Asphaltbeton aufgebracht wird.

Alternativ kann die Dichtungsschicht aus zwei Lagen Bitumendichtungsbahnen bestehen, und darauf wird die Schutzschicht aus Asphaltbeton aufgebracht (Abb. 11.11). Die Deckschicht besteht aus Gussasphalt, Splittmastixasphalt oder Asphaltbeton.

In Abb. 11.12 ist eine weitere Variante gezeigt, bei der die Dichtungsschicht aus Flüssigkunststoff besteht. In diesem Fall ist ggf. vor dem Auftragen des Gussasphaltes das Auftragen einer Verbindungsschicht notwendig. Der Gussasphalt wird mit Splitt abgestreut und danach wird die Deckschicht aus Gussasphalt, Splittmastixasphalt oder Asphaltbeton eingearbeitet.

Bei einer Teilerneuerung muss die Funktionsfähigkeit der verbleibenden Schichten untersucht werden. Bei der Erneuerung der Asphaltschicht einschließlich der Dichtungsschicht ist grundsätzlich die Betonoberfläche vorab neu zu behandeln.

11.7 Beschichtungen als Abdichtung/Teil einer Abdichtung

11.7.1 OS 7 (TL/TP-BEL-EP bzw. TL/TP-BEL-B)

Die Oberflächenschutzsysteme vom Typ OS 7 sind Beschichtung aus Epoxidharz unter Dichtungsschichten für begeh- und befahrbare Flächen und unterliegen den TL/TP-BEL-EP. Sie werden auch als Grundierung unter Dichtungsschichten nach OS 10 (TL/TP-BEL-B3) verwendet.

Die Grundierung, Versiegelung und Kratzspachtelung werden als Behandlung der Oberfläche von Brücken und ähnlichen Bauwerken als Teil der Abdichtung aufgetragen. Sie sind bis 450 °C hitzebeständig. Bei großflächigen Instandsetzungen mit einem Betonersatzsystem auf Polymerbasis wird eine Grundierung aufgetragen. Bei Rautiefen bis ca. 1,5 mm ist eine Versiegelung vorzunehmen. Bei Rautiefen größer als 1,5 mm bis max. 5 mm wird eine Kratzspachtelung erforderlich.

Zu den möglichen drei verschiedenen Aufbauten und Ausführungen für OS 7 sind die gezeigten Arbeitsschritte erforderlich:

Aufbau 1

Arbeitsgang 1: Aufbringen der Grundierung in Menge von 300 bis 500 g/m^2 durch Fluten bis zur Sättigung

Arbeitsgang 2: Nachrollen mit Fellrollen

Arbeitsgang 3: Abstreuen mit 500–800 g/m^2 mit trockenem Quarzsand der Körnung 0,2–0,7 mm

Aufbau 2

Arbeitsgang 1: Auftragen von Epoxidharz durch Fluten, Menge ca. 400 g/m^2
Arbeitsgang 2: Nachrollen mit Fellrollen
Arbeitsgang 3: Abstreuen mit 3 kg/m^2 trockenem Quarzsand der Körnung 0,7–1,2 mm
Arbeitsgang 4: Aushärtung abwarten
Arbeitsgang 5: Entfernen des losen Abstreumaterials
Arbeitsgang 6: Auftragen von Epoxidharz, Menge ca. 600 g/m^2
Arbeitsgang 7: Nachrollen

Beim zweiten Auftrag von Epoxidharz ist darauf zu achten, dass Stoffansammlungen vermieden werden, die Abstreuung gleichmäßig benetzt ist sowie dass eine gleichmäßige Rauigkeit der Oberfläche und ein geschlossener, porenfreier Film vorliegen.

Aufbau 3
Nach einer Kratzspachtelung kann in zwei Varianten vorgegangen werden.

Variante a

Arbeitsgang 1: Aufbringen einer Grundierung
Arbeitsgang 2: Abstreuen der Grundierung
Arbeitsgang 3: Erhärtung abwarten
Arbeitsgang 4: Aufbringen einer Kratzspachtelung in Teilflächen
Arbeitsgang 5: Abstreuen mit max. 2 kg/m^2 trockenem Quarzsand der Körnung 0,2 mm–0,7 mm

Variante b

Arbeitsgang 1: Aufbringen einer gleichmäßig dünnen Schicht
Arbeitsgang 2: Aufbringen einer vollflächigen Kratzspachtelung „frisch-in-frisch"
Arbeitsgang 3: Abstreuen mit trockenem Quarzsand
Arbeitsgang 4: Erhärtung abwarten
Arbeitsgang 5: Auftragen einer Versiegelung

Zum Erreichen einer elektrisch ableitenden Beschichtung (Schutzschicht) ist eine zweilagige Versiegelung mit Zwischenabstreuung oder eine Kratzspachtelung, gefolgt von einer Deckversiegelung, erforderlich.

Das Epoxidharz darf nur maximal 10 % extrahierbare Anteile, wie Verdünner und Weichmacher bzw. Flexibilisierungsmitteln enthalten.

11.7.2 OS 10 (TL/TP-BEL-B)

Oberflächenschutzsysteme OS 10 sind Beschichtungen mit sehr hoher Rissüberbrückung, die als Dichtungsschicht unter Schutz- und Deckschichten für begeh- und befahrbare Flächen eingesetzt werden. Sie haben eine systemspezifische Mindestschichtdicke hwO von mindestens 200 μm und verhindern die Wasseraufnahme und das Eindringen von beton- und stahlangreifenden Stoffen.

OS-10 Systeme überbrücken dauerhaft vorhandene Risse oder neu entstehende Trennrisse mit einer Rissbreite von maximal 1 mm, die sich temperatur- oder lastbedingt bis um 0,3 mm bewegen, und übertragen Schubkräfte aus Verkehr über die Gussasphaltschutzschicht. Kurzzeitig sind sie bis 250 °C hitzebeständig.

Sie werden hauptsächlich als Abdichtung von Betonbauteilen mit Trennrissen und planmäßiger mechanischer Beanspruchung (Brücken, Trog- und Tunnelsohlen, Parkhäuser, Parkdecks) verwendet.

In der Regel werden Polyurethane verwendet.

Der Aufbau ist:

Arbeitsgang 1: Aufbringen einer Grundierung, bei Vertiefungen bis 5 mm Aufbringen einer Kratzspachtelung gemäß OS 7
Arbeitsgang 2: Abstreuen der Grundierung bzw. der Kratzspachtelung entsprechend OS 7
Arbeitsgang 3: Aufbringen eines Haftvermittlers auf Basis eines Einkomponenten-Polyurethan-Systems
Arbeitsgang 4: Aufbringen einer Dichtungsschicht
Arbeitsgang 5: Auftragen einer Deckschicht ggf. Auftragen einer Deckversiegelung

Mit den Haftvermittlern wird die Haftung zwischen dem Abstreukorn und der PU-Dichtungsschicht dadurch verbessert, dass das Einkomponenten-PU die Feuchtigkeit vom Korn aufnimmt.

Als Dichtungsschicht werden schnell reagierende Polyurethan-Polyharnstoff-Systeme verwendet. Sie besitzen eine hohe Reißdehnung, Reißfestigkeit und einen hohen Weiterreißwiderstand sowie eine hohe mechanische Belastbarkeit. Die Dichtungsschicht ist wasserdampfdurchlässig und diffusionsdicht gegen Kohlendioxid und ist in mindestens zwei Lagen aufzubringen. Bei Verwendung von Stoffen mit schneller Härtungszeit kann die Schicht auch durch zwei kurzfristig aufeinander folgende Spritzübergänge hergestellt werden. Die Mindestschichtdicke liegt zwischen 200 und 600 μm.

Wie im Regelaufbau gezeigt, kann gegebenenfalls eine Verbindungsschicht zum Gussasphalt hergestellt werden, auf die die Schutzschicht aus Gussasphalt bzw. die verschleißfeste, vorgefüllte Deckschicht und ggf. Deckversiegelung aufgetragen werden.

Hinsichtlich Lieferung und Prüfung der Produkte wird auf TL/TP-BEL-3 Teil 3 verwiesen (Abb. 11.13).

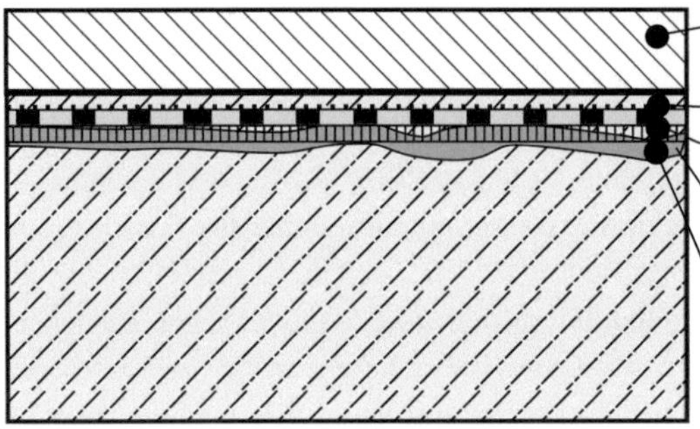

Abb. 11.13 Regelaufbau von OS 10 (TL/TP –BEL-B)

11.7.3 OS 13

Dieses Oberflächenschutzsystem ist eine Beschichtung mit nichtdynamischer Rissüberbrückungsfähigkeit für begeh- und befahrbare, mechanisch belastete Flächen und hat eine Gesamtschichtdicke größer als 250 μm. Sie verbessert die Beständigkeit gegen Chemikalien, vermindert den Verschleiß und liefert eine rutschfeste, leicht zu reinigende Beschichtung, die statische Risse mit Rissbreiten bis 0,25 mm überbrückt.

Diese Art von Beschichtungen wird bei mechanisch und chemisch beanspruchten, überdachten Betonbauteilen, auch im Sprüh- und Spritzbereich von Auftausalzen, angewendet, wenn sie vorwiegend oberflächennahe Risse mit einer Breite bis 0,1 mm aufweisen, z. B. geschlossene Parkgaragen und Tiefgaragen.

Verwendet werden hauptsächlich Polyurethan, modifizierte Epoxidharze und 2-K-Polymethylacrylat.

Die Vorgehensweise zur Herstellung der Beschichtung ist:

Arbeitsgang 1: Aufbringen einer Grundierung aus einem lösemittelfreien, dünnflüssigen, farblosen Reaktionsharzsystem
Arbeitsgang 2: Abstreuen mit trockenem Quarzsand der Körnung 0,7–1,2 mm
Arbeitsgang 3: Abstreuen mit trockenem Quarzsand der Körnung 0,7–1,2 mm
Arbeitsgang 4: Auftragen einer Deckversiegelung aus einem lösemittelfreien, pigmentierten Reaktionsharzbindemittel

Der aufzubringende Mörtel besteht aus einem Masseteil lösemittelfreiem, pigmentiertem Reaktionsharzbindemittel und 0,5–0,8 Masseteilen trockenem Quarzsand der Körnung 0,1–0,3 mm.

Literatur

DAfStb Richtlinie Schutz und Instandsetzung von Betonbauteilen (Instandsetzungs-Richtlinie), 2001

DIBt Technische Regel Instandhaltung von Betonbauwerken, 2020

DIN 1048-2: Prüfverfahren für Beton; Festbeton in Bauwerken und Bauteilen, 1991–06

DIN 50933 Messung von Schichtdicken – Messung der Dicke von Schichten durch Differenzmessung mit einem Taster, Ausgabe 08/1987

DIN 50986 Messung von Schichtdicken – Keilschnitt-Verfahren zur Messung der Dicke von Anstrichen und ähnlichen Schichten, Ausgabe 03/1979

DIN EN 1504-2: Produkte und Systeme für den Schutz und die Instandsetzung von Betontragwerken – Definitionen, Anforderungen, Qualitätskontrolle und AVCP – Teil 2: Oberflächenschutzprodukte und -systeme für Beton; Deutsche Fassung prEN 1504-2:2015

DIN EN 1542: Produkte und Systeme für den Schutz und die Instandsetzung von Betontragwerken – Prüfverfahren – Messung der Haftfestigkeit im Abreißversuch, Deutsche Fassung EN 1542:1999

DIN EN ISO 2409 Beschichtungsstoffe – Gitterschnittprüfung, Deutsche Fassung 08/2007

DIN EN ISO 2808 Beschichtungsstoffe – Bestimmung der Schichtdicke, Deutsche Fassung 05/2007

DIN V 18026 Oberflächenschutzsystem für Beton aus Produkten, Ausgabe 06/2006

Peck, M. u. a. Stahlbetonoberflächen. Schützen, Erhalten, Instandsetzen; Schriftenreihe der Zement- und Betonindustrie, 2008

WTA-Merkblatt WTA-Merkblatt 2–5–97: „Anti-Graffiti-Systeme“, Wissenschaftlich-Technischer Arbeitskreis für Denkmalpflege und Bauwerksanierung, 1998

WTA Merkblatt Qualitätssicherung bei Instandsetzungsmaßnahmen an Betonbauwerken –Technischer Arbeitskreis für Denkmalpflege und Bauwerksanierung, 1998

ZTV-ING Zusätzliche technische Vertragsbedingungen für den Ingenieurbau, Ausgabe 2017

DIN EN 13036-4: Oberflächeneigenschaften von Straßen und Flugplätzen – Prüfverfahren – Teil 4: Verfahren zur Messung der Griffigkeit von Oberflächen: Der Pendeltest; Deutsche Fassung EN 13036-4:2003

DIN EN ISO 5470-1: Mit Kautschuk oder Kunststoff beschichtete Textilien – Bestimmung des Abriebwiderstandes – Teil 1: Taber-Abriebprüfgerät (ISO 5470.1:1999, Deutsche Fassung EN ISO 5470-1:1999

12 Verstärkung von Betontragwerken

Nach **Technischer Regel „Instandhaltung von Betonbauwerken" des DIBt** kann gemäß Prinzip 4 eine Verstärkung des Betontragwerkes durch Füllen von Rissen und Hohlräumen, durch Querschnittsergänzung mit Mörtel oder Beton, durch Zufügen und Auswechseln von eingebetteten Bewehrungsstäben, durch geklebte Bewehrung und durch das Aufbringen einer externen Vorspannung erreicht werden.

12.1 Füllen von Rissen und Hohlräumen

Die Maßnahmen und Verfahren zur Verstärkung haben das Ziel, die Tragfähigkeit eines Betonbauteils gegenüber dem Ist- oder Sollzustand zu erhöhen. Das kraftschlüssige Füllen von Rissen und Hohlräumen durch Injektion oder das drucklose Füllen durch Vergießen (siehe Kap. 8 „Verfüllen von Rissen und Hohlräumen") führt im Allgemeinen lediglich zu einer Erhöhung der Steifigkeit des Bauteils.

12.2 Querschnittsergänzung durch Mörtel oder Beton

Die Querschnittsergänzung kann erfolgen mit Beton und Mörtel mit oder ohne Kunststoffmodifizierer. Polymerbeton oder Polymermörtel eignen sich für diese Anwendung nicht. Der Betonersatz kann im Betonierverfahren oder im Spritzauftrag erfolgen (siehe Kap. 10).

S. Weber, *Betoninstandsetzung*,
https://doi.org/10.1007/978-3-658-33947-0_12

12.3 Zufügen und Auswechseln von eingebetteten Bewehrungsstäben

Bei diesem Verfahren werden zur Verstärkung von Bauteilen aus bewehrtem oder unbewehrtem Normalbeton ohne Faserzusatz unter Berücksichtigung der Sicherstellung der Dauerhaftigkeit über die geplante Restnutzungsdauer von 50 Jahren statisch mitwirkende Bewehrungsstäbe eingebaut oder korrodierte Bewehrung ausgewechselt und deren Verbund zum Untergrund über Verankerung, Bewehrungsstoß oder Adhäsion unter Verwendung eines zementgebundenen Betonersatzes hergestellt.

Beim Auswechseln von korrodierter Bewehrung ist die Bewehrung vorab freizulegen, der korrodierte Teil der Bewehrung wird entfernt und durch neue Bewehrung ersetzt, wobei darauf zu achten ist, dass der Überlappungsstoß groß genug ist und wie beim Neubau ausgeführt wird.

Der Verbund zum Untergrund muss nach DIN EN 1992-1 in Verbindung mit DIN EN 1992-1/NA unter Berücksichtigung der zu verankernden Lasten nachgewiesen werden, wozu die Mitwirkung von Ingenieuren mit Erfahrung auf dem Gebiet der Bemessung von Verankerungen und des Betonbaus erforderlich ist. Für die Erstellung von prüfbaren Berechnungen und für die Anfertigung von Konstruktionszeichnungen ist es erforderlich, vorab die tatsächliche Lage der Bewehrung im vorhandenen Bauteil zu ermitteln.

Nachträglich in Injektionsmörtel eingebettete Bewehrung (Abb. 12.1) findet in der Instandsetzung von Betonbauwerken sowohl zu Anschlüssen von neuen Bauteilen an bestehende als auch zur Verstärkung von Stahlbetonkonstruktionen Anwendung. Die Methode erlaubt auch z. B. eine Verbreiterung von Kragplatten, die Instandsetzung von

Abb. 12.1 Nachträglich eingemörtelte Bewehrungsstäbe [1]

Plattenrändern oder die Verankerung der Auflagerbewehrung beim Schließen von Deckenöffnungen etc. Gegenüber herkömmlichem Freilegen und anschließendem Schließen des Betonbauteils bringt dieses Verfahren eine erhebliche Zeit- und Kostenersparnis ein.

Bei den meisten marktüblichen Systemen wird die Bewehrung in ein vorgebohrtes und gereinigtes Loch mittels Injektionsmörtel (Abb. 12.2) fixiert (Abb. 12.3).

Zur Einbettung der Bewehrung wird oft ein zementgebundener Injektionsmörtel verwendet. Der erhärtete Injektionsmörtel verbindet kraftschlüssig die neu eingebrachte Bewehrung mit dem Bauteil so, dass die Übertragung von Zugkräften über den Betonersatz auf die Bewehrung erfolgen kann. Der Korrosionsschutz der eingemörtelten

Abb. 12.2 Einfüllen von Injektionsmörtel [1]

Abb. 12.3 Fixierung der Bewehrung [1]

Bewehrungsstäbe ist durch die Alkalität der mineralischen Anteile des Hybridmörtels gegeben.

Für die einzelnen Systeme für nachträglich eingebettete Bewehrungsstäbe und Bewehrungsanker sind in der zugehörigen Europäischen Technischen Bewertung (**ETA**) – ähnlich wie in dem vorangegangenen Zulassungsbescheid des DIBt – die technischen Einzelheiten für allgemeine Konstruktionsregeln, die Anforderungen an den Verankerungsgrund, Temperaturbereich für die Verwendung und für den Einbau gezeigt sowie die Umweltbedingungen und Regelungen für den Einbau. Ferner enthält die **ETA** Angaben zur minimalen Betondeckung c_{min} des Betonstahls in Abhängigkeit von dessen Nenndurchmesser, der Bohrmethode und der Bohrtoleranz, die minimalen Stababstände, minimalen und maximalen Setztiefen und den Brandschutz sowie Anforderungen an den Verankerungsgrund, wie z. B. dass bei Anwendung im carbonatisierten Beton die carbonatisierte Schicht im Bereich des nachträglichen Bewehrungsanschlusses vorab mit einem Sicherheitszuschlag zu entfernen ist.

Die Betondeckung c_{min} ist nicht nur notwendig für den Korrosionsschutz der Bewehrung, zur Aufnahme der Verbundspannungen und zum Schutz der Bewehrung gegen Hitzeeinwirkung im Brandfall, sondern gewährleistet auch, dass bei der Erstellung der Bohrlöcher durch Hammerbohren oder Pressluftbohren keine Abplatzungen infolge von Erschütterungen entstehen. Je nach Zulassung weist die minimale Betondeckung für die Bohrlocherstellung durch Hammerbohren und durch Pressluftbohren unterschiedliche Werte auf. Tendenziell sind beim Pressluftbohren die höheren Werte anzusetzen.

Da die vorhandene Bewehrung nicht beschädigt werden darf und die eingebettete Bewehrung entsprechend der Konstruktionszeichnung eingebettet werden muss ist, ist die Herstellung von Bohrlöchern oft über mehrere Meter Länge eine große Herausforderung. Zur präzisen Erstellung von Bohrungen parallel zu einer Referenzebene wird die sogenannte Bohrhilfe eingesetzt, mit deren Hilfe sehr geringe Parallelitätsabweichungen realisierbar sind.

Das Bohrloch muss mit ölfreier Druckluft ausgeblasen werden. Danach folgt ein Ausbürsten des Bohrlochs mit einer Edelstahldrahtbürste, gefolgt von einem erneuten Ausblasen des Bohrlochs. Das staubfreie Bohrloch wird blasenfrei mit Injektionsmörtel verfüllt. Der Bewehrungsstab wird unter kräftigem Druck und gleichzeitigem Drehen bis zur Setztiefenmarkierung in das Bohrloch eingeführt. Nach der Aushärtezeit kann der verankerte Stab belastet werden.

Das Auswechseln von Bewehrungsstäben erfolgt in der Regel in Zusammenhang mit einer stark fortgeschrittenen Korrosion der Bewehrung. Da bei diesem Verfahren eine großflächige Freilegung der Bewehrung erfolgt, sind die Anforderungen beim großflächigen Freilegen zu beachten, und es ist ein Tragwerksplaner hinzuzuziehen. Die neuen Bewehrungsstäbe werden entweder nach dem Abtrennen der korrodierten Bewehrung oder, als Zulagebewehrung, zusätzlich zu der korrodierten Bewehrung eingebaut und werden schwingungsfrei am vorhandenen Bewehrungsstahl oder/und am Untergrund befestigt, wobei die Übergreifungslängen einzuhalten sind. Die Wiederherstellung des Querschnitts erfolgt mit einem zementgebundenen Betonersatz.

Qualitätssicherung
Um eine dauerhafte Verstärkung mittels nachträglich eingemörtelter Bewehrung herzustellen, müssen die Verarbeitungsbedingungen hinsichtlich Temperatur des Bohrlochgrundes, der Verarbeitungstemperatur und Aushärtezeit des Mörtels, des Reinigungsgrads des Bohrloches, der minimalen und maximalen Stababstände sowie Randabstände und maximale Setztiefen, Füllungsgrad des Loches etc. auf das Genaueste eingehalten werden.

Ergänzend zur DIN EN 1992-1 wird vorausgesetzt, dass sowohl die Bemessung als auch die Montage von eingebetteter Bewehrung im Betonbauteil von einem Fachunternehmen durchgeführt wird, das über einen Nachweis zur Qualifikation und Erfahrung für die entsprechenden Produkte verfügt.

► **Hinweis** Die Anwendung von nachträglich eingebetteter Bewehrung als Verstärkung ist nur bei der Instandsetzung von Bauwerken oder Bauteilen erlaubt, deren Standsicherheit nicht gefährdet ist.

12.4 Geklebte Bewehrung

Das Verstärken mit geklebter Bewehrung kann an Betonbauteilen der Expositionsklassen X0, XC1 (trocken) oder XC3 ohne Schutzmaßnahmen vorgenommen werden, ansonsten sind die Bauteile im Bereich der Verstärkungen durch entsprechende Maßnahmen gegen starke UV-Strahlung, wechselnde oder dauerhafte Durchfeuchtungen und schädigende chemische oder mechanische Angriffe zu schützten. Aufgeklebte Verstärkungen benötigen unter Umständen eine Brandschutzverkleidung, und Stahllaschen, die im Brandfall auf Feuerwehrleute herabstürzen könnten, müssen an den Ecken durch zugelassene Verbundanker gesichert werden.

Die geklebte Bewehrung ist ein Verstärkungssystem mit bauaufsichtlicher Zulassung bestehend aus unterschiedlichen Bauprodukten, die für diese Verwendung aufeinander abgestimmte Eigenschaften nachweisen.

Ein Verstärkungssystem besteht in der Regel aus einem Verstärkungselement, dem Klebstoff, einem Primer auf Epoxidharzbasis als Bestandteil des Korrosionsschutzes von Stahlteilen und einem Reprofiliermörtel auf Epoxidharzbasis einschließlich Haftbrücke.

Als Verstärkungselement werden Flachstahlprofile (Stahllaschen oder Stahlwinkelprofile) oder Kohlefaserwerkstoffe (CFK-Lamellen oder CF-Gelege) verwendet, die mit dem Kleber an die Außenseite eines Stahlbeton- oder Spannbetonbauteils oder in zuvor geschnittene Schlitze eingebaut so angeordnet sind, dass sie bei Belastung des Betonbauteils auf Zug beansprucht werden.

Das Verfahren ist für die Aufnahme der Kräfte aus den vorhandenen ständigen Lasten in der Regel unwirksam und wird dann angewendet, wenn eine Beeinträchtigung der Tragfähigkeit eines Bauteils aufgetreten ist, die Nutzlast erhöht wird und Änderungen des statischen Systems vorgenommen werden, und ist in der DAfStb Richtlinie „Verstärken von Betonbauteilen mit geklebter Bewehrung“ geregelt.

Bei der Einwirkung von ständigen Lasten oder Verkehrslasten übernimmt die nachträgliche Verstärkung die Funktion der sonst im Beton eingebetteten Bewehrung. Bei Überschreitung der Zugfestigkeit des Betons unterstützt die an der Außenseite geklebte Bewehrung die im Inneren liegende Bewehrung durch die Aufnahme von Zugkräften. Die entstehenden Zugkräfte nehmen vom Ende der Bewehrung in Richtung Mitte zu und werden in die Endbereiche der Verstärkung eingeleitet. An diesen Einleitungsstellen ist der Klebeverbund besonders stark beansprucht.

Damit eine Krafteinleitung stattfinden kann, darf die Betondeckung der innen liegenden Bewehrung nicht größer als 50 mm sein. Bei der Verwendung von Stahllaschen können in Sonderfällen für die Aufnahme von Zugkräften im Auflagerbereich speziell dafür zugelassene Verankerungskonstruktionen angewendet werden.

Bei Verstärkung von Balken müssen in der Regel geklebte Stahllaschenbügel angeordnet werden. Sie nehmen die abschälenden Kräfte auf und dienen sowohl der Verstärkung bei Schub als auch der zugfesten Verbindung zwischen Zug- und Druckgurt des Balkens. Entsprechend den Konstruktionsregeln des Stahlbetonbaus müssen Stahllaschenbügel die Verstärkungen umschließen und in der Druckzone verankert sein.

Die Unterstützungen dürfen erst nach Erreichen der im Zulassungsbescheid angegebenen Frist entfernt werden. Von dieser Frist kann abgewichen werden, wenn durch Versuche nachgewiesen wird, dass die erforderliche Oberflächenzugfestigkeit erreicht ist.

Die Belastung der Konstruktion darf bei mittleren Bauwerkstemperaturen von + 20 °C frühestens zwei Tage nach Beendigen der Klebearbeiten erfolgen. Bei niedrigeren Temperaturen sind die Erhärtungsnachweise maßgebend.

12.4.1 Vorbereitende Arbeiten am Betonuntergrund

Die Klebefläche des Betons muss vor dem Aufkleben der Lamelle sorgfältig durch Feststoffstrahlen so vorbehandelt werden, bis das Grobkorn der Gesteinskörnung (größer als 8 mm) sichtbar wird. Schlagende Geräte und Flammstrahlen sind zu vermeiden. Die Betondeckung im Bereich der Klebeflächen muss mindestens 1 cm, jedoch kleiner als 5 cm sein.

Eine großflächige Reprofilierung von Fehlstellen im Untergrund erfolgt durch Betonagen oder Spritzen von Beton oder Mörtel ohne Kunststoffmodifizierer oder mit

Vergussbeton und Vergussmörtel. Risse, die zur Korrosion der Bewehrung führen können, sind vorab zu füllen.

In der Klebefläche vorhandene Kiesnester und Fehlstellen mit einer Tiefe größer als 3 mm sowie kleinflächige Unebenheiten sind mit dem vorgefertigten Epoxidmörtel auszugleichen, dessen Zusammensetzung in der bauaufsichtlichen Zulassung festgelegt ist. Vor dem Einbau des Epoxidmörtels ist die Unterlage zu strahlen und eine Haftbrücke auf Epoxidharzbasis aufzutragen, auf die der Mörtel „frisch in frisch" aufgebracht wird. Größere Unebenheiten, bis zu 30 mm tief, dürfen 33 % der Klebefläche nicht überschreiten.

Zur Herstellung der Ebenflächigkeit der Klebeflächen können Schleifgeräte verwendet werden. Die Oberfläche soll eine Rauheit ausweisen, die einen Auftrag des Klebstoffs in einer Dicke von kleiner als 5 mm erfordert. Die Klebefläche des Betons soll trocken, staubfrei und eben sein. Der Feuchtegehalt des Betonrandbereichs soll beim Verkleben 4 M.-% nicht überschreiten. Zur Vermeidung der Bildung von Kondenswasser muss die Oberflächentemperatur des Betons 3 K über der Taupunkttemperatur liegen.

Der Beton muss mindestens der Festigkeitsklasse C12/15 und einer Oberflächenzugfestigkeit mit einem kleinsten Wert von 1,0 N/mm^2 entsprechen.

Damit eine Kraftübertragung möglich ist, muss beim Aufkleben von Verstärkungen ein inniger Verbund durch den Klebstoff hergestellt werden. Als Klebstoff werden Epoxidharzsysteme mit ausreichender Geschwindigkeit bei Kaltaushärtung verwendet, die sehr gut auf Stahl, Kohlenstoff und Beton haften. Je nach Umwelteinflüssen sind sie beständig gegen Wasser und Alkalien.

Vorteilhaft sind jene Kleber, deren Komponenten unterschiedliche Farben haben. Dadurch wird die Kontrolle des Mischens erleichtert. Der Klebstoff ist nur in ganzen Gebinden mit langsam laufendem Rührwerkzeug anzurühren, umzutopfen und nochmals durchzurühren. Das Mischungsverhältnis ist genau einzuhalten. Die Verstärkungselemente müssen innerhalb der Verarbeitungszeit des Gebindes fertig verklebt sein.

Bei dem Verfahren mit CFK-Lamellen wird die Betonoberfläche vorher mit dem Kleber gespachtelt. Der Kleberauftrag soll 2,5 mm nicht überschreiten und satteldachförmig erfolgen. Bei dem Verfahren mit Stahllamellen darf kein Kleberauftrag auf den Betonuntergrund erfolgen.

▶ **Hinweis** Die Tragfähigkeit des vorbereiteten Untergrundes muss durch Abreißen von mindestens fünf aufgeklebten Stahlstempeln mit Ringnut an fünf Stellen geprüft werden. Sofern Ausgleichsmörtel verwendet wird, sind im Randbereich der Ausgleichsschicht je m^2 eine, bei größeren Flächen drei Prüfungen durchzuführen. Der Einzelwert der einzelnen Prüfstempel sollte nicht weniger als 45 % des Mittelwertes sein und das Bruchbild Betonbruch zeigen.

12.4.2 Verstärkungssystem mit Stahllaschen

Für Stahllaschen ist nur schweißbarer Stahl zu verwenden. Schweißarbeiten dürfen nur vor dem Kleben ausgeführt werden. Wenn keine Einschränkungen durch die bauaufsichtliche Zulassung gemacht werden, beträgt die Dicke der Laschen in Abhängigkeit von der Betonfestigkeitsklasse für C12/15 zwischen 5 mm und 10 mm und ab C20/25 zwischen 5 mm und 15 mm. Die maximale Breite der Laschen beträgt 200 mm.

Entsprechend den bauaufsichtlichen Zulassungen kann das Verfahren in der Regel für das Verstärken von Innenbauteilen, von Bauteilen im Freien, ohne direkte Sonneneinstrahlung, Niederschlagswasser und wechselnde Dauerbefeuchtung sowie von Bauteilen, die nicht ständig im Wasser verbleiben, und Bauteilen mit ständiger relativer Luftfeuchte unter 80 % angewendet werden. Damit eine Krafteinleitung stattfinden kann, darf die Betondeckung der innen liegenden Bewehrung nicht größer als 50 mm sein. In Sonderfällen werden für die Aufnahme von Zugkräften im Auflagerbereich speziell dafür zugelassene Verankerungskonstruktionen angewendet.

Da Temperaturunterschiede in der Stahllasche und in dem Beton zu zusätzlichen Zwängungen (Schubspannungen) zwischen Stahllasche und Betonbauteil führen, müssen größere Temperaturunterschiede zwischen Beton und Verstärkung grundsätzlich vermieden werden.

Beim Kleben von Stahlprofilen oder von Stahllaschen, die nicht werkseitig gestrahlt und geprimert in Folien verpackt angeliefert werden, ist eine Vorbereitung der Stahloberfläche erforderlich.

Die Stahloberfläche wird mit festen Strahlmitteln druckluftgestrahlt und sorgfältig entstaubt. Der Vorbereitungsgrad der Oberfläche wird visuell anhand der fotografischen Vergleichsmuster in ISO 8501-1 beurteilt und muss Sa 3 entsprechen, d. h., Zunder und Rost müssen vollständig entfernt sein. Erfolgt die Verklebung zu einem späteren Zeitpunkt, werden die gestrahlten Flächen mit einer Korrosionsschutzbeschichtung (Primer) versehen. Damit wird das Ansetzen von Flugrost während der Zwischenlagerung vermieden. Es dürfen nur die in der jeweiligen Zulassung erlaubten Primer auf Epoxidharzbasis verwendet werden.

Unmittelbar vor dem Verkleben wird die Klebefläche mit einem Lösemittel entfettet und die Fläche mit Primer leicht aufgeraut und entstaubt. Zum Kleben werden die Stahllaschen/Stahlprofile nur mit sauberen Handschuhen angefasst. Zuerst werden sie in eine zur Einbaustelle günstige Position gebracht, und anschließend wird der Klebstoff satteldachförmig auf die Stahloberfläche aufgetragen, denn der Klebstoff darf nicht auf den Beton aufgespachtelt werden. Die Klebstoffmenge wird so gewählt, dass die Klebefuge z. B. der Stahllasche im Endzustand maximal 5 mm dick ist. Der Auftrag des Klebers erfolgt in zwei Schichten. Die zweite Schicht wird nach einer vorgeschriebenen Wartezeit aufgebracht.

Zur Montage werden Stahllaschen vorsichtig umgelegt bzw. angehoben und leicht angedrückt. Der Anpressdruck muss so gleichmäßig aufgebracht werden, dass ein wenig

Klebstoff seitlich herausgequetscht wird und die Stahllaschen gerade bleiben. Für das gleichmäßige Andrücken werden z. B. gerade und hinreichend biegesteife Träger benutzt. Damit soll eine vollständige Verklebung sichergestellt werden. Der Anpressdruck hat keinen Einfluss auf die Festigkeit der Verklebung.

Die Unterstützung kann entfernt werden, wenn beim Prüfen der Haftzugfestigkeit an Prüfkörpern Bruch im Beton auftritt. Nach dem Kleben sind die Lamellen auf Hohlstellen abzuklopfen und evtl. Hohlstellen mit Epoxidharz zu füllen.

Bei der aufgeklebten Stahllasche übernimmt der Klebstoff den Korrosionsschutz der Adhäsionsfläche. Der restliche Bereich muss einen Korrosionsschutz erhalten. Der Witterung ausgesetzte Stahloberflächen erhalten einen Korrosionsschutz bestehend z. B. aus Grundierung und zwei Deckschichten auf EP- bzw. PUR-Basis.

Beim Auftrag der Korrosionsschutzbeschichtung und beim Verkleben müssen die Oberflächen trocken, staub- und fettfrei sein. Die relative Luftfeuchte beim Kleben soll unter 75 % und die Temperatur der Bauteile wie auch der Luft soll beim Verkleben und beim Aushärten zwischen +15 °C und +30 °C (abhängig vom Klebstoff) liegen. Die Temperatur der Stahllaschen muss mindestens 3 K über der Taupunkttemperatur liegen.

12.4.3 Verstärkungssystem mit Kohlenstofffaserlamelle (CFK-Lamellen)

Entsprechend ihren bauaufsichtlichen Zulassungen können CFK-Lamellen (Abb. 12.4) oder CFK-Gelege in der Regel für das Verstärken von Innenbauteilen, von Bauteilen im Freien, ohne direkte Sonneneinstrahlung, Niederschlagswasser und wechselnde Dauerbefeuchtung sowie von Bauteilen, die nicht ständig im Wasser verbleiben, und Bauteile mit

Abb. 12.4 CFK-Lamellen in Lieferzustand [2]

ständiger relativer Luftfeuchte unter 80 % angewendet werden. Die dauernd vorhandenen Temperaturen dürfen je nach Klebstoff nicht über 50 °C liegen. Bei Bauteilen im Freien, die direkter Sonneneinstrahlung ausgesetzt sind, ist eine Beschichtung aufzubringen.

Da Zugkräfte rechtwinklig zur Klebefuge nicht gestattet sind, dürfen die Lamellen in Bezug auf das zu verstärkende Bauteil nicht konkav gekrümmt sein (max. 1 mm auf 30 cm). Im Lieferzustand (Abb. 12.4) dürfen Lamellen maximal mit einem Radius von 60 cm gebogen werden. Die Lamellen werden mit einer Eisensäge oder Flex auf die erforderliche Länge zugeschnitten. Ein Knicken und Abkanten ist nicht zulässig.

Vor dem Auftragen des Klebers wird die CFK-Lamelle mit einem weißen Reinigungslappen und mit dem in der Zulassung genannten Lösemittel so lange gereinigt, bis der Reinigungslappen durch die Kohlefaser nicht mehr verschmutzt (schwarz) wird. Durch diesen Vorgang wird das bei der Herstellung der Lamelle verwendete EP-Harz wieder reaktiviert, und es wird ein inniger Verbund mit dem Kleber sichergestellt. Beim Verkleben müssen die Oberflächen trocken, staub- und fettfrei sein, und die Temperatur der Lamellen muss mindestens 3 K über der Taupunkttemperatur liegen.

Die Temperatur der Bauteile wie auch der Luft soll beim Verkleben und beim Aushärten zwischen +15 °C und +30 °C (abhängig vom Klebstoff) liegen. Die relative Luftfeuchte beim Kleben soll unter 75 % liegen.

Nach dem Auftrag des Klebers wird die Lamelle in Position gebracht und sorgfältig auf die mit Kleber gespachtelte Betonfläche montiert. Zunächst wird die Lamelle mit einem Richtscheit von 1 m bis 2 m Länge (Abb. 12.5) und anschließend mit einem Gummiroller angedrückt (Abb. 12.6). Das Bewegen der Lamellen nach dem Fixieren ist nicht erlaubt. Die Verstärkungen sollen nach dem Fixieren so erschütterungsfrei wie möglich aushärten.

Abb. 12.5 Andrücken mit dem Richtscheit [3]

Abb. 12.6 Andrücken mit dem Gummiroller [3]

12.4.4 Verstärkungssystem mit Textilbeton

Textilbeton ist ein Verbundwerkstoff aus einer speziellen Feinbetonmatrix mit Größtkorn 1 mm bis 4 mm und einer textilen Bewehrung, die aus gitterartigen Matten aus alkaliresistenten Glas-, Basalt-, Aramid- oder Carbonfasern besteht, die mit Methoden der Textiltechnik zu Gelegen verarbeitet wurden. Diese gitterartigen Matten mit Bewehrungsdurchmesser im Millimeterbereich sind beständig gegen Korrosion, wodurch keine Betondeckung erforderlich ist.

Da bei den meisten Produkten die Temperatureinwirkungen auf die fertiggestellten Verstärkungen unter 40 °C sein soll, die relative Luftfeuchte in der Nutzungsphase unter 65 % sein muss, die Verstärkungsschichten weder Durchfeuchtung noch wechselnde Durchfeuchtung und/oder Frost-Tau-Wechsel ausgesetzt sein dürfen, eignet sich Textilbeton vorwiegend zur Verstärkung unter den in der allgemeinen bauaufsichtlichen Zulassung definierten Randbedingungen von Stahlbeton im Innenbau.

Typische Anwendungen sind:

- Erhöhung der Biegetragfähigkeit durch das Verstärken der Biegezugzone von Platten und Balken,
- Erhöhung der Querkrafttragfähigkeit durch das Verstärken der Querkraftbewehrung am Steg von Balken und Plattenbalken,
- Erhöhung der Normalkrafttragfähigkeit bei Stützen durch Umwickeln,
- Erhöhung der Torsionstragfähigkeit durch Verstärken von runden und eckigen Bauteilen,
- Verstärken von Schalentragwerken.

Für andere Anwendungsfälle benötigen die meisten Anbieter von Textilbeton eine Zustimmung im Einzelfall.

Bei den Verstärkungsmaßnahmen mit Textilbeton wird in einem ersten Arbeitsschritt eine dünne Schicht Feinbeton händisch oder im Dichtstromverfahren auf den feuchten Untergrund aufgebracht und darauf eine Lage textile Bewehrung eingearbeitet. Bei einer mehrlagigen Verstärkung wird im Wechsel Textilbewehrung und Feinbeton mit einem Abschluss aus Feinbeton auflaminiert bzw. aufgespritzt.

Bei zeitlicher Unterbrechung der Verstärkungsarbeiten wird die letzte Feinbetonschicht durch Besenstrich aufgeraut.

Während der Verstärkungsarbeiten und der Erhärtung des Feinbetons ist das Bauteil vor Erschütterungen zu schützen und wegen des hohen Anteils an Zement im Feinmörtel ausreichend lang nachzubehandeln.

12.4.4.1 Qualitätssicherung

Die Qualitätssicherung ist über die Regelungen der DAfStb Richtlinie „Verstärken von Betonbauteilen mit geklebter Bewehrung“ geregelt. Die Anwendung setzt beim Sachkundigen Planer sehr spezielle Kenntnisse und vor allem Erfahrungen voraus. Im Hinblick auf eine erfolgreiche Instandsetzung wird die Zusammenarbeit mit Experten auf diesem Fachgebiet empfohlen.

Unternehmen, die diese Verstärkungen ausführen, müssen einen Eignungsnachweis führen. Der Eignungsnachweis umfasst die Erstprüfung des Betriebs, seines Personals und praktische Eignungsversuche durch eine hierfür vom Deutschen Institut für Bautechnik (DIBt) anerkannte und in einem Verzeichnis des DIBt geführte Prüfstelle.

Der Eignungsnachweis gilt als erbracht, wenn eine Eignung zur Verstärkung nach der „Richtlinie für das Verstärken von Betonbauteilen durch Ankleben von Stahllaschen“ im Anhang der Zulassung vorliegt.

Beim DIBt wird ein Verzeichnis der Firmen mit Eignungsnachweis für das Verstärken von Betonbauteilen durch Aufkleben von Stahllaschen und/oder CFK-Lamellen sowie ein Verzeichnis der Firmen mit Eignungsnachweis zum Verstärken von Betonbauteilen durch Einkleben von CFK-Lamellen in Schlitze nach allgemeinen bauaufsichtlichen Zulassungen geführt.

Der Sachkundige Planer hat die fachliche Qualifikation der ausführenden Unternehmen zu prüfen, die Konformität der verwendeten Produkte zu bestätigen und dokumentiert im Rahmen der Objektüberwachung die einzelnen Arbeitsabläufe.

Das ausführende Unternehmen muss über eine qualifizierte Führungskraft mit besonderen Kenntnissen auf dem Gebiet der tragenden Verklebung und des Betonbaus und über Baustellenfachpersonal verfügen, das besondere Kenntnisse auf dem Gebiet der Verarbeitung von Kunststoffen im Betonbau hat (Nachweis SIVV-Lehrgang). Die Klebeverbindung darf nur von diesem Baustellenfachpersonal ausgeführt werden.

Vor dem Verkleben von Stahllaschen müssen Ergebnisse von Druckscherversuchen vorliegen, die bei einer anerkannten Materialprüfstelle durchgeführt wurden. Die Scherfestigkeit soll mindestens 6 N/mm^2 betragen. Die Prüfung wird während der Klebearbeiten alle zwei Tage wiederholt.

Nach dem Aushärten des Klebers wird die Unterstützung der Verstärkung entfernt und die Ebenheit überprüft. Das erlaubte Toleranzmaß der Ebenheit beträgt sowohl für Stahllaschen als auch für Kohlenstofffaserlamellen 1 mm auf 30 cm Länge.

Die Stahllaschen werden mit einem leichten Hammer abgeklopft. Ein heller Klang bedeutet Hohlräume. Deren Lage und Größe sind zu markieren. Befinden sich die Hohlräume im Endbereich oder sind im mittleren Bereich mehr als drei vorhanden, muss die Lasche bzw. Lamelle entfernt werden. Überschreiten die Hohlräume nicht eine gewisse Größe, können sie mit geringem Druck injiziert werden. Sonst werden die Lamellen abgelöst und neu angeklebt.

Zur Bestimmung der Belastbarkeit von Verklebung von CFK-Lamellen kann die Erhärtung des Klebstoffs auf der Baustelle geprüft werden.

Über alle durchgeführten Maßnahmen ist Protokoll zu führen. Die Protokolle sind mindestens fünf Jahre aufzubewahren.

Die Ausführung der schubfesten Klebeverbindung wird in Form einer „begleitenden Kontrolle" überwacht. Die Überwachung ist in den „Richtlinien für das Verstärken von Betonbauteilen durch Ankleben von Stahllaschen bzw. von CFK-Lamellen" geregelt und entspricht nicht der Überwachung durch eine anerkannte Stelle, wie sie gemäß Instandsetzungsrichtlinie oder ZTV-ING geregelt ist.

Die Voraussetzungen (gültiger Eignungsnachweis, qualifizierte Führungskräfte, Baustellenfachpersonal) und die Vollständigkeit der Eigenüberwachung sind durch die vom DIBt zugelassene Prüfstelle, die auch den Eignungsnachweis abgenommen hat, zu kontrollieren. Die Kontrollhäufigkeit ist in der jeweiligen Richtlinie festgelegt.

Insbesondere werden folgende Aufzeichnungen kontrolliert: stichprobenartige Überprüfung der vorbereiteten Betonfläche, Überprüfung der Oberfläche der Verstärkungslaschen auf Ebenheit und Reinheitsgrad, Überprüfung der Bedingungen für die Verklebung (Luftfeuchte, Temperatur, Klebstoff), Überprüfung der Haftfestigkeit der nach der tragenden Verklebung mit dem gleichen Klebstoff geklebten Stempel, Überprüfung der verklebten Laschen auf Ebenheit und Kontrolle der Verklebung auf Lufteinschlüsse und Kontrolle der Aufzeichnungen (Bauprotokoll) des ausführenden Personals.

Verstärkungen mit Textilbeton dürfen nur Unternehmen mit einem Eignungsnachweis nach der „Richtlinie für den Eignungsnachweis zum Verstärken von Betonbauteilen mit Textilbeton" ausführen. Während der Verstärkungsmaßnahme muss die qualifizierte Führungskraft des Unternehmens nach der „Richtlinie für den Eignungsnachweis zum Verstärken von Betonbauteilen mit Textilbeton" auf der Baustelle vor Ort sein. Die Verstärkungsmaßnahme darf nur von Baustellenfachpersonal gemäß der „Richtlinie für den Eignungsnachweis zum Verstärken von Betonbauteilen mit Textilbeton" durchgeführt werden.

Der Sachkundige Planer hat die fachliche Qualifikation der ausführenden Unternehmen zu prüfen, die Eignung der verwendeten Produkte zu bestätigen und dokumentiert im Rahmen der Objektüberwachung die einzelnen Arbeitsabläufe.

Literatur

DAfStb Verstärken von Betonbauteilen mit geklebter Bewehrung, 2021

DAfStb Richtlinie Schutz und Instandsetzung von Betonbauteilen (DAfStb-RiLi SIB), Ausgabe 10/2001

DIN EN 1992-1-1/NA:2013–04 Nationaler Anhang – National festgelegte Parameter – Eurocode 2: Bemessung und Konstruktion von Stahlbeton- und Spannbetontragwerken – Teil 1-1: Allgemeine Bemessungsregeln und Regeln für den Hochbau

Nachweis der Bilder

[1] Mit freundlicher Genehmigung von fischerwerke Artur-Fischer GmbH & Co.KG

[2] Mit freundlicher Genehmigung von Herrn Dipl.-Ing. (FH) Florian Eberth, S & P Clever Reinforcement

[3] Mit freundlicher Genehmigung von Herrn Dipl.-Ing. (FH) F. Schäfer, Ed. Züblin AG GmbH

Kathodischer Korrosionsschutz 13

Zur Wiederherstellung des Korrosionsschutzes von Stahlbetonbauwerken mit erhöhten Chloridgehalten sowie bei chloridinduzierter Korrosion der Stahlbewehrung kann ein Kathodischer Korrosionsschutz (**KKS**) eingesetzt werden. Obwohl das Verfahren in DIN EN 12696 geregelt ist, setzt die Anwendung beim Sachkundigen Planer sehr spezielle Kenntnisse und vor allem Erfahrungen voraus. Im Hinblick auf eine erfolgreiche Instandsetzung wird die Zusammenarbeit mit Experten auf diesem Fachgebiet empfohlen, denn oft wird in den technischen Vertragsbedingungen die Erstellung des Systemlayouts durch eine Person mit Grad 2 nach DIN 15257 gefordert.

Der Kathodische Korrosionsschutz basiert auf der der örtlichen Zerstörung der Passivschicht der Bewehrung, wo sich ein galvanisches Element bildet, an dem anodische und kathodische Reaktionen stattfinden. Der Kathodische Korrosionsschutz polarisiert die Bewehrung mithilfe einer zusätzlichen Elektrode, die als Anode dient, und unterbindet damit die anodischen Reaktionen auf der Bewehrungsoberfläche, sodass nur noch die kathodischen Reaktionen stattfinden.

Die Anode wird in den Beton eingebaut und an den Pluspol einer Gleichspannungsquelle angeschlossen. Die Bewehrung wird an den Minuspol angeschlossen. Durch das entstandene elektrische Feld realkalisiert sich die Umgebung der Bewehrung, und Chloride „wandern" von der Bewehrung oder aus den tiefer gelegenen Zonen in Richtung Anode.

S. Weber, *Betoninstandsetzung*,
https://doi.org/10.1007/978-3-658-33947-0_13

Die Wirksamkeit dieser Maßnahme ist weitgehend abhängig von der Dauerhaftigkeit der Anode. Da sie über die gesamte Nutzungsdauer des Bauwerkes den Stromübergang gewährleisten muss, darf sie während des Einbaus nicht beschädigt werden. Bei Instandsetzungsmaßnahmen mit Spritzbeton darf sie den Verbund zwischen Untergrund und neu aufgebrachtem Beton nicht beeinträchtigen.

Hinsichtlich der angebrachten Anoden lassen sich Systeme mit Fremdstrom und Inertanode und kathodischer Korrosionsschutz mit Opferanoden unterscheiden.

13.1 Kathodischer Korrosionsschutz mit Fremdstrom und Inertanode (Titananode)

Das Prinzip des Kathodischen Korrosionsschutzes unter Verwendung von Titananoden ist ein Fremdstromsystem, bei dem die Titananode mit dem Pluspol einer Gleichstromquelle verbunden ist (Abb. 13.1).

Der erzeugte Stromfluss wirkt dem durch Oxidation der Eisenanteile im Stahl entstandenen Strom entgegen. Infolge des fehlenden elektrochemischen Potentials wird der weitere Fortschritt der Korrosion verhindert. Als Anode werden in der Regel engmaschige Titannetze oder flach auf der Betonoberfläche, im gefrästen Schlitz angebrachte Titanbänder mit Beschichtung aus Edelmetalloxiden oder bei tief liegender Bewehrung Titansonden, die im Bohrloch durch Vergussmörtel eingebaut werden, verwendet.

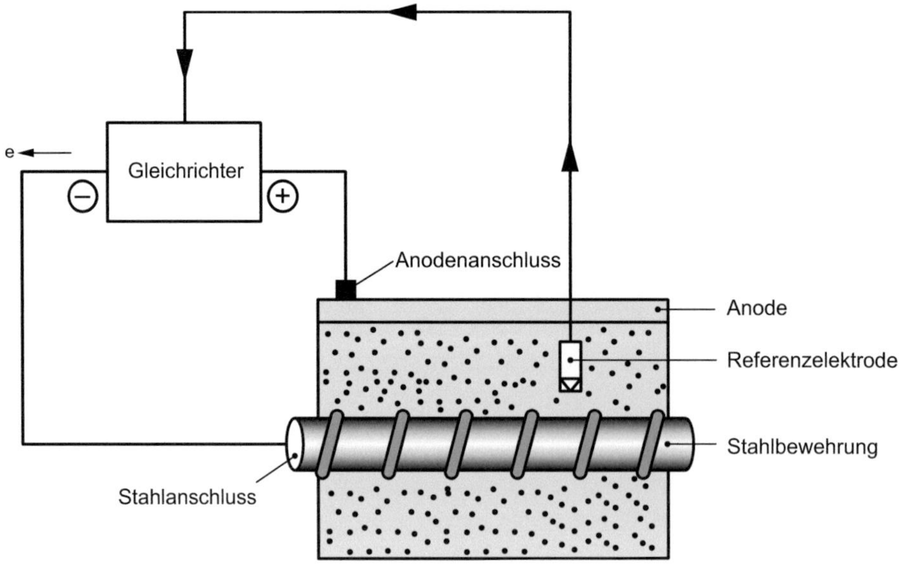

Abb. 13.1 Prinzip des kathodischen Korrosionsschutzes der Betonbewehrung

13.1.1 Vorbereitende Maßnahmen

Vorab ist die Ortung der korrodierten Bewehrung im Beton über Potentialfeldmessungen vorzunehmen, und der elektrische Widerstand des Betons ist zu messen und zu dokumentieren. Falls notwendig, ist die zerstörte Bewehrung wiederherzustellen. Anschließend ist die Oberfläche der Bewehrung auf Kurzschlüsse zu kontrollieren. Sind solche vorhanden, erfolgt zuerst eine Isolierung der Bewehrung mit Epoxidharzmörtel. Die obere Bewehrungslage wird streifenförmig freigelegt, sodass die elektrisch getrennte Bewehrung mit dem Leiter elektrisch verbunden werden kann.

Abhängig von der Größe und der Verteilung der Korrosionsstellen, dem unterschiedlichen Chlorid- und Feuchtigkeitsgehalt, der unterschiedlichen Bewehrungsdichte sowie den konstruktiven Merkmalen wird das Bauteil in Schutzzonen eingeteilt. Diese Schutzzonen ermöglichen eine gezielte Kontrolle des Schutzstroms, eine möglichst homogene Schutzstromverteilung und dadurch eine längere Nutzung der Anoden. Je Schutzzone sind zwei Bewehrungsanschlüsse einzuplanen.

Vor dem Anschluss des Kathodischen Korrosionsschutzes sind alle sonstigen mit der Instandsetzung verbundenen Arbeiten, wie das Entfernen von losem Beton, das Verfüllen von Rissen und Hohlräumen, das Reprofilieren, das Reinigen der Betonoberfläche mit Hochdruckwasserstrahlen etc., abzuschließen.

Bei einer Betondeckung des Bewehrungsstahls unter 15 mm ist gemäß DIN EN ISO 12696 Anhang C 1.3 eine Erhöhung der Betondeckung vorzunehmen. Hierfür ist händisch eine ca. 20 mm dicke Schicht Mörtels mittels einer geeigneten Haftbrücke aufzubringen. Die Eignung des Mörtels zur Anwendung bei KKS gemäß DIN EN ISO 12696 ist anhand von Prüfzeugnissen oder Referenzen nachzuweisen.

13.1.2 Montage

Bei der Montage wird folgendermaßen vorgegangen:

- Anbringen der Kabelverbindungen an die Bewehrung (Löten oder Schweißen),
- Isolierung der Anschlusspunkte durch Mörtel,
- Messung der Verbindung (Widerstand von 0,01 Ω erforderlich),
- Reprofilierung der Betonoberfläche,
- Montage seitlich neben der Bewehrung von zwei Referenzelektroden je Schutzzone,
- Reprofilierung der Betonoberfläche,
- Montage der Sekundäranode mittels Kunststoffdübeln,
- Punktverschweißung der Sekundäranode mit der Primäranode in Abständen von ca. 10 cm.

Die Anoden – als Bänder oder Netze ausgebildet – müssen möglichst dicht am Beton anliegen und auf dem Betonuntergrund so befestigt werden, dass sie beim Einbau der Haftbrücke des Einbettmörtels ortsfest bleiben. Die Befestigung ist so zu wählen, dass die

Anode beim Einbetten nicht aufschwimmt und von der später aufgebrachten Haftbrücke sowie dem Einbettmörtel vollständig umhüllt werden kann. Gegebenenfalls anfallender Bohrstaub beim Bohren von Dübellöchern ist sofort abzusaugen.

Der Einbau des mineralischen Einbettmörtels der Anode erfolgt auf der Haftbrücke „frisch in frisch". Beim Einbau der Haftbrücke ist darauf zu achten, dass die Haftbrücke am vorhandenen Untergrund lückenlos verklebt ist und die Anoden vollkommen umhüllt. Beim Einbau des Einbettmörtels ist darauf zu achten, dass die Umhüllung der Anoden durch die Haftbrücke vollständig funktionssicher und die Anode in der vorgesehenen Lage bleibt. Während des Einbaus ist der Zustand der Anoden durchgängig zu kontrollieren und zu protokollieren.

Während und nach der Installation sind verschiedene Widerstands- und Polarisationsmessungen durchzuführen. Anschließend erfolgen die Montage der Verteilerdosen für die Haupt- und Nebenverteiler und der Anschluss des Zuleitungskabels. Nach der Montage von PVC-Schutzrohren bzw. PVC-Kabelkanälen, der vollautomatischen Gleichrichtereinheit und des Schaltkastens zur Spannungsversorgung der Schutzzonen kann das System in Betrieb genommen werden.

13.1.3 Inbetriebnahme, Dokumentation, Wartung

Die Inbetriebnahme ist zu protokollieren. Die Schutzströme müssen so eingestellt werden, dass die Stromdichten zwischen 2 mA/m^2 bis 20 mA/m^2 liegen. Die angelegte Spannung beträgt maximal 2 V. Kontrollmessungen (z. B. Depolarisationsmessung) sind notwendig. Die gesamten für den Kathodischen Korrosionsschutz durchgeführten Maßnahmen sind vollständig zu dokumentierten.

In der Regel werden mit den ausführenden Firmen Verträge für Pflege, Wartung und Messungen der Anlage über eine Dauer von fünf Jahren abgeschlossen. Die Kontrolle und Überwachung des Systems erfolgt auch nach Ablauf des Wartungsvertrages. Bei manchen Systemen ist die Installation einer Fernwartungseinheit möglich.

13.2 Kathodischer Korrosionsschutz mit Opferanode (Zink)

Aus dem Stahlbau ist bekannt, dass bei der Kombination Stahl/Zink das unedlere Metall (Zink) geopfert wird, wodurch der Stahl vor Korrosion geschützt bleibt. Der Kathodische Korrosionsschutz mit Zink ist ein System mit Opferanode, bei dem die Opferanode als Spritzschicht aus Zink ausgebildet und eine elektrische Verbindung der Spritzschicht zur Stahlbewehrung hergestellt wird (Abb. 13.2). Dieser Mechanismus wirkt auch dann, wenn der Zinküberzug auf die Betonoberfläche aufgebracht wird und die Bewehrung nur punktuell Kontakt mit der Zinkschicht hat. Zwischen Bewehrungsstahl und Zinkschicht fließt ein elektrischer Strom, der den Stahl wirksam vor Korrosion schütz, denn der elektrische Stromkreis wird über den Beton, der als Elektrolyt dient, geschlossen, und die Chloride „wandern" von der Kathode (Bewehrung) zur Anode (Zinkschicht).

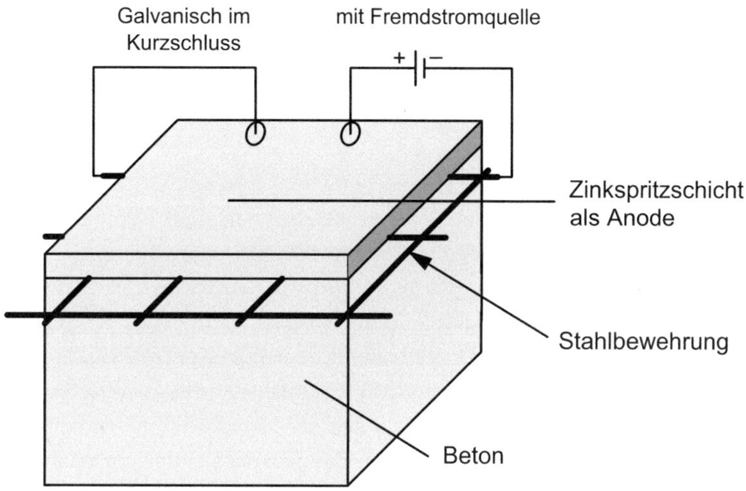

Abb. 13.2 Spritzverzinkung mit und ohne Fremdstrom

13.2.1 Vorbereitende Maßnahmen

Die vorbereitenden Maßnahmen sind analog zum Kathodischen Korrosionsschutz mit Inertanode durchzuführen. Zusätzlich wird die Betonoberfläche unmittelbar vor der Beschichtung vorgewärmt. Dadurch wird die Restfeuchte an der Betonoberfläche entfernt.

13.2.2 Arbeitsschritte für den Korrosionsschutz

Die Vorgehensweise beim Herstellen des Korrosionsschutzes ist:

- Erstellen eines Zugangs zur Bewehrung: ein Loch pro 10 m^2 Fläche,
- Anschweißen eines Edelstahlbolzens auf die freigelegte Bewehrung,
- Verfüllen des Lochs,
- Instandsetzen der Betonoberfläche gemäß Instandsetzungsplan,
- Kürzen des überstehenden Edelstahlbolzen bis zur Betonoberfläche,
- Verschweißen von Kontaktplatten aus Edelstahl mit den Edelstahlbolzen,
- Reprofilierung der Betonoberfläche,
- Aufbringen einer Zinkschicht im Drahtlichtbogenspritzverfahren.

13.2.3 Inbetriebnahme, Dokumentation und Wartung

Sobald die Zinkschicht mit dem Stahl verbunden ist, fließt ein Schutzstrom, und das System funktioniert von selbst. Die Inbetriebnahme ist zu protokollieren.

Die Wirksamkeit des Systems kann durch eine Monitoringbox überwacht werden. Zur Überwachung des Systems werden Monitoringfelder angelegt. Dafür wird innerhalb der durchgehenden Zinkspritzschicht eine Fläche zwischen 6 m^2 und 10 m^2 elektrisch isoliert. An die Bewehrung wird ein Zinkbolzen angeschweißt, der unterhalb der Oberfläche endet und somit keinen Kontakt zur Spritzschicht aufweist. Am Zinkbolzen wird ein Kabel befestigt. Auf eine spezielle Kontaktplatte, die in einer Ebene mit der Betonoberfläche liegt und keinen Kontakt zur Bewehrung hat, wird eine Zinkspritzschicht aufgetragen und ein Kabel angebracht. Alle Anschlüsse werden gemeinsam mit zwei Referenzelektroden (z. B. MnO_2) in den Datenaufzeichnungsgeräten der Monitoringbox verbunden.

Das Potential des Stahls, der Zinkschicht, das Mischpotential (entstanden nach dem Verbinden mit der Zinkschicht) und die Ströme zwischen der Zinkschicht und der Bewehrung werden gegen diese Referenzelektrode gemessen und aufgezeichnet. Die Messwerte und die Ergebnisse der periodisch durchgeführten Ausschaltmessungen ermöglichen eine zuverlässige Bewertung des Korrosionsschutzes in Anlehnung an DIN EN 12696.

Die Betriebs-, Instandhaltungsinspektion und Prüfung der Anlage erfolgen entsprechend DIN EN 12696 und beinhalten eine jährliche Messung vor Ort. Kontrollmessungen (z. B. Depolarisationsmessung) sind notwendig. Die Messung der Depolarisation erfolgt durch Ausschalten des Kathodischen Schutzes und Messung der Veränderung des Potentials der Bewehrung über die Zeit. Zur Beurteilung der Wirksamkeit von Kathodischen Korrosionsschutzsystemen gilt die Differenz zwischen dem Bewehrungspotential unmittelbar nach dem Ausschalten und dem Bewehrungspotential nach 24 h. Gemäß DIN EN 12696 ist die Wirksamkeit nachgewiesen, wenn diese Differenz größer als 100 mV ist.

Die gesamte Kathodische Korrosionsschutzanlage ist zu dokumentieren. Die Installation einer Fernwartungseinheit ist möglich.

13.3 Qualitätssicherung

Der Auftragnehmer muss sicherstellen, dass während der gesamten Ausführung dieser Maßnahme eine nach DIN 15257 Grad 1 zertifizierte Fachkraft auf der Baustelle anwesend ist, und der qualifizierte Nachunternehmer benennt seinerseits einen Seniorfachmann, der vor Ort für alle technischen Aspekte des KKS-Systems verantwortlich ist. Diese Person soll die personenbezogene Grad-2-Zertifizierung nach DIN EN 15257 und eine mehrjährige einschlägige Berufserfahrung mit der Installation von KKS-Anlagen vorweisen können. Der Seniorfachmann genehmigt alle technischen Dokumente einschließlich des Designs, der Berechnungen, Zeichnungen, Materialien und der Datendokumentation, ist jederzeit für Beratung und Abstimmung verfügbar und prüft persönlich in einem geeigneten zeitlichen Rhythmus (z. B. wöchentlich) die Arbeiten vor Ort.

Die Arbeiten sind nach DIN EN 12696 auszuführen und mittels eines Monitoringsystems zu überwachen. Der qualifizierte Nachunternehmer muss sicherstellen, dass während der gesamten KKS-Ausführung eine nach DIN EN 15257 Grad 1 zertifizierte Fachkraft auf der Baustelle anwesend ist. Alle Arbeiten sollen unter der direkten Aufsicht von qualifiziertem und erfahrenem Aufsichtspersonal durchgeführt werden.

In der Regel wird ein Wartungsvertrag für Pflege, Wartung und Messungen der Anlage für eine Dauer von fünf Jahren angeschlossen.

Nach Ablauf des Wartungsvertrages muss das System weiterhin kontrolliert und überwacht werden.

Literatur

DAfStb Richtlinie Schutz und Instandsetzung von Betonbauteilen (DAfStb-RiLi SIB), Ausgabe 10/2001

DIBt Technische Regel Instandhaltung von Betonbauwerken (TR Instandhaltung), 2020

DIN EN 12696 Kathodischer Korrosionsschutz von Stahl in Beton, Deutsche Fassung 06/2000

DIN EN 1504 Produkte und Systeme für den Schutz und die Instandsetzung von Betontragwerken – Definition, Anforderungen, Qualitätsüberwachung und Beurteilung der Konformität – Teil 9: Allgemeine Prinzipien für die Anwendung von Produkten und Systemen, Deutsche Fassung 03/2001

DIN EN ISO 15257:2017-09 Kathodischer Korrosionsschutz - Qualifikationsgrade von mit kathodischem Korrosionsschutz befassten Personen – Grundlage für ein Zertifizierungsverfahren (ISO 15257:2017); Deutsche Fassung EN ISO 15257:2017

14 Ausschreibung

Die für die Körperschaften des öffentlichen Rechtes vorgeschriebene VOB, die auch von institutionellen Anlegern genutzt wird (gilt nicht für Privatpersonen), enthält im Teil A Ausschreibungsvorschriften. Die Ausschreibung kann öffentlich, beschränkt oder freihändig erfolgen.

Die Leistungen zum Erreichen des geplanten Sollzustandes werden auf der Basis des Instandsetzungskonzeptes in einzelnen Schritten detailliert beschrieben. Die Leistungen müssen nach VOB Teil A § 9 so eindeutig und umfassend beschrieben werden, dass alle Bieter den Aufwand deutlich erkennen und von gleichen Voraussetzungen ausgehen können. Zeichnerische Darstellungen und Beschreibungen sind dabei hilfreich.

Für die Erstellung des Leistungsverzeichnisses und dessen Inhalt gilt VOB Teil C und DIN 18349 „Betonerhaltungsarbeiten". Da in den Vorschriften auf die DIN EN 206 und DIN 1045 hingewiesen wird, gelten für die Ausschreibung die Ausführungsnormen DIN 18331 Beton- und Stahlbetonarbeiten, DIN EN 13670 und die Nationale Anwendungsregel DIN 1045-3 sowie DIN 18314 Spritzbeton. Hinweise auf geschätzte Massen und angenommene Schadensgrade ermöglichen dem Bieter, Mehrung und Minderung zu berücksichtigen.

Je detaillierter die einzelnen Leistungen in den Positionen des Leistungsverzeichnisses dargestellt sind, umso größer ist nicht nur die Transparenz des Leistungsumfanges beim Bieter, sondern auch die Klarheit bei der Ausführung der geplanten Maßnahme, was zu einer Vereinfachung der Abnahme und zu einer erhöhten Sicherheit bei der Abrechnung der Leistungen führt.

Die Beschreibung der Leistungen und das Erstellen der Ausschreibungsunterlagen sind in der Leistungsphase 6 der HOAI zusammengefasst.

S. Weber, *Betoninstandsetzung*,
https://doi.org/10.1007/978-3-658-33947-0_14

14.1 Technische Anmerkungen

Die Ausschreibung soll allgemeine Angaben zu den Rahmenbedingungen enthalten wie Beschreibung des Bauwerks, geltende Vorschriften, Eigen- und Fremdüberwachung, erforderliche Prüfungen, geplante Bauzeit, Aufmaß, Modalitäten der Abrechnung, Gewährleistung und eventuelle zusätzliche Leistungen, die vom Unternehmer zu erbringen sind.

14.2 Leistungsbeschreibung

Die zu erbringenden Leistungen werden in einzelnen Positionen beschrieben. Dabei werden die einzelnen Arbeitsschritte genau beschrieben. Eine Gliederung der Leistungsbeschreibung nach Gewerken und Leistungsart kann zweckmäßig sein, ist aber nicht unbedingt erforderlich.

Üblicherweise wird die Gliederung in Anlehnung an die Planungsgrundsätze vorgenommen:

- Baustelleneinrichtung,
- eventuell Verkehrsführung,
- Gerüste,
- eventuell Schutzmaßnahmen/Abstützungen,
- Elektroarbeiten,
- Montagearbeiten,
- Markieren der Schadstellen,
- Vorbereitung des Untergrundes,
- Freilegen und Säubern der Bewehrung,
- Schutz der Bewehrung,
- Reprofilieren von Ausbruchstellen,
- Füllen von Rissen,
- Reprofilieren von Oberflächen,
- Schutz von Oberflächen,
- Fugenarbeiten,
- Abdichtungsarbeiten,
- Qualitätsprüfung.

Zur Ausschreibung nach VOB Teil A können die Leistungen beispielsweise auch nach dem Standardleistungsbuch-Bau einheitlich beschrieben werden. Sie sind jedoch auf die Instandsetzung nur bedingt anwendbar und müssen vom Sachkundigen Planer an die spezifischen Anforderungen angepasst werden. Dies erfordert genaue Kenntnisse des Planers hinsichtlich der örtlichen Gegebenheiten und der geplanten Instandsetzungsmethoden.

Bei der Ausführung von Instandsetzungsmaßnahmen können während des Ablaufs neue Aspekte hinsichtlich der tatsächlich vorhandenen Schädigung auftreten, die eine Veränderung der Planung oder einzelner Arbeitsschritte erforderlich machen. Für diesen Fall sollte der sachkundige Planer im Vorfeld Alternativpositionen einplanen.

Die Tiefe, bis zu der der Beton abgetragen werden soll, ist in drei Zonen unterteilt:

- von 0 bis 3 cm,
- von 3 bis 6 cm,
- größer als 6 cm.

Ist ein stellenweise tiefer oder breiter Abtrag des Betons um die korrodierte Bewehrung vorzunehmen, werden die Abbrucharbeiten für Mehrbreiten und Mehrtiefen in einer gesonderten Position aufgeführt.

Bei der Instandsetzung der Bewehrung spielen deren Lage, Art und die an ihr aufgetretenen Schäden eine maßgebende Rolle. Die Abrechnungseinheiten beziehen sich üblicherweise auf den laufenden Meter Bewehrung pro Quadratmeter Beton, Regelschadstellen oder besondere Flächeneinheiten mit Anzahl der Bewehrungsstäbe.

Besondere Zusatzleistungen sind als gesonderte Positionen aufzuführen. Dazu gehören: ganzflächiger Betonabbruch, Kantenschalungen.

▶ **Hinweis** Häufig findet man unzulässigerweise als Position 1 des Leistungsverzeichnisses die Untersuchung des Bauwerks, die eigentlich Grundlage der vorausgegangenen Instandsetzungsplanung war.

Literatur

VOB Vergabe- und Vertragsordnung für Bauleistungen, Teil A, B und C, Ausgabe 2012

DIN 18349 VOB Vergabe- und Vertragsordnung für Bauleistungen – Teil C: Allgemeine Technische Vertragsbedingungen für Bauleistungen, ATV – Betonerhaltungsarbeiten, Ausgabe 12/2006

DIN EN 206 Beton – Teil 1: Festlegung, Eigenschaften, Herstellung und Konformität, Deutsche Fassung 07/2001

DIN 1992 Bemessung und Konstruktion von Stahlbeton- und Spannbetontragwerken, Teil 1-1, Allgemeine Bemessungsregeln und Regeln für den Hochbau Ausgabe 01/2011, Teil 1-1/ NA Nationaler Anhang zu DIN EN 1992-1-1, Ausgabe 01/2011

DIN EN 13670 Ausführung von Tragwerken aus Beton, Ausgabe 03/2011 und Nationale Anwendungsregel DIN 1045-3, Ausgabe 03/2012

DIN 18331 VOB Vergabe- und Vertragsordnung für Bauleistungen – Teil C: Allgemeine Technische Vertragsbedingungen für Bauleistungen, ATV – Betonarbeiten, Ausgabe 10/2006

DIN 18314 VOB Vergabe- und Vertragsordnung für Bauleistungen – Teil C: Allgemeine Technische Vertragsbedingungen für Bauleistungen, ATV – Spritzbetonarbeiten, Ausgabe 09/2012

HOAI Honorarordnung für Architekten und Ingenieure, Ausgabe 2013

Fiala, H.: Prüfen, Planen und Ausschreiben durch den sachkundigen Planer. In: Schutz und Instandsetzung von Stahlbeton. Anleitung zur sachkundigen Planung und Ausführung, 4., durchgesehene Auflage, Expert Verlag, Renningen, 2007, S. 455–490

15 Auftragsvergabe

Die Vergabevorschriften sind in der VOB Teil A geregelt. Die VOB enthält die wesentlichen Hinweise zur Vertragsgestaltung, zum Ablauf der Instandsetzung und zum Abschluss des Bauvertrags. Der Vergebende ist in der Regel der Bauherr. Der Sachkundige Planer berät den Bauherrn.

Im Vorfeld der Erteilung des Auftrags prüft der Sachkundige Planer die vorliegenden Angebote auf Vollständigkeit, technische Machbarkeit und Kosten und weist den Bieter auf Fehler oder falsche Einschätzungen hin.

Eventuell noch unklare Details hinsichtlich Positionen des Leistungsverzeichnisses, des Ablaufs der Instandsetzungsmaßnahmen, des vom Auftragnehmer vorgelegten Terminplans und der Zusatzleistungen werden im Rahmen eines Aufklärungsgesprächs besprochen. Bei der Beurteilung des Terminplans ist darauf zu achten, dass der Zeitaufwand für die einzelnen Positionen realistisch eingeschätzt ist, denn die Ausführung von Arbeiten unter Zeitdruck vermindert die Qualität der zu erbringenden Leistung. In der Betoninstandsetzung sind die einzelnen Maßnahmen unter Umständen sehr zeitintensiv und müssen sorgfältig durchgeführt werden. Das Einplanen von Zeitreserven ist sinnvoll, denn oft fallen während der Ausführung weitere Maßnahmen an, die vorher nicht absehbar waren.

Das Vergabeprotokoll enthält auch zusätzliche Vereinbarungen, die zwischen dem Auftragnehmer und Auftraggeber geschlossen werden. Das Protokoll ist Teil des Bauvertrags und muss von beiden Parteien unterschrieben werden.

Bei der Entscheidung über die Vergabe des Auftrags soll darauf geachtet werden, dass nur fachkundige und zuverlässige Unternehmen, die zu einem marktgerechten Preis bieten, den Zuschlag erhalten. Die Instandsetzungsrichtlinie enthält die Anforderungen an die Qualifikation der Unternehmer, an die fachliche Qualität des Personals und an die technische Ausstattung.

S. Weber, *Betoninstandsetzung*,
https://doi.org/10.1007/978-3-658-33947-0_15

Zur Durchführung von Betoninstandsetzungsarbeiten muss ein Unternehmen folgende Voraussetzungen erfüllen:

- eine Qualifizierte Führungskraft haben,
- einen detaillierten Arbeitsplan vorweisen,
- die Arbeiten zur Vorbehandlung des Untergrundes fachgerecht durchführen können,
- den Untergrund prüfen können,
- die Anforderung an die verwendeten Baustoffe und deren Eignung kennen,
- Grundprüfungen der Stoffe durchführen können,
- seine Ausführung selbst überwachen und dokumentieren,
- einen Vertrag zur Überwachung durch eine anerkannte Prüfstelle vorweisen,
- die Anweisung der Produkthersteller zur Ausführung einhalten,
- geschultes Personal vorweisen (SIVV-Schein, E-Schein, PC-Düsenführerschein),
- für die Arbeiten geeignete Geräte und Ausstattung haben.

Kriterien für die Entscheidung hinsichtlich der Vergabe von Leistungen sind üblicherweise:

- Referenzen (in der Regel Objekte mit einer Standzeit von fünf Jahren),
- mindestens eine qualifizierte Führungsperson,
- die Anzahl an qualifiziertem Personal,
- die Überwachung durch eine anerkannte Überwachungsstelle,
- die technische Ausstattung mit Geräten.

15.1 Technische Ausstattung mit Geräten

Die erforderliche Geräteausstattung richtet sich nach den auszuführenden Instandsetzungsmaßnahmen. Die Geräte und Einrichtungen müssen funktionsfähig und in ausreichender Anzahl auf der Baustelle vorhanden sein. Sie werden vor der ersten Anwendung und anschließend in angemessenen Zeitabständen auf eine einwandfreie Funktionalität überprüft.

Vorgehalten werden sollen Geräte und Einrichtungen für die Ausführung von Arbeiten, wie:

- die Lagerung von Baustoffen,
- das Abmessen der Ausgangsstoffe,
- die Mischung der Ausgangsstoffe,
- die Behandlung des Betonuntergrundes,
- das Verarbeiten der ausgeschriebenen Stoffe,

- das Nachbehandeln der ausgeschriebenen Stoffe,
- Messen,
- Prüfen.

Geräte und Prüfeinrichtungen müssen für folgende Prüfungen vorgehalten werden:

- Ausgangsstoffe,
- Betonuntergrund,
- Verarbeitungsbedingungen,
- relevante Eigenschaften frischer Baustoffe,
- wichtigste Eigenschaften erhärteter Baustoffe,
- Haften von Schichten.

15.2 Anforderungen an das Personal

In der DAfStb RiLi-SIB und DIBt TR-III werden die Anforderungen an das Personal genau dargestellt. Zur ordnungsgemäßen Ausführung, zum Prüfen, zum Überwachen und zur Dokumentation der Arbeiten ist eine qualifizierte Führungskraft, ein Bauleiter und Baustellenfachpersonal mit nachgewiesenen Kenntnissen und ausreichenden Erfahrungen erforderlich.

15.2.1 Qualifizierte Führungskraft

Die Qualifizierte Führungskraft prüft das Leistungsverzeichnis. Beruhend auf dem vom Sachkundigen Planer vorgelegten Instandsetzungsplan erstellt die qualifizierte Führungskraft einen detaillierten Arbeitsplan und plant die einzelnen Arbeitsabläufe. Muss aus objektiven Gründen vom Instandsetzungsplan abgewichen werden, wird die schriftliche Genehmigung des Sachkundigen Planers eingeholt, und die Änderungen werden schriftlich festgehalten. Eine weitere Aufgabe ist, die fachliche Qualifikation des eingesetzten Baustellenfachpersonals und Prüfpersonals zu beurteilen sowie die Unterlagen der Überwachung der Ausführung durch das ausführende Unternehmen auszuwerten. Aus den Ergebnissen werden Schlussfolgerungen für die weitere Durchführung gezogen.

► **Hinweis** Die Qualifizierte Führungskraft kann nur auf Basis einer besonderen Vereinbarung gleichzeitig auch die Aufgaben eines sachkundigen Planers übernehmen.

15.2.2 Bauleiter

Die Leitung der Ausführung von Instandsetzungsarbeiten obliegt dem Bauleiter oder seinem fachkundigen Vertreter. Der Bauleiter meldet die Instandsetzungsmaßnahmen bei der Überwachungsstelle an und veranlasst sie, sorgt für die Verwendung von Baustoffen mit Übereinstimmungsnachweis, stellt sicher, dass die technischen Bedingungen für die Ausführung entsprechend dem Arbeitsplan eingehalten werden, und übergibt die Ergebnisse der Überwachung durch das ausführende Unternehmen an die Überwachungsstelle. Bei Betonierarbeiten nach DIN EN 13670 sorgt er entsprechend den Angaben in der Norm für eine planmäßige und sichere Ausführung.

15.2.3 Baustellenfachpersonal

Während der Ausführung von Instandsetzungsarbeiten muss auf der Baustelle ständig ein geschulter Fachmann anwesend sein, der handwerklich ausgebildet ist und über die geeigneten beton- und baustofftechnischen Kenntnisse verfügt, die dem Umfang, der Art und dem Schwierigkeitsgrad der auszuführenden Arbeiten genügen. Er muss seine Befähigung durch die Vorlage bei einer Bescheinigung des Ausbildungsbeirates „Verarbeiten von Kunststoffen im Betonbau" des Deutschen Beton und Bautechnik-Vereins e. V. bei der Überwachungsstelle nachweisen. Als Nachweis der Qualifikation gilt auch die Bescheinigung einer regelmäßigen Schulung (höchstens im Abstand von drei Jahren) auf dem Gebiet des Schutzes und der Instandhaltung von Bauwerken aus Beton. Das Fachpersonal muss die Fähigkeit besitzen, Instandsetzungsmaßnahmen nach vorgegebenem Arbeitsplan und unter Berücksichtigung der Angaben praktisch auszuführen, Arbeiten des übrigen Baustellenpersonals festzulegen und zu überwachen und gegebenenfalls anzuleiten. Beim Einsatz von Nachunternehmen muss das qualifizierte Baustellenfachpersonal die handwerkliche Fertigkeit beurteilen können und, im Rahmen der Überwachung durch das ausführende Unternehmen, die Prüfungen durchführen, diese aufzeichnen und im Hinblick auf den weiteren Ablauf der Arbeiten auswerten können.

Literatur

DAfStb Richtlinie Richtlinie für Schutz und Instandhaltung von Betonbauteilen (DAfStb-RiLi SIB), Ausgabe 10/2001

DBV Ausbildungsbeirat „Verarbeiten von Kunststoffen im Betonbau": SIVV-Handbuch: Schützen, Instandsetzen, Verbinden und Verstärken von Betonbauteilen, Frauenhofer IRB Verlag, 2005

DIBt Technische Regel Instandhaltung von Betonbauwerken, Mai 2020

DIN 18349 VOB – VOB Vergabe- und Vertragsordnung für Bauleistungen - Teil C: Allgemeine Technische Vertragsbedingungen für Bauleistungen (ATV) – Betonerhaltungsarbeiten Ausgabe 2016

DIN EN 13670 Ausführung von Tragwerken aus Beton, Ausgabe 03/2011 und Nationale Anwendungsregel DIN 1045-3, Ausgabe 03/2012

Fiala, H.: Prüfen, Planen und Ausschreiben durch den sachkundigen Planer. In: Schutz und Instandsetzung von Stahlbeton. Anleitung zur sachkundigen Planung und Ausführung, 4., durchgesehene Auflage, Expert Verlag, Renningen, 2007, S. 455–490

HOAI Honorarordnung für Architekten und Ingenieure, aktuelle Ausgabe

VOB Vergabe- und Vertragsordnung für Bauleistungen, Teil A, aktuelle Ausgabe

16 Objektüberwachung, Überwachung und Qualitätssicherung

16.1 Objektüberwachung/Objektbetreuung

Im Rahmen seiner Tätigkeit hat der Sachkundige Planer die Aufgabe der Objektüberwachung. Sie ist der Leistungsphase 8 der HOAI geregelt und beinhaltet:

- regelmäßige Kontrolle der Aufzeichnungen der Baustelle,
- regelmäßige Kontrolle des Bautagebuchs (Temperaturen),
- Vergleich der Ausführung mit den Vorgaben des Leistungsverzeichnisses,
- Überwachung der termingerechten Beendigung von Leistungen,
- Überwachung der Qualität der Ausführung der Leistungen im Einzelnen,
- Abnahme der erbrachten Leistungen/Teilleistungen,
- Freigabe weiterer Arbeiten,
- Endabnahme,
- Feststellung eventueller Mängel,
- Festlegen von Fristen für Nacharbeiten,
- fachliche und rechnerische Prüfung der Rechnungen/Schlussrechnung auf Richtigkeit,
- Freigabe der festgelegten finanziellen Mittel.

Während der Ausführung der Instandsetzungsarbeiten dokumentiert der Sachkundige Planer in regelmäßigen zeitlichen Abständen die wichtigen Arbeitsabläufe. In der Regel erfolgt ein kurzer Bericht (mit Fotos) an den Auftraggeber, mit Hinweis zum Arbeitsfortschritt bezogen auf den Terminplan. Werden während der Ausführung Veränderungen in der Planung und/oder des Vertrags notwendig, informiert der Sachkundige Planer unverzüglich den Bauherrn und bespricht mit den Beteiligten die weitere Vorgehensweise.

Der Sachkundige Planer achtet im Rahmen der Objektbetreuung darauf, dass das bauausführende Unternehmen eventuelle Mängel behebt, die während der Bauausführung,

S. Weber, *Betoninstandsetzung*,
https://doi.org/10.1007/978-3-658-33947-0_16

bei der Abnahme oder während der Gewährsleistungsdauer auftreten. Nach Ablauf der Gewährsleistungsdauer ist er für die Endabnahme zuständig. Die Objektbetreuung und Dokumentation erfolgt nach Leistungsphase 9 der HOAI.

16.2 Überwachung

Grundsätzlich ist bei jeder Schutz- und Instandsetzungsmaßnahme eine Überwachung durch das ausführende Unternehmen durchzuführen. Bei jenen Instandsetzungsmaßnahmen von Bauwerken, bei denen die Erhaltung der Standsicherheit erforderlich ist, muss zusätzlich eine Überwachung durch eine dafür anerkannte Überwachungsstelle stattfinden. Die anerkannten Überwachungsstellen sind in dem Verzeichnis der Prüf-, Überwachungs- und Zertifizierungsstellen nach den Landesbauverordnungen, Teil V gelistet und können beim DIBt erfragt werden.

16.2.1 Überwachung durch das ausführende Unternehmen

Der Bauleiter veranlasst und kontrolliert die Überwachung durch das ausführende Unternehmen. Er legt entsprechend der angewandten Normenreihe oder den Forderungen der DAfStb Rili-SIb bzw. DIBt TR-IH oder ZTV-ING Art, Umfang und Häufigkeit der Prüfungen fest. Im normativen Anhang der Regelwerke ist eine Übersicht der Prüfungen und der Häufigkeit der Durchführung vorgegeben. In dem Anhang werden auch die Anforderungen, z. B. an den Gegenstand oder die Messgenauigkeit der Prüfung, definiert.

Abweichungen von der Art, dem Umfang und der Häufigkeit der Prüfungen sind nur in Abstimmung mit dem Sachkundigen Planer und der Überwachungsstelle vorzunehmen und müssen dokumentiert werden.

Der Bauleiter, sein Vertreter oder das Baustellenfachpersonal zeichnet während der Ausführung fortlaufend alle Angaben, die für die Güte und die Dauerhaftigkeit der ausgeführten Arbeit wichtig sind, auf. Die Aufzeichnungen müssen auf der Baustelle ständig verfügbar sein, sind auf Verlangen dem Beauftragten mit der Überwachung vorzulegen und sind vom Unternehmer nach Abschluss der Arbeiten für mindestens fünf Jahre (bei längerer Gewährleistungszeit mindestens auf die Dauer der Gewährleistung) aufzubewahren.

Die Aufzeichnungen erfolgen auf Vordrucken (z. B. Bautagebuch), müssen prüfbar sein und enthalten neben dem Namen des ausführenden und überwachenden Baustellenfachpersonals mindestens folgende Angaben:

- Beginn und Ende der einzelnen Arbeiten,
- Witterungsverhältnisse,
- Messungen: Lufttemperatur, Bauteiltemperatur, Luftfeuchte,

- erforderliche Temperaturen und Feuchte der Bauteile,
- verarbeitete Stoffe,
- Lieferschein, Lieferwerk, Chargennummer, Einbauort der Charge,
- hergestellte Probekörper,
- Prüfung des Betonuntergrundes: Feuchte, Rautiefe, Risse.

Die Überwachung durch das ausführende Unternehmen kann auch einer Prüfstelle überlassen werden.

> **Hinweis** Bei Instandsetzungsmaßnahmen zur Erhaltung der Standsicherheit sind die Unterlagen während der Ausführung auf Verlangen und nach Beendigung der Arbeiten auf Anforderung der Überwachungsstelle vorzulegen bzw. zu übergeben.

16.2.2 Überwachung durch eine anerkannte Überwachungsstelle

Die Überwachungsstelle prüft vorab, ob die personelle und technische Ausstattung des Unternehmens eine ordnungsgemäße Ausführung der anstehenden Tätigkeiten erwarten lässt.

Wird der Überwachungsauftrag angenommen, sind rechtzeitig vor Beginn der ersten Arbeiten der Überwachungsstelle schriftlich mitzuteilen:

- Bezeichnung der Baustelle, personelle Ausstattung,
- Art und Umfang der auszuführenden Maßnahme,
- Art und Menge der vorgesehenen Baustoffe,
- voraussichtlicher Beginn und Ende der Arbeiten.

Ist mit der Überwachung durch das ausführende Unternehmen eine Prüfstelle beauftragt, ist diese der anerkannten Überwachungsstelle anzuzeigen.

Der Beauftragte der Überwachungsstelle ist berechtigt, Einblick in das Bautagebuch, in die Prüfprotokolle und alle Unterlagen der Überwachung durch das ausführende Unternehmen, die Lieferscheine sowie in die Eignungs- und Übereinstimmungsnachweise der Hersteller zu nehmen.

Auf Basis der Unterlagen, der entnommenen und geprüften Proben sowie der daraus resultierenden Ergebnisse erstellt die Überwachungsstelle einen Überwachungsbericht, der beim Unternehmen und bei der Überwachungsstelle auf die Dauer von mindestens fünf Jahren aufbewahrt wird.

16.3 Qualitätssicherung

Dem Sachkundigen Planer obliegt es zu kontrollieren, dass alle Maßnahmen zur Sicherung der Qualität getroffen werden und seitens des Unternehmers alle Anforderungen eingehalten werden. Grundlagen der Qualitätssicherung sind die Einhaltung der Voraussetzungen betreffend:

- erforderliche Qualifikation des Personals,
- Anwesenheit des Bauleiters oder seiner Vertretung auf der Baustelle,
- Vorhaltung von geeigneten Geräten und Einrichtungen für die Ausführung der Arbeiten,
- Vorhaltung von geeigneten Geräten und Prüfeinrichtungen für die Ausführung von Untersuchungen,
- ordnungsgemäße Funktionsfähigkeit der Geräte und Einrichtungen.

Der Sachkundige Planer überprüft die Nachweise der Überwachung durch das ausführende Unternehmen, die Anmeldung der Maßnahme zur Überwachung durch eine anerkannte Überwachungsstelle und sorgt dafür, dass Art, Umfang und Häufigkeit der Überwachungsmaßnahmen den Anforderungen der Instandsetzungsrichtlinie entsprechen.

Er hat die Aufgabe, darauf zu achten, dass die Aufzeichnungen im Bautagebuch ordnungsgemäß geführt werden, die Prüfprotokolle vollständig sind, die Ausführungsunterlagen korrekt sind, die Arbeitsanweisungen eingehalten werden, kontrolliert die Lieferscheine und bestätigt die Konformität der verwendeten Produkte.

Die Qualitätsanforderungen an die Durchführung von Instandsetzungsmaßnahmen sind im jeweiligen Kapitel enthalten.

Literatur

Bauordnung (BauO) oder Landesbauordnung (LBO) des jeweiligen Bundeslandes in aktueller Ausgabe

DAfStb Richtlinie Richtlinie für Schutz und Instandsetzung von Betonbauteilen (DAfStb-RiLi SIB), Ausgabe 10/2001

DIBt Technische Regel Instandhaltung von Betonbauwerken, Mai 2020

Fiala, H.: Prüfen, Planen und Ausschreiben durch den sachkundigen Planer. In: Schutz und Instandsetzung von Stahlbeton. Anleitung zur sachkundigen Planung und Ausführung, 4., durchgesehene Auflage, Expert Verlag, Renningen, 2007, S. 455–490

HOAI Honorarordnung für Architekten und Ingenieure, aktuelle Ausgabe

VOB Vergabe- und Vertragsordnung für Bauleistungen, Teil A, B und C, aktuelle Ausgabe

Stichwortverzeichnis

S. Weber, *Betoninstandsetzung*,
https://doi.org/10.1007/978-3-658-33947-0

Z